Deepen Your Mind

前言
······

❖ 深度學習前景

我們正處在一個「智慧」的年代，比如智慧型手機中的語音幫手、機器翻譯和人臉辨識；戰勝過日本將棋冠軍、西洋棋冠軍，2017 年又打敗世界圍棋冠軍的棋類 AI；以及即將實用化的無人駕駛智慧汽車。原來被認為不可能實現的事情，人工智慧正一步一步地幫助我們實現。在這個讓人驚喜的世界裡，深度學習技術發揮著非常重要的作用，在很多人沒有注意到的地方，深度學習正在潛移默化地改變著人們的工作和生活。目前，深度學習已經在電腦視覺、自然語言處理和語音辨識等領域得到廣泛的應用，同時正在向教育、醫療、金融及製造等領域滲透，各行各業也都在招攬掌握了深度學習技術的人才。

❖ 心得體會

筆者具有多年的電腦視覺研究經驗，在這個領域中，深度學習正在逐步取代「人工特徵＋機器學習」的傳統視覺演算法。其中的原因主要有兩方面：一方面是深度學習在很多任務上實現了超出傳統演算法的精度，另一方面是傳統視覺演算法中的「人工特徵」需要大量的經驗以及對任務和資料的深刻了解，而深度學習能夠根據資料自行學習如何提取特徵，極大地降低了機器視覺任務的難度。

深度學習技術正在快速發展，每年都會出現很多新的優秀演算法，但是這些演算法越來越複雜，對初學者來說，跟進最新的研究成果變得越來越難。我觀察到很多使用者非常關注深度學習，並且對 PyTorch 具有很大的興趣，可惜相關資料太過晦澀難懂，難以入門。為了讓讀者能夠更進一步地了解深度學習的思維，學會使用深度學習工具，我寫了這本書。

✣ 本書特色

本書分為基礎講解和專案實例兩個部分，以程式撰寫為主，理論解析為輔。

在基礎講解部分，本書透過程式設計實驗對深度學習理論進行展示，讓讀者能夠擺脫複雜難懂的數學公式，在程式設計的過程中直觀了解深度學習領域晦澀的原理。

在專案實例部分，為了幫助初學者快速了解深度學習中的一些細分領域（如物件辨識、圖型分割、生成對抗網路等）的技術發展現狀，本書對相應領域的經典演算法進行了介紹，並根據經典演算法的想法，針對性地設計了適合初學者學習的實例專案。這些專案去除了演算法中的繁瑣細節，僅保留最基礎的邏輯，力求讓讀者在撰寫程式之前，更進一步地了解任務想法。

✣ 本書內容

本書分為基礎講解和專案實例兩部分。在基礎講解部分，我們介紹了 scikit-learn 和 PyTorch 兩個函數庫的組成模組，以及每個模組能解決的問題；在專案實例部分，我們為讀者挑選了很多在工業界有實際應用場景的深度學習項目，重點介紹它們的想法以及程式實現。本書的詳細內容如下頁圖示。

為了方便讀者的學習，本書中的程式有下面 3 種形式。

- 小型實驗範例採用命令列形式撰寫，每行程式前都會有 ">>>" 標記。
- 配圖較多的實例使用 Jupyter Notebook 撰寫，在每一段程式前都有 "In" 標記。
- 實例專案採用專案檔案的形式撰寫，章節開頭會列出專案的目錄結構，章節內的程式以檔案為單位進行展示，程式的第一行標注所屬檔案的名稱。

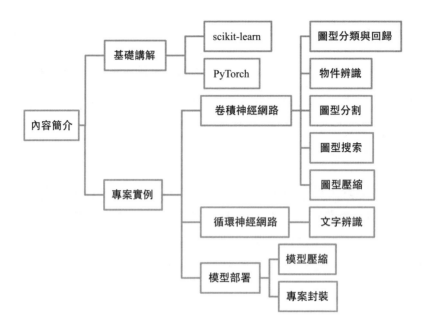

✤ 本書編者

本書第 1~2 章由戴亮撰寫，第 3~10 章由安徽外國語學院電腦教師郭卡撰寫，並由郭卡進行全書統稿。

✤ 本書適合讀者群

本書適合以下人群閱讀：

- 深度學習相關的科學研究工作者；
- 電腦視覺從業者；
- 想要了解深度學習技術的程式設計師；
- 對深度學習感興趣的其他讀者。

具備以下知識的讀者能更進一步地閱讀本書：

- 線性代數和數理統計知識；
- 深度學習框架知識。

目錄

······

04 卷積神經網路中的分類與回歸

05 物件辨識

09 不定長文字辨識

10 神經網路壓縮與部署

機器學習與 sklearn

本章將透過介紹 sklearn（scikit-learn）為讀者展現機器學習能解決的問題和解決這些問題的合理方案。sklearn 是基於 Python 語言的機器學習工具，建立在 NumPy、SciPy 和 Matplotlib 三大工具套件之上。在使用 sklearn 的過程中，建議閱讀一下它的原始程式碼，這樣能夠加深對演算法的了解，提升程式設計水準。

sklearn 提供了分類、回歸、聚類和降維 4 個類別的經典模型。對於如何根據資料和任務來選擇合適的方法，sklearn 官網提供了一張經典的思維導圖，如圖 1-1 所示，其中的想法如下。

- 如果資料量小於 50，一般是無法使用 sklearn 的機器學習演算法建模的，因為機器學習需要借助統計資料才能完成。
- 如果資料有類別標籤，請使用分類模型。
- 如果資料需要預測精確值，請使用回歸模型。

- 如果想查看資料分佈情況，可以考慮使用降維演算法。
- 如果資料沒有類別標籤，可以使用聚類演算法。

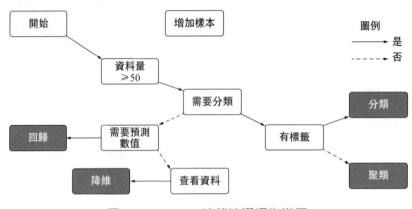

圖 1-1　sklearn 演算法選擇指導圖

1.1 sklearn 環境設定

如果你使用的 Python 環境是 Anaconda，那麼預設已經安裝了 sklearn。考慮到有些讀者並沒有使用 Anaconda，這裡還是介紹一下如何使用 pip 安裝 sklearn 及其依賴函數庫。

1.1.1 環境要求

本書中使用的 sklearn 版本編號為 0.21.3，該版本對環境有以下的要求：

- Python 版本編號大於等於 3.5；
- NumPy 版本編號大於等於 1.11.0；

- SciPy 版本編號大於等於 0.17.0；
- joblib 版本編號大於等於 0.11；
- Matplotlib 版本編號大於等於 1.5.1；
- scikit-image 版本編號大於等於 0.12.3；
- pandas 版本編號大於等於 0.18.0。

如果你的 Python 版本是 Python 3.4 及以下，請使用 sklearn 0.20 以下的版本。

1.1.2 安裝方法

安裝 sklearn 時，只需執行以下命令：

```
pip install scikit-learn
```

此時 pip 會自動安裝 sklearn 的依賴函數庫。如果想批次指定依賴函數庫的版本，可以寫一個 requirements.txt 檔案，其內容如下：

```
scipy==0.17.0
joblib==0.11
matplotlib==1.5.1
scikit-image==0.12.3
pandas==0.18.0
```

然後使用以下指令一次性安裝：

```
pip install -r requirements.txt
```

至於 NumPy 函數庫，如果你想提升計算性能，建議下載與自己的 Python 版本對應的 NumPy 函數庫和 MKL 函數庫。

1.1.3 修改 pip 來源

在使用 pip 的過程中，經常會出現下載速度緩慢，或乾脆無法下載的情況。就像下面這樣，速度非常慢，或一直提示 Retrying：

```
100% |███████████████████████████████████████| 5.9MB 13kB/s
Collecting numpy>=1.11.0 (from scikit-learn->sklearn)
  Retrying (Retry(total=4, connect=None, read=None, redirect=None,
status=None)) after connection broken
by 'ReadTimeoutError("HTTPSConnectionPool(host='pypi.org', port=443): Read
timed out. (read timeout=15)")': /simple/numpy/
```

如果你在使用 pip 進行下載和安裝的過程中出現了上述情況，那麼嘗試將 pip 來源修改為就近的來源，可以大幅提高下載速度。

在 Windows 環境下修改 pip 來源的方法如下。

(1) 在資源管理器中，輸入 %appdata%，會自動進入 AppData/Roaming 資料夾。

(2) 在這個資料夾中新建一個 pip 資料夾。

(3) 在 pip 資料夾下新建 pip.ini 檔案。

(4) 在 pip.ini 檔案中輸入以下內容：

```
[global]
index-url = https://pypi.tuna.tsinghua.edu.cn/simple
```

(5) 再次使用 pip，即可享用較近的來源超高的下載速度：

```
H:\MachineLearning-Python >pip install numpy
Looking in indexes: https://pypi.tuna.tsinghua.edu.cn/simple
Collecting numpy
  Downloading https://pypi.tuna.tsinghua.edu.cn/packages/bd/51/7df1a3858ff0
465f760b482514f1292836f8
be08d84aba411b48dda72fa9/numpy-1.17.2-cp37-cp37m-win_amd64.whl (12.8MB)
```

```
   100% |████████████████████████████████████| 12.8MB
1.7MB/s
Installing collected packages: numpy
Successfully installed numpy-1.17.2
```

修改之後，速度直接提升至原來的一百多倍。若上述來源的速度還是不夠快，可以切換成其他來源，在 Linux 系統下修改 pip 來源的操作和前面類似。以 Ubuntu 為例，只需執行以下指令：

```
mkdir ~/.pip
vim ~/.pip/pip.conf
```

然後寫入 pip 來源的內容即可：

```
[global]
index-url = https://pypi.tuna.tsinghua.edu.cn/simple
```

1.1.4 安裝 Jupyter Notebook

Jupyter Notebook 是一種網頁形式的程式設計工具，能夠在網頁中直接撰寫和執行程式，並即時顯示程式的執行結果。同時 Jupyter Notebook 支援 Markdown 語法，可以將程式說明和程式混合在一起。

對機器學習工作者來說，使用 Jupyter Notebook 一般出於以下 3 個目的。

- 撰寫小段需要圖型展示的案例。
- 分階段執行程式，檢測程式中的錯誤（這對電腦視覺演算法來說尤其方便）。
- 在伺服器上遠端撰寫程式。給予 Jupyter Notebook 的網頁服務的特性，我們可以很輕鬆地在自己的電腦上存取伺服器上執行的 Jupyter Notebook。

Jupyter Notebook 的安裝過程很簡單，可以直接使用 pip 安裝（Anaconda 中附帶 Jupyter Notebook）：

```
pip install jupyter
```

安裝完成之後，在終端或 cmd.exe 中輸入：

```
jupyter notebook
```

此時 Jupyter Notebook 會自動打開電腦中的預設瀏覽器，可以看到如圖 1-2 所示的網頁。

圖 1-2　Jupyter Notebook

點擊 New → Python 3 之後，就會自動建立一個 Notebook，如圖 1-3 所示。

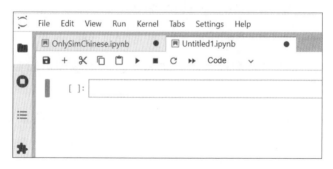

圖 1-3　Notebook

進入 Notebook 之後，就可以在程式區塊中撰寫程式了。如圖 1-4 所示，借助「魔法命令」%matplotlib inline，就可以輕鬆地在 Notebook 中做圖形展示了。

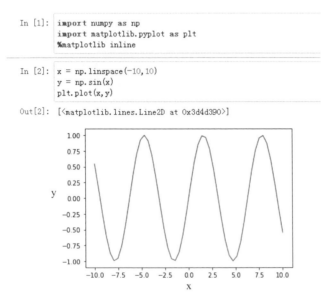

```
In [1]:  import numpy as np
         import matplotlib.pyplot as plt
         %matplotlib inline

In [2]:  x = np.linspace(-10, 10)
         y = np.sin(x)
         plt.plot(x, y)

Out[2]:  [<matplotlib.lines.Line2D at 0x3d4d390>]
```

圖 1-4　Jupyter Notebook 程式設計範例

因為工具操作簡單，這裡不再贅述，本書後面用到 Jupyter Notebook 的部分會單獨説明。

1.2 資料集

人工智慧的核心在於資料支援，近幾年人工智慧技術的快速發展與巨量資料技術的發展密切相關，巨量資料技術可以透過資料獲取、分析及採擷等方式，從巨量複雜資料中快速提取出有價值的資訊，為機器學習演算法提供牢固的基礎。

在機器學習任務中，資料集有三大功能：訓練、驗證和測試。

■ 訓練最易於理解，是擬合模型的過程，模型會透過分析資料、調節內部參數從而得到最佳的模型效果。

■ 驗證即驗證模型效果，效果可以指導我們調整模型中的超參數（在開始訓練之前設定參數，而非透過訓練得到參數），通常會使用少量未參與訓練的資料對模型進行驗證，在訓練的間隙中進行。

■ 測試的作用是檢查模型是否具有泛化能力（泛化能力是指模型對訓練集之外的資料集是否也有很好的擬合能力）。通常會在模型訓練完畢之後，選用較多訓練集以外的資料進行測試。

所以在機器學習（尤其是深度學習）任務開始前，需要收集大量高品質的資料，對個人開發者來說，資料只能來自開放原始碼的資料集和自己撰寫爬蟲程式擷取到的資料集，收集資料是一個費時費力的過程。

為了方便初學者學習以及進行小規模的演算法測試，sklearn 提供了不少小型的標準資料集和一些規模略大的真實資料集。除這些資料集之外，sklearn 還能夠按照一定規則自己生成資料集。3 種類型的資料集分別透過 load***、fetch*** 和 make*** 這 3 種函數形式獲取，下面將對這幾個介面做簡單介紹。

1.2.1 附帶的小類型資料集

sklearn 中最常用的資料集有 3 個：load_iris、load_boston 和 load_digits。

直接從 sklearn.datasets 中匯入 load_iris，得到的資料是字典形式，可以透過字典中的鍵值選擇資料的各項屬性。

load_iris 是載入鳶尾花資料集的函數，該資料集包含了 150 筆鳶尾花資

料，其中包含的鳶尾花資料（在機器學習中，這種可以直接用於建模的
資料叫作特徵）有 4 種：

- 鳶尾花的花瓣長度（cm）；
- 鳶尾花的花瓣寬度（cm）；
- 鳶尾花的花萼長度（cm）；
- 鳶尾花的花萼寬度（cm）。

標籤是鳶尾花的種類，3 個種類分別用 0、1 和 2 表示。下面是 load_iris
的使用方法：

```
>>> d = load_iris()
>>> d.keys()
dict_keys(['data', 'target', 'target_names', 'DESCR', 'feature_names',
'filename'])
>>> # 鳶尾花的類別名
>>> d['target_names']
array(['setosa', 'versicolor', 'virginica'], dtype='<U10')
>>> # 特徵名稱
>>> d['feature_names']
['sepal length (cm)', 'sepal width (cm)', 'petal length (cm)', 'petal width
(cm)']
>>> d['data'].shape
(150, 4)
>>> set(list(d['target']))
{0, 1, 2}
```

在上述程式中，透過 load_iris 函數取出了鳶尾花資料並將其設定值給 d，
透過 keys 方法查看資料集中各個項目的名稱，如鳶尾花的類別名（target_
names）、特徵名（feature_names）、資料（data）與標籤（target）等。

load_boston 是關於波士頓房屋特徵與房價之間關係的資料集，包含 13 個
房屋特徵，是一個進行入門回歸訓練的好例子。下面是 load_boston 的使

用方法：

```
>>> data = load_boston()
>>> # 房屋特徵名稱
>>> data['feature_names']
array(['CRIM', 'ZN', 'INDUS', 'CHAS', 'NOX', 'RM', 'AGE', 'DIS', 'RAD',
       'TAX', 'PTRATIO', 'B', 'LSTAT'], dtype='<U7')
>>> data['data'].shape
(506, 13)
```

從上述程式中可以看到，load_boston 中共有 506 個樣本，每筆資料中包含了房屋和房屋週邊的 13 個重要資訊，如城市犯罪率、環保指標、週邊老房子的比例、是否臨河等。

load_digits 是一個比 MNIST 更小的手寫數位圖片資料集，裡面的圖片尺寸是 8 像素 ×8 像素（後面將省略單位），透過以下程式可以查看手寫數位圖片：

```
>>> g = sklearn.datasets.load_digits()
>>> plt.imshow(g['data'][0].reshape(8,8),cmap='gray')
<matplotlib.image.AxesImage object at 0x7f07e42ddeb8>
>>> plt.show()
```

輸出圖片如圖 1-5 所示，因為是 8×8 的圖片，所以看起來不是很清晰。

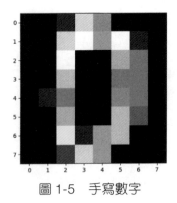

圖 1-5　手寫數字

1.2.2 線上下載的資料集

Fetch 系列函數用於獲取較大規模的資料集,這些資料集會自動從網上下載,得到的資料格式與 load*** 一樣,是字典形式。我們可以自訂下載目錄,同時可以選擇單獨下載訓練集或測試集,常用的資料集如下。

- 人臉資料集:fetch_olivetti_faces 和 fetch_lfw_people。
- 文字分類資料集:fetch_20newsgroups。
- 房價回歸資料集:fetch_california_housing。

1.2.3 電腦生成的資料集

用 sklearn 生成的資料集可以用來測試一些基礎的模型功能,比如多分類資料集、聚類資料集以及高斯分佈資料集等。還有一些特殊形狀的資料集,比如 make_circles 和 make_moons 等,範例如下:

```
>>> circle = make_circles()[0]
>>> # 建立子圖
>>> plt.subplot(121)
<matplotlib.axes._subplots.AxesSubplot object at 0x000000001719BE80>
>>> # 繪製散點圖
>>> plt.scatter(circle[:,0],circle[:,1])
<matplotlib.collections.PathCollection object at 0x000000002081D828>
>>> moon = make_moons()[0]
>>> plt.subplot(122)
<matplotlib.axes._subplots.AxesSubplot object at 0x000000002081D048>
>>> plt.scatter(moon[:,0],moon[:,1])
<matplotlib.collections.PathCollection object at 0x0000000017171D30>
>>> plt.show()
```

上述程式的作用是透過 make_circles 和 make_moons 函數生成兩組座標點資料,並使用 plt.scatter 函數將生成的座標點繪製成散點圖。生成的散點圖如圖 1-6 所示，其他資料集詳情請參考 sklearn 官網。

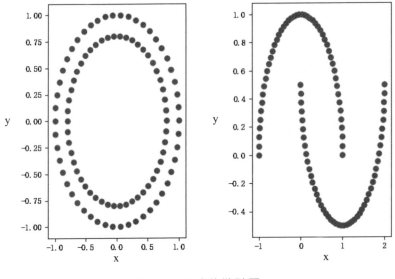

圖 1-6　生成的散點圖

》 1.3 分類

其實在生活中，我們不經意間就能完成一個分類任務，能輕易判斷一個人是男的還是女的，一朵花是紅色的還是黃色的……這種將一個事物歸入特定類別的過程叫作分類。現在越來越多的智慧型手機開始支持垃圾簡訊辨識、人臉辨識等功能，這些都是機器學習完成分類任務的實例。

分類是機器學習中一種重要的方法，該方法能夠將資料庫中的資料記錄映射到某個指定的類別，從而用於資料預測。分類問題是機器學習的基礎，很多問題都可以轉化成分類問題來解決，比如本書將介紹的圖型分割問題，就可以轉化成像素等級的分類問題來求解。

分類器是機器學習中對樣本進行分類的方法統稱。sklearn 中提供了許多定義好的分類器,常用的幾種模型及其優缺點如下。

■ K 近鄰分類:該方法的想法是,如果資料庫中與某個樣本最相似的 K 個樣本大多數屬於某一類別,那麼這個樣本也屬於這個類別。
- 缺點:K 值是一個超參數,需要人為指定,並且演算法複雜度較高。
- 優點:這是一個無須訓練的無參數模型。

■ 邏輯回歸:一種廣義的線性回歸分析模型,線性回歸是找到一筆與資料最接近的線(或一個超平面),而邏輯回歸是找到能夠將不同類別資料分割開的線(或超平面)。
- 缺點:容易受到雜訊影響。
- 優點:模型簡單,且可以使用梯度下降實現增量式訓練。

■ 單純貝氏:單純貝氏演算法是基於貝氏理論和特徵條件獨立性假設,利用機率統計知識對樣本資料集進行分類的方法。
- 缺點:使用了獨立性假設,對於連結性較強的資料效果比較差。
- 優點:簡化了機率計算,節省了時間和記憶體。

■ SVM(支持向量機):支援向量機也是一種廣義線性分類器,模型的想法是尋找最大幾何間隔的分類介面。
- 缺點:計算速度較慢。
- 優點:受雜訊影響較小。

■ 決策樹:一種透過對資料進行歸納複習,生成分類規則的演算法。
- 缺點:訓練比較耗時,容易過擬合。
- 優點:可解釋性好,能適應各種形式的訓練資料。

■ 整合型的分類器:如隨機森林、GBDT、Adaboost 等。整合分類器的想法是透過多個小型弱分類器組合成一個強分類器。

- 缺點：訓練速度較慢。
- 優點：模型精度較高，且不容易過擬合。

有這麼多分類器，該如何選擇呢？可以參考 Fern 在 2014 年發表的論文 "Do we Need Hundreds of Classifiers to Solve Real World Classification Problems"，該論文使用了 121 種公開資料集對 17 個大類（單純貝氏、決策樹、神經網路、SVM、K 近鄰分類、基於 boosting/bagging/stacking 的整合演算法、邏輯回歸等）中的 179 種分類模型進行測試，結果很具有參考意義。

為了讓讀者對 sklearn 中的分類模型建模有一個直觀的認識，下面展示一下使用 sklearn 進行鳶尾花資料集分類的流程。

1.3.1 載入資料與模型

首先從 sklearn.datasets 中載入資料，然後從 sklearn.linear_model 中載入邏輯回歸模型。載入並整理鳶尾花資料集和邏輯回歸模型的程式如下：

```
>>> from sklearn.datasets import load_iris
>>> # 匯入邏輯回歸模型
>>> from sklearn.linear_model import LogisticRegression
>>> import matplotlib.pyplot as plt
>>> data = load_iris()
>>> data.keys()
dict_keys(['data', 'target', 'target_names', 'DESCR', 'feature_names',
'filename'])
>>> x = data['data']
>>> y = data['target']
```

上述程式從 sklearn 中的 linear_model 模組中匯入了 LogisticRegression 類別，並利用 load_iris 函數載入了鳶尾花資料集，載入資料集之後將資料集分為了特徵 x 和標籤 y 兩個部分。

1.3.2 建立分類模型

這裡選擇的分類器是邏輯回歸模型。邏輯回歸中的所有參數都有預設的預設值，在對精度要求不高的情況下，直接使用預設參數即可。

下面是邏輯回歸中的可選參數：

```
LogisticRegression(C=1.0, class_weight=None, dual=False, fit_intercept=True,
                   intercept_scaling=1, l1_ratio=None, max_iter=100,
                   multi_class='warn', n_jobs=None, penalty='l2',
                   random_state=None, solver='warn', tol=0.0001, verbose=0,
                   warm_start=False)
```

其中常用的參數有以下幾個。

- penalty：正則化參數，用於給損失函數（後面 PyTorch 部分會介紹到）增加懲罰項，避免模型過擬合。可以選擇的有 L1 正則化和 L2 正則化，預設是 L2。

- solver：根據損失函數對模型參數進行調整的演算法，有 liblinear、lbfgs、newton-cg 和 sag 等 4 種選擇。
  - liblinear：使用座標軸下降法來迭代最佳化損失函數，因為 L1 正則項的損失函數不是連續可導的，所以只能使用這種方法。L2 正則項的函數連續可導，所以 4 種方法都可以選擇。
  - lbfgs 和 newton-cg 都屬於牛頓迭代法，利用損失函數二階導數矩陣（即海森矩陣）來迭代最佳化損失函數。
  - sag：隨機平均梯度下降，是梯度下降法的變種，和普通梯度下降法的區別是每次迭代僅用一部分樣本來計算梯度。

- multi_class：有 ovr 和 multinomial 兩種方式，ovr 速度較快，精度略差，multinomial 會進行多次分類，速度較慢，精度較高。

- class_weight：用於應對樣本類別不平衡的情況，可以設定為 balanced，模型會自動根據對應類別的樣本數量計算應該分配的權重。部分業務場景會特別看重模型對某個特定類別的辨識能力，這時可以透過 class_weight 來調節。

- sample_weight：與 class_weight 類似，可以在樣本不平衡的情況下與 class_weight 協作作用。

使用預設參數建立邏輯回歸模型只需要以下程式：

```
>>> clf = LogisticRegression()
```

1.3.3 模型的訓練及預測

sklearn 中對模型進行了統一的介面封裝，幾乎所有的模型訓練都只需要呼叫 fit 方法，即使對模型內部原理一無所知，也可以輕鬆使用。

與訓練模型類似，只需要呼叫 predict 方法即可得到模型根據輸入 x 得到的預測結果。模型訓練和預測的程式如下：

```
>>> clf.fit(x,y)
>>> y_pred = clf.predict(x)
```

1.3.4 模型評價

模型訓練和預測都完成之後，就需要對模型進行評價了，在模型評價指標中最常用也最容易計算的就是準確率 accuracy：

```
>>> accuracy = sum(y_pred == y) / len(y)
>>> accuracy
0.96
```

但是，準確率在樣本不平衡的情況下不能真實地反映模型的效果，比如樣本中有 1 個 10 和 90 個 0，那麼模型只需要將所有樣本都預測成 0 就可以獲得 90% 的準確率了，這顯然是不合理的。所以在分類模型中，通常會綜合考慮多個指標，sklearn 中提供了 classification_report 函數來評價分類模型的效果，程式如下：

```
>>> from sklearn.metrics import classification_report
>>> classification_report(
...     y, y_pred, target_names=["setosa", "versicolor", "virginica"]
... )
```

得到的結果如下：

	precision	recall	f1-score	support
setosa	1.00	1.00	1.00	50
versicolor	0.98	0.90	0.94	50
virginica	0.91	0.98	0.94	50
accuracy			0.96	150
macro avg	0.96	0.96	0.96	150
weighted avg	0.96	0.96	0.96	150

其中比較常用的指標有 3 個：precision（精確率）、recall（召回率）和 f1-score（平衡 F 分數）。為了讓大家更進一步地了解這 3 個指標，我們先介紹 4 種分類情況。

- TP：正例被預測為正例。
- FP：負例被預測為正例。
- FN：正例被預測為負例。
- TN：負例被預測為負例。

以鳶尾花 setosa 為例，TP 表示這朵花本來是 setosa，被預測成了 setosa；FP 表示這朵花本來不是 setosa，被預測成了 setosa；FN 表示這朵花本來是 setosa，被預測成了別的花；TN 表示這朵花本來不是 setosa，預測結果也不是 setosa。

precision 和 recall 的計算公式如下：

$$precision = \frac{TP}{TP+FP}$$

$$recall = \frac{TP}{TP+FN}$$

借助以上概念，我們也可以將準確率表示出來：

$$accuracy = \frac{TP+TN}{TP+TN+FP+FN}$$

f1-score 是 precision 和 recall 的調和平均值，公式為：

$$f1\text{-}score = \frac{2 \times precision \times recall}{precision+recall}$$

可以綜合反映兩個指標的好壞。

當分類模型中的類別數量不太多時，可以透過混淆矩陣來更加直觀地查看分類情況，得到混淆矩陣之後，可以利用 matplotlib 將混淆矩陣以圖片的形式畫出，計算並繪製混淆矩陣的程式如下：

```
>>> from sklearn.metrics import confusion_matrix
>>> c = confusion_matrix(y,y_pred)
>>> # 橫垂直座標軸刻度
>>> xlocations = [0,1,2]
>>> ylocations = xlocations
>>> labels = data['target_names']
>>> # 使用文字替換刻度
>>> plt.xticks(xlocations,labels)
([<matplotlib.axis.XTick object at 0x7f47e01fe240>, <matplotlib.axis.
XTick object at 0x7f47e01f5b38>, <matplotlib.axis.XTick object at
```

```
0x7f47e01f5860>], <a list of 3 Text xticklabel objects>)
>>> plt.yticks(ylocations,labels)
([<matplotlib.axis.YTick object at 0x7f47e0203080>, <matplotlib.axis.
YTick object at 0x7f47e01fe8d0>, <matplotlib.axis.YTick object at
0x7f47e01f5898>], <a list of 3 Text yticklabel objects>)
>>> # 設定座標軸名稱
>>> plt.ylabel("True label")
Text(0, 0.5, 'True label')
>>> plt.xlabel("Predict label")
Text(0.5, 0, 'Predict label')
>>> plt.imshow(c)
<matplotlib.image.AxesImage object at 0x7f47e01f54e0>
>>> plt.show()
```

混淆矩陣展示如圖 1-7 所示，橫軸是預測標籤，縱軸是真實標籤。其中顏色最淺的部分是出現頻次最多的情況，顏色最深的部分是出現頻次最低的情況。我們可以看到，setosa 品種分類情況最好，幾乎所有的 setosa 品種的鳶尾花都被正確分類了。versicolor 品種的鳶尾花分類效果最差，有不少 versicolor 鳶尾花被分類成了 virginica 鳶尾花。

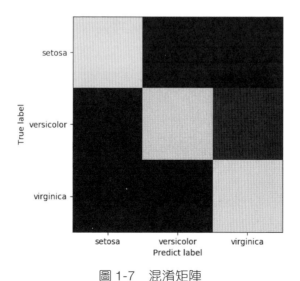

圖 1-7　混淆矩陣

》 1.4 回歸

回歸是研究一組隨機變數（$x_1, x_2, \cdots, x_n$）和另一組隨機變數（$y_1, y_2, \cdots, y_n$）之間關係的統計分析方法。分類問題預測的是樣本所屬的有限個類別，其預測目標是離散的，而回歸問題預測的是樣本的某項屬性值，此屬性值的設定值範圍可能有無限多個，其預測目標是連續的。比如在天氣預報中，預測明天是晴天還是雨天，是一個分類問題，而預測明天的氣溫是多少度，就是一個回歸問題了。

在 sklearn 中，也提供了許多的回歸模型，其中常用的回歸模型有：線性回歸、脊回歸、LASSO 回歸、SVR、回歸決策樹等。

1.4.1 線性回歸

下面以 1.2.1 節中提到的波士頓房價資料集演示線性回歸模型的建模流程，基本與分類模型一致：

```
>>> from sklearn.datasets import load_boston
>>> from sklearn.linear_model import LinearRegression
>>> data = load_boston()
>>> clf = LinearRegression()
>>> x = data['data']
>>> y = data['target']
>>> # 訓練模型
... clf.fit(x,y)
LinearRegression(copy_X=True, fit_intercept=True, n_jobs=None,
normalize=False)
>>> # 只預測一部分值便於畫圖
... y_pred = clf.predict(x[:20])
>>> # 繪製房價曲線
... plt.figure(figsize=(10,5))
```

```
<Figure size 1000x500 with 0 Axes>
>>> plt.plot(y_pred,linestyle = '--',color = 'g')
[<matplotlib.lines.Line2D object at 0x0000000011A284A8>]
>>> plt.plot(y[:20],color = 'r')
[<matplotlib.lines.Line2D object at 0x000000001384BB00>]
>>>
>>> plt.show()
```

上述程式利用 load_boston 函數匯入了波士頓房價資料集，並將資料集分成了 x 和 y 兩個部分，整理好資料集之後，利用 LinearRegression 類別中的 fit 和 predict 方法完成了線性回歸模型的訓練與預測，並將預測結果繪製成聚合線圖展示出來。預測結果的聚合線圖如圖 1-8 所示。

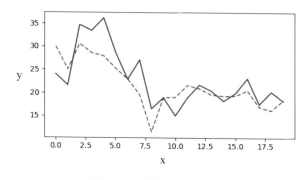

圖 1-8　房價預測曲線

我們可以看到，預測出來的房價（虛線）和真實房價（實線）之間的整體趨勢相近，但是部分點有較大差距。為了更精確地描述回歸模型的建模效果，我們需要有確定的評價指標。

1.4.2　回歸模型評價

常用的回歸模型的評價指標有 3 個。

- 均方誤差（mean_squared_error）。預測值與真實值之間的誤差的平方的平均值，其公式如下：

$$\text{MSE} = \frac{1}{n_{\text{samples}}} \sum_{0}^{n_{\text{samples}}-1} (y - \hat{y})^2$$

- 絕對平均誤差（mean_absolute_error）。預測值和真實值之間的誤差的絕對值的平均值，其公式如下：

$$\text{MAE} = \frac{1}{n_{\text{samples}}} \sum_{0}^{n_{\text{samples}}-1} |y - \hat{y}|$$

- 決定係數（r2_score）。決定係數的分母為原始資料的離散程度，分子為預測資料與原始資料之間的誤差，二者相除可以消除原始資料離散程度的影響。決定係數用於表示回歸值對真實值的擬合程度，其值越接近於 1，表示擬合效果越好，其公式如下：

$$\text{r2\_score}(y, \hat{y}) = 1 - \frac{\sum_{0}^{n_{\text{samples}}-1} (y - \hat{y})^2}{\sum_{0}^{n_{\text{samples}}-1} (y - \overline{y})^2}$$

在 sklearn 中使用 3 個評價指標的範例程式如下：

```
from sklearn.metrics import mean_squared_error,mean_absolute_error,r2_score
y_pred = clf.predict(x)
print("MSE",mean_squared_error(y_pred,y))
print("MAE",mean_absolute_error(y_pred,y))
print("r2_score",r2_score(y_pred,y))
```

結果如下：

```
MSE 21.894831181729202
MAE 3.2708628109003137
r2_score 0.6498212316698562
```

> ## 1.5 聚類

聚類指的是將資料集合中相似的物件分成多個類的過程，與分類不同的是，聚類的訓練資料是沒有類別標籤的，這種沒有預設標籤的機器學習任務被稱為非監督學習，而分類和回歸這種有標籤的機器學習任務稱為監督學習。

在聚類任務中，預先並不知道有多少個類別、每個類別是什麼，我們的目的只是將相似的樣本歸入同一類，不同的樣本歸入不同的類，組內的樣本相似度越大，組間的樣本相似度越小，聚類效果就越好。

在商鋪價格評估的研究專案中，會根據商鋪的地理位置將商鋪劃入不同的商圈，然而商圈的邊界往往是不規則的，很難人工劃定，這時就可以使用無監督學習的方式，根據商鋪距離商業中心的距離或交通時間等屬性進行聚類，在一個城市中劃分出幾個不同的商圈。

sklearn 中提供的聚類演算法有：K-means、Affinity Propagation、Meanshift、DBSCAN、Gaussian Mixtures 等，下面介紹兩種比較常用的聚類演算法，分別是 K-means 和 DBSCAN。

1.5.1 K-means

K-means 聚類演算法是一種迭代求解的聚類分析演算法。K-means 演算法需要預先設定總類別數量 n_clusters。如果類別數量設定得不夠好的話，最終的聚類結果可能會不太理想。

K-means 的訓練想法如下。

(1) 隨機選定 n_clusters 個中心點（因為 K-means 的聚類效果受初始點的位置影響很大，所以可以使用特殊的初始化策略，如 K-means++）。

(2) 將資料集中的資料根據到各中心點的距離歸入不同聚類（接近哪個中心點就歸為哪一類）。

(3) 根據聚類結果重新計算每個聚類的中心點。

(4) 重複第 (2) 步 ~ 第 (3) 步，直到每個聚類的內部元素不再變化為止，最後得到的所有中心點座標即為訓練得到的模型參數。

1.5.2 DBSCAN

DBSCAN 是一種基於密度的聚類演算法，不需要設定類別數量，但是需要設定類內樣本的最大可接受距離，這個演算法對空間樣本聚類效果較好。另外，DBSCAN 聚類過程中不一定能把所有的樣本都劃入到聚類中去，可能會存在一些無法聚類的離群點。

DBSCAN 的訓練想法如下。

(1) 先設定好 DBSCAN 中的最短聚類距離 eps，從資料集中任一點開始，尋找周圍到此點距離小於 eps 的點，加入當前聚類。

(2) 加入新的資料點之後，再從新的資料點出發繼續尋找距離小於 eps 的點，如此循環往復。

(3) 如果當前點的 eps 半徑範圍內沒有未加入聚類的資料點，則跳到當前聚類外任意未被聚類的點，繼續搜尋新的聚類。

(4) 對於周圍 eps 範圍內沒有任何資料點的資料，歸為離群點。

1.5.3 聚類實例

為了展示兩種演算法的區別，這裡分別選擇 make_moons 和 make_blobs 生成的資料集進行聚類演示，程式如下：

```
>>> import matplotlib.pyplot as plt
>>> from sklearn.datasets import make_moons,make_blobs
>>> from sklearn.cluster import KMeans,DBSCAN
>>> # 建立資料集
>>> # data = make_moons()
... data = make_blobs(centers = 2)
>>> model_km = KMeans(n_clusters=2)
>>> model_db = DBSCAN()
>>> x = data[0]
>>> # 模型預測
>>> y_pred_km = model_km.fit_predict(x)
>>> y_pred_db = model_db.fit_predict(x)
>>> markers = ["x","s","^","h","*","<"]
>>> colors = ['r','g','b','y','o','tomato']
>>> plt.subplot(121)
<matplotlib.axes._subplots.AxesSubplot object at 0x000000000D8A8668>
>>> plt.title("KMeans")
Text(0.5, 1.0, 'KMeans')
>>> for i,y in enumerate(y_pred_km):
...     plt.scatter(x[i,0],x[i,1],marker=markers[y],color = colors[y])
...>>> plt.subplot(122)
<matplotlib.axes._subplots.AxesSubplot object at 0x000000000FB7ECF8>
>>> plt.title("DBSCAN")
Text(0.5, 1.0, 'DBSCAN')
>>> for i,y in enumerate(y_pred_db):
...     if y != -1:
...         plt.scatter(x[i,0],x[i,1],marker=markers[y],color = colors[y])
...
...     else:
...         plt.scatter(x[i,0],x[i,1],marker=markers[y],color = "black")
```

上述程式使用了 make_moons 和 make_blob 函數生成的資料集進行了
聚類實驗，利用生成的資料集訓練了兩個聚類模型——K-means 模型和
DBSCAN 模型，利用聚類模型對資料進行了聚類，最後將屬於不同聚類
的資料使用不同的標記在圖中繪出，結果如圖 1-9 和圖 1-10 所示。

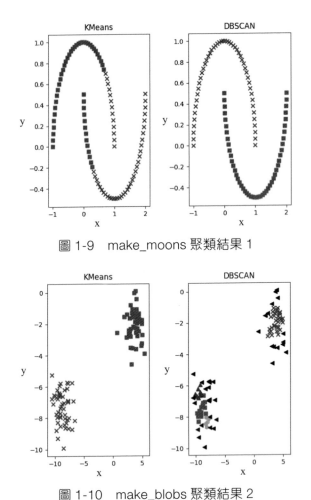

圖 1-9　make_moons 聚類結果 1

圖 1-10　make_blobs 聚類結果 2

從圖 1-9 和圖 1-10 中可以看出以下兩點。

- K-means 比較適合對呈團聚形態的資料進行聚類，對形狀不規則的資料進行聚類的效果較差。

- DBSCAN 對資料的聚集形式有較好的適應性，但是 DBSCAN 的距離設定值設定不合理的話，難以得到很好的聚類效果。這一點跟 K-means 的聚類中心數量選擇比較類似，都依賴於對樣本的了解。

》 1.6 降維

降維演算法即將高維資料投射到低維空間，並盡可能地保留最多的資訊。這類演算法既可以用於去除高維資料的容錯資訊，也可以用於資料的視覺化。比如我們可以使用降維演算法將鳶尾花資料集的資料分佈情況直觀地展現出來。鳶尾花資料本身有 4 個特徵，也就是一個四維空間的資料，因為四維空間是無法直接觀測的，所以需要將資料降到三維空間才可以查看。

1.6.1 PCA 降維

首先可以嘗試使用最常用的降維方法 PCA（主成分分析）對鳶尾花資料集進行降維展示，將資料集從四維降到三維的程式如下：

```
>>> from sklearn.datasets import load_iris
>>> from sklearn.decomposition import PCA
>>> from mpl_toolkits.mplot3d import Axes3D
>>> data = load_iris()
>>> x = data['data']
>>> y = data['target']
>>> # n_components 表示主成分維度
>>> pca = PCA(n_components=3)
>>> # 將資料降成三維
>>> x_3d = pca.fit_transform(x)
>>> fig = plt.figure()
>>> plt.subplot(121)
<matplotlib.axes._subplots.AxesSubplot object at 0x000000000FDA3860>
>>> ax = Axes3D(fig)
>>> for i,item in enumerate(x_3d):
...     ax.scatter(item[0],item[1],item[2],color = colors[y[i]],marker = markers[y[i]])
```

```
...
>>> plt.show()
```

上述程式中的 fit_transform 方法將模型訓練和資料轉換合併在一起,方便呼叫。降維後,三維鳶尾花資料如圖 1-11 所示。

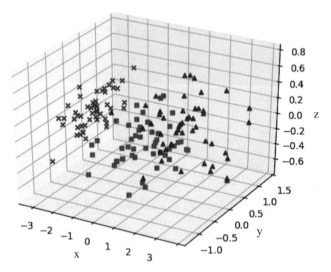

圖 1-11　使用 PCA 將鳶尾花資料集降維至三維

在圖 1-11 所示的三維空間中我們可以看到,鳶尾花資料的 3 個類別之間呈現出相互分離的狀態,可以較容易地找到資料的分類介面。

接下來繼續把資料降到二維空間,查看有何變化,將鳶尾花資料集從四維降到二維的程式如下,降維後的結果如圖 1-12 所示:

```
>>> pca2d = PCA(n_components=2)
>>> x_2d = pca2d.fit_transform(x)
>>> plt.figure()
<Figure size 640x480 with 0 Axes>
>>> for i,item in enumerate(x_2d):
...     plt.scatter(item[0],item[1],color = colors[y[i]],marker =
```

```
        markers[y[i]])
...
>>> plt.show()
```

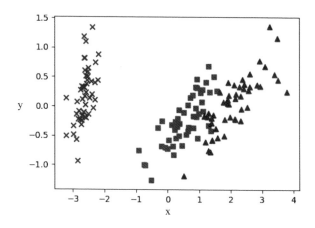

圖 1-12　使用 PCA 將鳶尾花資料集降維至二維

從圖 1-12 可以看到，降到二維之後，鳶尾花資料集仍然具有很好的可分性，這就達到了降維過程中儘量保留有用資訊的要求。

最後再嘗試把資料降到一維，從四維降到一維的程式如下，降維後的結果如圖 1-13 所示：

```
>>> pca1d = PCA(n_components=1)
>>> x_1d = pca1d.fit_transform(x)
>>> plt.figure()
<Figure size 640x480 with 0 Axes>
>>> for i,item in enumerate(x_1d):
...     plt.scatter(item[0],0,color = colors[y[i]],marker = markers[y[i]])
...
>>> plt.show()
```

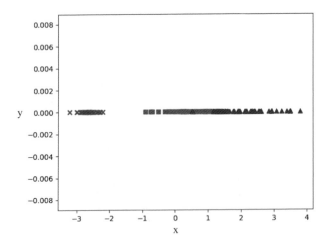

圖 1-13　使用 PCA 將鳶尾花資料集降維至一維

從圖 1-13 中可以看到，降到一維之後，鳶尾花資料集中的兩個分類出現了比較明顯的交疊現象，不能透過某個設定值將資料極佳地進行分類。

1.6.2 LDA 降維

除了 PCA，sklearn 還提供了一個降維方法：LDA（線性判別分析）。使用 LDA 也可以對鳶尾花資料集進行降維視覺化。

因為 LDA 只能將資料降維到 [1, 類別數 -1)，所以在鳶尾花任務中，無法使用 LDA 將資料降維到三維，最高只能做二維展示。降維展示程式如下，降維結果如圖 1-14 所示：

```
>>> from sklearn.discriminant_analysis import LinearDiscriminantAnalysis as
LDA
>>> lda = LDA(n_components=2)
>>> x_2d = lda.fit_transform(x,y)
>>> plt.figure()
<Figure size 640x480 with 0 Axes>
```

```
>>> for i,item in enumerate(x_2d):
...     plt.scatter(item[0],item[1],color = colors[y[i]],marker =
markers[y[i]])
...
>>> plt.show()
```

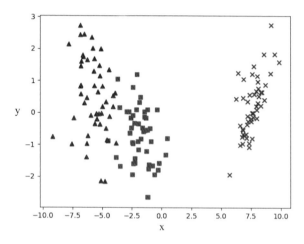

圖 1-14　使用 LDA 將鳶尾花資料集降維至二維

比較圖 1-14 與圖 1-12，也可以看出，使用 LDA 降維之後的資料比使用 PCA 降維之後的資料的可分性更好。

那麼繼續做一維降維，會得到什麼樣的效果呢？以下是使用 LDA 進行四維轉一維的程式，降維結果如圖 1-15 所示：

```
>>> lda = LDA(n_components=1)
>>> x_1d = lda.fit_transform(x,y)
>>> plt.figure()
<Figure size 640x480 with 0 Axes>
>>> for i,item in enumerate(x_1d):
...     plt.scatter(item[0],0,color = colors[y[i]],marker = markers[y[i]])
...
>>> plt.show()
```

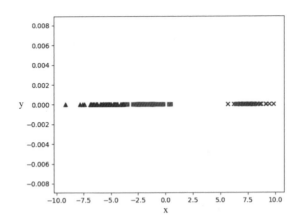

圖 1-15　使用 LDA 將鳶尾花資料集降維至一維

從圖 1-15 中可以看到，將鳶尾花資料集降維到一維之後，雖然有兩個類別相距較近，但是幾乎看不出來任何重疊。

兩種方法最大的區別是 PCA 是無監督學習演算法，而 LDA 是監督學習演算法，這一點從二者 fit_transform 方法的輸入參數可以看出。

PCA 的降維原則是保留方差較大的維度，降維方差較小的維度，而 LDA 的降維原則是保證降維後，類內方差最小，類間方差最大。因此，LDA 降維之後的資料可分性較強。可見，在有標籤的情況下，應該儘量使用 LDA 進行降維或視覺化。

≫ 1.7 模型驗證

在訓練完模型之後，需要對模型進行評價，決定是否採用訓練後的模型。本書前面的例子都是直接在訓練資料上驗證模型，這種方法存在一個很嚴重的問題：模型有可能過擬合。

什麼情況下會出現過擬合呢？過擬合常常出現在以下 3 種情況下：

- 資料有雜訊；
- 資料集過小；
- 模型太複雜。

在解決過擬合問題之前，需要有一個判斷過擬合的依據，就是使用訓練集之外的資料進行驗證。

在 sklearn 中，有兩種常用的驗證方法：留出驗證法和交換驗證法。

留出驗證法的操作方式是在訓練之前，從總資料集中按一定規則（或隨機）取出一部分資料作為驗證資料集，然後在模型訓練完成之後，在驗證集上對模型的預測效果進行驗證。

如果模型在訓練集上的效果非常好，但是在驗證集上的效果很差，就說明模型出現了過擬合現象。

sklearn 中的留出驗證法可以透過 sklearn.model_selection.train_test_split 函數實現。下面是一個模型過擬合的例子（此例使用 Jupyter Notebook 撰寫）：

In：

```
import numpy as np
from sklearn.model_selection import train_test_split
# 匯入線性模型和多項式特徵構造模組
from sklearn import linear_model
from sklearn.preprocessing import PolynomialFeatures
from sklearn.metrics import r2_score
import matplotlib.pyplot as plt
%matplotlib inline
```

接下來需要生成 20 個樣本點，並加入一些隨機擾動，生成資料的程式如下：

In：

```
# 樣本數量
n_samples = 20
x = np.array([i+2 for i in range(n_samples)]) * 4
# 在 log 函數曲線上加入隨機雜訊
y = 3 * np.log(x) + np.random.randint(0,3,n_samples)
plt.scatter(x,y)
```

生成的樣本如圖 1-16 所示。

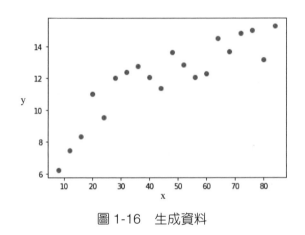

圖 1-16　生成資料

然後對資料集進行劃分，留出一部分驗證集，其中 test_size 是驗證集在總資料集中的佔比：

In：

```
x_train,x_test,y_train,y_test = train_test_split(x,y,test_size = 0.3)
```

下面使用二項式擬合的方式來擬合這個模型。在 sklearn 中，二項式擬合的實現方法是先將訓練特徵轉為二項式特徵，然後再使用線性回歸模型進行擬合，相關程式如下：

```
In:
    def poly_fit(degree):
        poly_reg =PolynomialFeatures(degree=degree)
        # 轉換成二次特徵
        x_ploy_train = poly_reg.fit_transform(x_train.reshape(-1,1))
        # 對 x_test 進行同樣的轉換
        x_ploy_test = poly_reg.transform(x_test.reshape(-1,1))
        clf = linear_model.LinearRegression()
        clf.fit(x_ploy_train,y_train.reshape(-1,1))
        # 建立子圖，繪製訓練集上的預測結果
        plt.subplot(121)
        y_train_pred = clf.predict(x_ploy_train)
        sorted_indices = np.argsort(x_train)
        plt.plot(x_train[sorted_indices],y_train_pred[sorted_indices])
        plt.scatter(x_train,y_train)
        # 建立子圖，繪製驗證集上的預測結果
        plt.subplot(122)
        y_test_pred = clf.predict(x_ploy_test)
        # 同時對 x_test 和 y_test_pred 進行排序
        sorted_indices = np.argsort(x_test)
        plt.plot(x_test[sorted_indices],y_test_pred[sorted_indices])
        plt.scatter(x_test,y_test)
        # 計算 r2_score
        print("Train R2 score",r2_score(y_train_pred,y_train))
        print("Test R2 score",r2_score(y_test_pred,y_test))
```

然後逐步提高多項式的次數，觀察模型效果與多項式次數之間的關係。
二次多項式擬合程式如下，結果如圖 1-17 所示：

```
In:
    poly_fit(2)
Out:
    Train R2 score 0.8102748526150807
    Test R2 score 0.7661602866338544
```

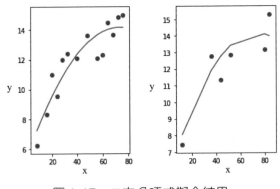

圖 1-17　二次多項式擬合結果

五次多項式擬合程式如下，結果如圖 1-18 所示：

In:
```
poly_fit(5)
```
Out:
```
Train R2 score 0.9087433750748772
Test R2 score 0.8326903541105737
```

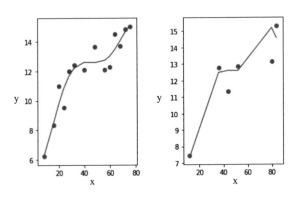

圖 1-18　五次多項式擬合結果

十次多項式擬合程式如下，結果如圖 1-19 所示：

In:
```
poly_fit(10)
```

Out:

```
Train R2 score 0.9176237285551411
Test R2 score -0.13339572778788056
```

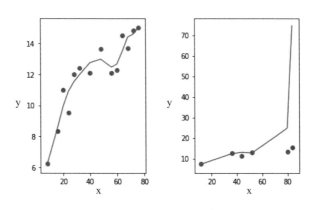

圖 1-19　十次多項式擬合結果

上述案例使用 train_test_split 將資料集劃分為兩個部分，訓練集和驗證集。然後在訓練集上進行模型訓練，訓練完成後，分別計算訓練集和驗證集上的模型指標。

結果發現，隨著模型複雜度的提升（多項式特徵次數越來越高），模型在訓練集上的表現（R2 Score）越來越好，在驗證集上的效果卻是先變好再變壞。這就是模型過擬合的表現。

交換驗證法可以視為留出驗證法的升級版，以 sklearn 中的 KFold 檢驗為例，其演算法步驟如下。

(1) 將資料集劃分為 n 個互斥子集。
(2) 以其中一個子集作為驗證集，其他子集作為訓練集，訓練模型。
(3) 選擇另一個子集作為驗證集，其他子集作為訓練集，再訓練模型。
(4) 如此進行 n 次訓練和測試，得到 n 個結果。

在發現模型過擬合後，可以嘗試透過以下幾個方法解決過擬合的問題：

- 重新清洗資料；
- 增加資料量；
- 採用正則化方法；
- 選擇合適的模型。

1.8 模型持久化

我們訓練好了一個機器學習模型後，就會希望以後不用重複訓練過程也可以使用這個模型，在這種情況下，可以使用模型持久化工具保存模型。常用於保存 sklearn 模型的工具有兩個，一個是 joblib 工具，一個是可以用來保存 Python 物件的 pickle 函數庫。

1.8.1 joblib

使用 joblib 保存模型需要用到 joblib.dump 函數，保存一個邏輯回歸模型的程式如下：

```
>>> import joblib
>>> from sklearn.linear_model import LogisticRegression
>>> x = [[0,0],[1,1]]
>>> y = [0,1]
>>> clf = LogisticRegression()
>>> clf.fit(x,y)
LogisticRegression(C=1.0, class_weight=None, dual=False, fit_intercept=True,
                   intercept_scaling=1, l1_ratio=None, max_iter=100,
                   multi_class='warn', n_jobs=None, penalty='l2',
                   random_state=None, solver='warn', tol=0.0001, verbose=0,
                   warm_start=False)
```

```
>>> # 保存模型
>>> joblib.dump(clf,"lr.m")
['lr.m']
```

從保存的模型檔案中載入模型需要用到 joblib.load 函數，載入模型並進行
預測的程式如下：

```
>>> clf = joblib.load("lr.m")
>>> clf.predict(x)
array([0, 1])
```

1.8.2 pickle

使用 pickle 函數庫保存模型需要使用 pickle.dumps 函數對模型進行處
理，然後把它寫入一個二進位檔案，具體程式如下：

```
>>> from sklearn.linear_model import LogisticRegression
>>> x = [[0,0],[1,1]]
>>> y = [0,1]
>>> clf = LogisticRegression()
>>> clf.fit(x,y)
LogisticRegression(C=1.0, class_weight=None, dual=False, fit_intercept=True,
                   intercept_scaling=1, l1_ratio=None, max_iter=100,
                   multi_class='warn', n_jobs=None, penalty='l2',
                   random_state=None, solver='warn', tol=0.0001, verbose=0,
                   warm_start=False)
>>> import pickle
>>> s = pickle.dumps(clf)
>>> # 以二進位形式打開檔案，然後寫入物件資訊
>>> f = open("lr.pkl","wb")
>>> f.write(s)
826
>>> f.close()
```

載入模型時需要先打開保存了模型的二進位檔案，然後用 pickle.load 函數處理，具體程式如下：

```
>>> g = open("lr.pkl","rb")
>>> s = g.read()
>>> clf = pickle.loads(s)
>>> clf.predict(x)
array([0, 1])
```

有了模型持久化工具，就可以實現「一次訓練，永久使用」了。

≫ 1.9 小結

本章介紹了 sklearn 這一經典的機器學習函數庫，對其中的分類、回歸、聚類和降維四大類演算法做了淺顯的介紹。我希望讀者在閱讀完本章之後，能夠做到以下幾點。

- 對機器學習有一個基本的認識。
- 對上述幾大類機器學習演算法的異同有所了解。
- 了解機器學習中的模型驗證想法。

傳統影像處理方法

使用除神經網路之外的機器學習演算法進行影像處理任務時,需要人工提取圖片特徵,可供選擇的特徵提取方法也有很多,如 HOG、HARRIS、SIFT、SURF、FAST 等。本章中的分類任務將使用 HOG 特徵,檢測任務將使用 FAST 特徵,提取特徵之後,使用分類、聚類等方法對特徵進行建模,完成影像處理任務。本章專案的目錄如下:

```
.
├──    features.py                    ----    處理 char74k 資料並提取特徵
├──    grab_cut.py                    ----    grabcut 範例
├──    hog_rf.py                      ----    使用隨機森林進行圖型分類
├──    image_hash.py                  ----    感知雜湊演算法
├──    load_cifar.py                  ----    載入 CIFAR-10 資料
├──    load_char.py                   ----    載入手寫字元資料集
├──    multi_object_detection.py      ----    多目標物件辨識
└──    train_svm.py                   ----    使用 SVM 進行圖型分類
```

≫ 2.1 圖型分類

HOG（histogram of oriented gradient，方向梯度長條圖）是目前電腦視覺領域和模式辨識領域很常用的一種圖型局部紋理特徵描述器。圖型分類任務可以選擇「HOG + 分類器」的組合，首先使用 HOG 提取圖片的全域特徵，然後將整個圖片的特徵輸入分類器進行計算。因為從圖型中提取的特徵維度通常比較高，所以分類器常選擇 SVM 或一些整合演算法。

2.1.1 HOG 的原理

因為是在圖型的局部方格單元上操作，所以 HOG 對圖型幾何和光學的形變能保持較好的不變性。其次，在多尺度取樣以及較強的局部光學歸一化等條件下，手寫字元的一些細微形變可以被忽略而不影響檢測效果。因此，將 HOG 特徵用於手寫字元辨識也具有一定的可行性。

HOG 特徵提取過程如下。

(1) 計算圖片中每個像素的梯度。

(2) 將圖片劃分為很多大方格（以下簡稱 block），再將每個 block 劃分成多個小方格（以下簡稱 cell）。

(3) 統計每個 cell 中的梯度分佈長條圖，得到每個 cell 的描述子（以下簡稱 descriptor），統計每個像素的梯度方向分佈，並按梯度大小加權投影到長條圖中。

(4) 將幾個 cell 組成一個 block，將每個 cell 的 descriptor 串聯起來得到 block 的 descriptor。

(5) 將圖片中每個 block 的 descriptor 串聯起來得到圖片的 descriptor，即為圖片的 HOG 特徵。

2.1.2　工具介紹

HOG 工具選擇了 skimage.feature 中的 hog 函數，該函數的完整形式如下：

```
skimage.feature.hog(image, orientations=9, pixels_per_cell=(8, 8), cells_
per_block=(3, 3), block_norm='L2-Hys', visualize=False, transform_
sqrt=False, feature_vector=True, multichannel=None)
```

大多數情況下，只需調整下面 3 個參數就可以獲得比較理想的效果。

- orientations：方向數量，即長條圖中直條的數量。
- pixels_per_cell：每個 cell 中的像素個數，即指定了 cell 大小，假設為 5×5。
- cells_per_block：每個 block 中的 cell 個數，即指定了 block 大小，假設為 3×3。

如果按照上面的參數進行設定，就可以組成一個 15×15 的 block，使用該 block 按一定步進值在圖片上進行滑動，將每次滑動得到的 descriptor 串聯起來，即可得到整個圖片的 HOG 特徵。HOG 的工作方式如圖 2-1 所示。

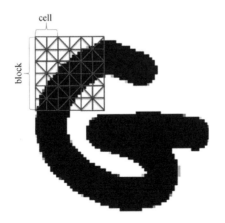

圖 2-1　HOG 中的 block 和 cell 示意圖

2.1.3 CIFAR-10 分類

傳統圖型分類方法使用的人工特徵不如卷積網路提取的特徵品質高。這裡選擇 CIFAR-10 資料集，CIFAR-10 資料集是一個在深度學習任務中常用的小型圖型分類資料集，雖然解析度只有 32×32，卻包含了豐富的場景資訊。關於此資料集的詳細資訊，將在深度學習的圖型分類專案中做詳細介紹，在本章中使用此資料集是為了展示傳統方法在複雜場景圖片分類任務中的效果。

1. 資料載入

因為 sklearn 中的隨機森林演算法（SVM 擬合 CIFAR 的速度非常慢，所以這裡採用了隨機森林做測試）並不支持增量式訓練，所以需要一次性向模型輸入所有的圖片特徵。這裡使用較小的 CIFAR-10 作為訓練資料集，並且介紹一種直接使用 Python 載入 CIFAR 的方法。下面是使用 Python 載入 CIFAR 資料集的程式：

```
# load_cifar.py
import pickle
import os.path as osp
import numpy as np


cifar_folder = "/data/cifar10/cifar-10-batches-py"
class Cifar:
    def __init__(self, folder=cifar_folder):
        self.folder = folder
        self.files = [osp.join(self.folder, "data_batch_%d" % n) for n in
range(1, 6)]

    # 讀取檔案
    def load_pickle(self, path):
        f = open(path, "rb")
```

```
        data_dict = pickle.load(f, encoding="bytes")
        X = data_dict[b"data"]
        Y = data_dict[b"labels"]
        X = X.reshape(10000, 3, 32, 32).transpose(0, 2, 3, 1) #.astype("float")
        Y = np.array(Y)
        return X, Y
    # 載入 CIFAR-10 資料
    def load_cifar10(self):
        xs = []
        ys = []
        # 遍歷讀取
        for file in self.files:
            X, Y = self.load_pickle(file)
            xs.append(X)
            ys.append(Y)
        # 讀取後拼接成矩陣
        train_x = np.concatenate(xs)
        train_y = np.concatenate(ys)
        # test 檔案只有一個
        test_x, test_y = self.load_pickle(osp.join(self.folder, "test_batch"))
        return train_x, train_y, test_x, test_y

if __name__ == "__main__":
    data = Cifar()
    train_x, train_y, test_x, test_y = data.load_cifar10()
    print(train_x.shape, train_y.shape, test_x.shape, test_y.shape)
```

CIFAR 資料集中提供的二進位檔案可以使用 pickle 函數庫進行解析，解析後會得到一個字典，字典的 data 鍵對應的是圖片資料，label 鍵對應的是圖片標籤。讀取完所有圖片資料和標籤後，將它們拼接起來，就可以得到我們需要的訓練資料和測試資料了。

2. 模型訓練

提取了資料之後，就可以計算每張圖片的特徵了，然後利用計算的特徵
進行模型訓練，相關程式如下：

```python
# hog_rf.py
from skimage.feature import hog
from load_cifar import Cifar
import numpy as np
import matplotlib.pyplot as plt
from tqdm import tqdm
from sklearn.ensemble import RandomForestClassifier
from sklearn.model_selection import GridSearchCV


class RFClassifier:
    def __init__(self):
        self.data = Cifar()
        # 載入並分割資料
        self.train_x, self.train_y, self.test_x, self.test_y = (
            self.data.load_cifar10()
        )
        # 建立模型
        self.clf = RandomForestClassifier(
            n_estimators=800, min_samples_leaf=5, verbose=True, n_jobs=-1
        )

        print("loading train data")
        self.train_hog = []
        for img in tqdm(self.train_x):
            self.train_hog.append(self.extract_feature(img))
        print("loading test data")
        self.test_hog = []
        for img in tqdm(self.test_x):
            self.test_hog.append(self.extract_feature(img))
        # 提取 HOG 特徵
```

```python
    def extract_feature(self, img):
        hog_feat = hog(
            img,
            orientations=9,
            pixels_per_cell=[3, 3],
            cells_per_block=[2, 2],
            feature_vector=True,
        )
        return hog_feat
    # 訓練模型
    def fit(self):
        self.clf.fit(self.train_hog, self.train_y)
    # 驗證模型
    def evaluate(self):
        train_pred = self.clf.predict(self.train_hog)
        # 計算訓練集的準確率
        train_accuracy = sum(train_pred == self.train_y) / len(self.train_y)
        print("train accuracy : {}".format(train_accuracy))
        test_pred = self.clf.predict(self.test_hog)
        # 計算驗證集的準確率
        test_accuracy = sum(test_pred == self.test_y) / len(self.test_y)
        print("test accuracy : {}".format(test_accuracy))

if __name__ == "__main__":
    clf = RFClassifier()
    clf.fit()
    clf.evaluate()
```

得到的結果是，訓練集的準確率為 98%，但驗證集的準確率只有 50%。可見，使用 HOG 這樣的人工特徵辨識自然場景圖片，並不如使用卷積神經網路那麼容易。因此，這種想法可以用於解決更簡單的任務，比如手寫字元辨識。

2-7

2.1.4 手寫字元分類

下面將演示如何使用 HOG 特徵進行手寫字元辨識，手寫字元資料集選擇
了 Chars74k，本文使用的是 EnglishHnd.tgz 子集 Img 資料夾中的圖片，
包含了大寫字母 A~Z、小寫字母 a~z 和數字 0~9，共 62 個字元，分別由
55 位志願者書寫，共 3410 張圖片。資料量較小，因為 sklearn 中的 SVM
暫時不支持增量學習，所以只能處理小資料集，同時也方便沒有 GPU 的
讀者進行練習。

資料集中的圖片形式如圖 2-2 所示。

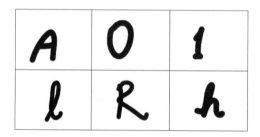

圖 2-2　手寫字元範例

從圖 2-2 中可以看出，字元圖片都是黑白的，且包含大片無用的白色背
景，過多的無用資訊會影響模型效果，所以在提取 HOG 特徵前，需要先
進行圖型前置處理，以便提取更具代表性的特徵。

為了減小光影、噪點等因素對圖片辨識結果的影響，在提取特徵前，需
要對圖型進行前置處理。圖型前置處理工作通常包含以下 3 項。

■　灰階化。字元的色彩、明暗都不會影響到字元的含義，黑色的 A 和紅
色的 A 是一個意思。為了避免在模型中引入不必要的干擾，這裡選擇
黑白圖片作為訓練資料。所以要對來源圖片進行處理，將 3 個通道的
圖片（RGB 彩色圖片）轉化為 1 個通道的灰階圖片。

- 二值化。與色彩、明暗相同，字元中的筆劃深淺同樣不會影響到字元的含義，所以為了簡化運算，並且去除字元圖片的背景干擾，需要對圖片進行二值化處理，即將範圍是 0~255 的圖片像素轉化為 0 或 1。
- 圖型裁剪與縮放。圖型裁剪是為了盡可能地去除圖片中的空白區域，以增大不同的字元圖型之間的特徵差異。注意，在進行裁剪的時候，要保證圖型中的字元不變形。

原始圖片及裁剪後的結果如圖 2-3 和圖 2-4 所示，字母周圍的空白區域均被剪除。

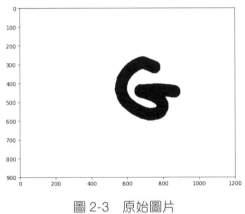

圖 2-3　原始圖片

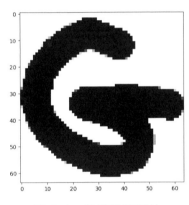

圖 2-4　裁剪後的圖片

資料處理程式如下：

```
# load_char.py
import numpy as np
from glob import glob
import os
from tqdm import tqdm
import re
from skimage.io import imread
from skimage.feature import hog
from skimage.transform import resize
```

```python
img_paths = sorted(glob(r"D:\datasets\EnglishHnd\English\Hnd\Img\*\*.png"))

# 二值化，降低雜訊干擾並減少運算量
def binary(img):
    # 二值化
    rows,cols = img.shape
    for i in range(rows):
        for j in range(cols):
            if img[i,j] < 0.5:
                img[i,j] = 0
            else:
                img[i,j] = 1
    return img


# 裁剪圖片中的空白區域
def preprocess(img):
    width ,height = img.shape
    rows,cols = np.where(img < 1.)
    x_min,x_max = min(rows),max(rows)
    y_min,y_max = min(cols),max(cols)
    # 邊長
    size = max(y_max - y_min,x_max - x_min)
    # 字元旁邊留一定範圍的空白
    x_empty = (size-(x_max - x_min)) // 2
    y_empty = (size-(y_max - y_min)) // 2
    # 裁剪圖片
    img = img[max(x_min-x_empty,0):min(x_max+x_empty,width),max(y_min-y_
empty,0):min(y_max+y_empty,
        height)]
    img = resize(img,(64,64))
    return img


# 提取特徵
def hog_features(img_path):
    # 讀取灰階圖片
```

```
    img = imread(img_path,as_grey=True)
    img = binary(img)
    img = preprocess(img)
    # 提取 HOG 特徵
    hog_feat = hog(img,orientations=9,pixels_per_cell=[5,5],cells_per_block
=[3,3])
    return hog_feat
```

```
# 保存提取到的 HOG 特徵
for img_path in tqdm(img_paths):
    np.save(re.sub(r".png",".npy",img_path),hog_features(img_path))
```

上述程式將圖片以灰階圖形式讀取，再進行二值化和裁剪，便於提取特徵。提取特徵之後，將特徵保存到本地檔案中，這樣在訓練模型時就不需要重複讀取圖片了，可以減少記憶體消耗。

訓練過程較為簡單，與訓練其他的 sklearn 模型類似，呼叫 fit 和 predict 兩個函數即可完成訓練及預測，相關程式如下：

```
# train_svm.py
from glob import glob
import numpy as np
from sklearn.svm import LinearSVC
from sklearn.model_selection import train_test_split
from tqdm import tqdm
import os

# 讀取特徵檔案
feature_paths = sorted(glob(r"D:\datasets\EnglishHnd\English\Hnd\Img\*\*.npy"))
# 提取標籤
labels = [os.path.split(os.path.dirname(im))[-1] for im in feature_paths]
# 將標籤轉化為數字 ID
label_set = sorted(list(set(labels)))
label_dict = dict(zip(label_set,[i for i in range(len(label_set))]))
```

```
label_ids = [label_dict[label] for label in labels]
# 將特徵整合成矩陣
features = []
for feature_path in tqdm(feature_paths):
    feature = np.load(feature_path)
    features.append(feature)
features = np.array(features)
# 劃分訓練集與驗證集
x_train,x_test,y_train,y_test = train_test_split(features,label_ids,test_
size=0.15)

print("fitting")
clf = LinearSVC(multi_class="ovr",verbose=True,max_iter=10000)
# 訓練模型
clf.fit(x_train,y_train)
# 預測結果
yp = clf.predict(x_test)
# 計算準確率
print(np.sum(yp == y_test)/len(y_test))
```

上述程式在提取了 HOG 特徵之後，使用線性 SVM 進行建模及訓練，多次迭代訓練之後的最佳準確率為 73.52%。結果雖然不是太理想，但也證明了 HOG 能夠用於處理簡單的圖型分類問題。

≫ 2.2 物件辨識

物件辨識可以使用 HOG+SVM 的方式實現。在單類別物件辨識任務中，可以使用 OpenCV 的「特徵點檢測＋特徵描述」匹配方式快速檢測目標，但是這種方式一般僅適用於單一物件辨識。如果圖片中存在多個同類別物件，就需要借助聚類方法來實現。

OpenCV 中的 ORB 檢測器演算法採用 FAST（features from accelerated segment test）演算法來檢測特徵點，使用 BRIEF（binary robust independent elementary features）進行特徵點描述（用於匹配特徵點）。

其中 FAST 演算法尋找角點的依據是：若某像素與其鄰域內足夠多的像素相差較大，則該像素可能是角點。

BRIEF 是特徵描述演算法，包括兩個步驟：描述和匹配。

生成特徵描述的過程如下。

(1) 為減少雜訊干擾，對圖型進行高斯濾波（方差為 2，高斯視窗為 9×9）。

(2) 以特徵點為中心，取 S×S 的鄰域視窗。在視窗內按一定規則選取一對（兩個）點，比較二者像素的大小，進行以下二進位設定值：

$$z = \begin{cases} 1 & \text{如果 } p(x_1) > p(x_2) \\ 0 & \text{如果 } p(x_1) < p(x_2) \end{cases}$$

其中 $p(x_1)$ 和 $p(x_2)$ 分別是兩個點的像素值大小，z 是編碼值。

(3) 在視窗中隨機選取 N 對點，重複步驟 (2) 的二進位設定值，形成一個二進位編碼，這個編碼就是對特徵點的描述，即特徵描述子（一般情況下 $N=256$）。

特徵的匹配過程如下。

(1) 將兩個點的特徵編碼的每一位進行比對，如果相同位數小於 128 個，則兩個點不匹配。

(2) 如果一個特徵點有多個匹配的點，則取特徵編碼相同位數最多的點作為匹配點。

從上述對演算法的描述中可以看到，ORB 檢測器的匹配過程是針對整張圖片的，所以無法區分圖片中同類物件的不同個體。為了實現多物件辨識，還需要用到聚類的方法，即先計算匹配點，然後將匹配點聚類，在每個聚類中尋找與目標物件最相似的物件。

這裡可以自己做一張圖片進行檢測實驗，檢測程式如下：

```python
import cv2
from matplotlib import pyplot as plt

# 最小匹配次數
MIN_MATCH_COUNT = 10
# 讀取圖片
img1 = cv2.imread("cv.jpg", 0)   # queryImage
img1 = cv2.resize(img1, (120, 120))
img2 = cv2.imread("cvs.jpg", 0)  # trainImage

# 建立 ORB 檢測器
orb = cv2.ORB_create(10000, 1.2, nlevels=12, edgeThreshold=3)

# 尋找關鍵點和關鍵點的特徵描述
kp1, des1 = orb.detectAndCompute(img1, None)
kp2, des2 = orb.detectAndCompute(img2, None)

import numpy as np
from sklearn.cluster import KMeans

# 對關鍵點進行聚類
x = np.array([kp2[0].pt])
for i in range(len(kp2)):
    x = np.append(x, [kp2[i].pt], axis=0)
x = x[1 : len(x)]
clf = Kmeans(n_clusters=3)
# 訓練模型
clf.fit(x)
```

```python
labels = clf.labels_cluster_centers = clf.cluster_centers_
# 計算標籤的數量
labels_unique = np.unique(labels)
n_clusters_ = len(labels_unique)
print("number of estimated clusters : %d" % n_clusters_)

# 按聚類將關鍵點加入列表中
s = [None] * n_clusters_
for i in range(n_clusters_):
    l = clf.labels_
    d, = np.where(l == i)
    print(d.__len__())
    s[i] = list(kp2[xx] for xx in d)

# 對每個聚類中的關鍵點進行驗算
des2_ = des2
for i in range(n_clusters_):
    kp2 = s[i]
    l = clf.labels_
    d, = np.where(l == i)
    des2 = des2_[d,]
    # 定義匹配演算法
    FLANN_INDEX_KDTREE = 0
    index_params = dict(algorithm=FLANN_INDEX_KDTREE, trees=5)
    search_params = dict(checks=50)
    flann = cv2.FlannBasedMatcher(index_params, search_params)
    des1 = np.float32(des1)
    des2 = np.float32(des2)
    # 開始匹配
    matches = flann.knnMatch(des1, des2, 2)
    # 保存所有匹配合格的點
    good = []
    for m, n in matches:
        if m.distance < 0.7 * n.distance:
            good.append(m)
```

```python
    # 如果合格點超過 3 個，則認為匹配有效
    if len(good) > 3:
        src_pts = np.float32([kp1[m.queryIdx].pt for m in good]).reshape
(-1, 1, 2)
        dst_pts = np.float32([kp2[m.trainIdx].pt for m in good]).reshape
(-1, 1, 2)
        # 計算基準點到目標點的轉換矩陣
        M, mask = cv2.findHomography(src_pts, dst_pts, cv2.RANSAC, 2)
        # 如果沒有找到轉換矩陣
        if M is None:
            print("No Homography")
        else:
            matchesMask = mask.ravel().tolist()
            h, w = img1.shape
            pts = np.float32([[0, 0], [0, h - 1], [w - 1, h - 1], [w - 1,
0]]).reshape(-1, 1, 2)
            dst = cv2.perspectiveTransform(pts, M)
            # 繪製檢測框
            img2 = cv2.polylines(img2, [np.int32(dst)], True, 255, 3, cv2.
LINE_AA)

            draw_params = dict(
                matchColor=(0, 255, 0),
                singlePointColor=None,
                matchesMask=matchesMask,
                flags=2,
            )
            # 繪製連接線
            img3 = cv2.drawMatches(img1, kp1, img2, kp2, good, None,
**draw_params)

            plt.imshow(img3, "gray"), plt.show()
    else:
        print("Not enough matches are found - %d/%d" % (len(good), MIN_
MATCH_COUNT))
        matchesMask = None
```

上述程式實現了基於 ORB 運算元的多物件辨識功能，包含以下步驟。

(1) 利用 ORB 運算元找到待檢測圖片中的關鍵點及其描述子。

(2) 對關鍵點進行聚類。

(3) 分別使用每個聚類中的關鍵點與來源圖片中的關鍵點進行匹配，得到
變換矩陣。

(4) 根據變換矩陣得到物件辨識框，找到物件辨識框與關鍵點的對應關係。

(5) 將關鍵點的對應關係以及檢測框繪出，結果如圖 2-5 至圖 2-7 所示。

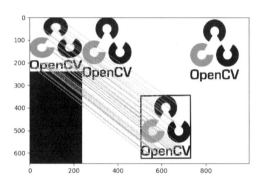

圖 2-5　檢測到第 1 個物件

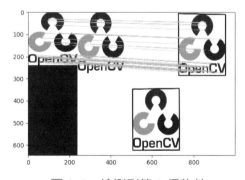

圖 2-6　檢測到第 2 個物件

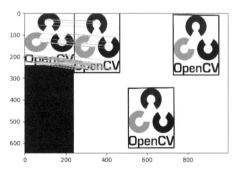

圖 2-7　檢測到第 3 個物件

我們發現待檢測圖片中的物件被全部檢出，證明使用 ORB 運算元進行多
物件辨識是可行的。上述演算法有一個缺點：如果不知道圖片中物件的

數量，很難為 K-means 演算法指定一個合理的聚類數量，讀者可以自己嘗試使用 DBSCAN 演算法代替 K-means 演算法進行上述檢測試驗。

≫ 2.3 圖型分割

在 OpenCV 中，有兩種常用的圖型分割演算法：一種是分水嶺演算法，一種是 GrabCut 演算法。對第 5 章會建立的太陽的資料集來說，使用 GrabCut 演算法的效果更好一點。

以前面的自製圖型分割資料集為例，從中任選一張，僅用幾行程式就可以實現前景與背景的分割。

需要注意的是，在使用 GrabCut 演算法時，用矩形框將物件所在的大致區域框出來，能獲得更好的效果。

下面是使用 GrabCut 進行圖型分割的程式：

```
import numpy as np
import cv2
from matplotlib import pyplot as plt

# 顯示圖片
def show(img):
    # 轉換通道
    img_ = cv2.cvtColor(img,cv2.COLOR_BGR2RGB)
    plt.imshow(img_)
# 顯示原始圖片
img = cv2.imread("/data/object_detection_segment/object_detection/011.jpg")
show(img)
# 執行 grabcut 函數
def grabcut(img,mask,rect,iters=20):
```

```
    img_ = img.copy()
    bg_model = np.zeros((1,65),np.float64)
    fg_model = np.zeros((1,65),np.float64)
    cv2.grabCut(img.copy(),mask,rect,bg_model,fg_model,iters,cv2.GC_INIT_
WITH_RECT)
    mask2 = np.where((mask==2)|(mask==0),0,1).astype('uint8')
    img_ = img*mask2[:,:,np.newaxis]
    return img_

mask = np.zeros(img.shape[:2],np.uint8)
rect = (40,40,250,260)
img_copy = img.copy()
# 繪製預設方框
cv2.rectangle(img_copy,rect[:2],rect[2:],(0,255,0),3)
show(img_copy)
img = grabcut(img,mask,rect)
show(img)
plt.show()
```

在上述程式中,我們設定了一個全為零的隱藏(如果有簡單標記過的隱
藏,能獲得更好的效果),並繪製了一個矩形將目標物件所在的區域框選
出來,最後將隱藏和矩形都輸入 GrabCut 演算法進行前後景分割,如圖
2-8 至圖 2-10 所示。

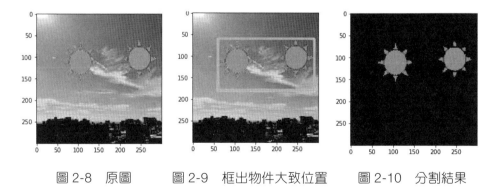

圖 2-8　原圖　　　　圖 2-9　框出物件大致位置　　　圖 2-10　分割結果

≫ 2.4 圖型搜尋

圖片所包含的特徵能夠生成一組「指紋」(不是唯一的),這些「指紋」可以進行比較。改變圖片的大小、亮度甚至顏色,都不會改變它的雜湊值。

本節將介紹如何使用感知雜湊演算法進行圖型特徵提取。感知雜湊演算法是雜湊演算法的一類,主要用來做相似圖片的搜尋工作,它的工作步驟如下。

(1) 對圖片進行灰階處理。

(2) 縮小圖片的尺寸。

(3) 簡化圖片的色彩,原本色彩的值域是 [0, 255],共 256 個值,簡化色彩就是將色彩可選值的數量進行壓縮。

(4) 計算像素平均值。

(5) 根據像素平均值將圖片像素值置為 0 或 1。

(6) 使用漢明距離比較圖型。

使用感知雜湊演算法提取圖片特徵的程式如下:

```
import random
import matplotlib.pyplot as plt
import cv2
import numpy as np


def hash(img):
    # 灰階處理
    # img = cv2.cvtColor(img, cv2.COLOR_RGB2GRAY)
    # 縮小尺寸
    img = cv2.resize(img, (8, 8))
    # 簡化色彩
    # 255 / 64 = 4
    img = (img / 4).astype(np.uint8) * 4
```

```
    # 計算平均值
    m = np.mean(img)
    img[img <= m] = 0
    img[img > m] = 1
    print(img.shape)
    plt.imshow(img * 255, cmap="gray")
    return img.reshape(-1)


img1 = cv2.imread("img/panda1.jpg", 0)
img2 = cv2.imread("img/panda2.jpg", 0)
img3 = cv2.imread("img/husky1.jpg", 0)
# 計算圖型的雜湊編碼
hash_img1 = hash(img1)
hash_img2 = hash(img2)
hash_img3 = hash(img3)
# 計算圖型之間的漢明距離
distance1 = np.sum(hash_img1 == hash_img2) / hash_img1.shape[0]
distance2 = np.sum(hash_img1 == hash_img3) / hash_img1.shape[0]
# 展示結果
plt.subplot(131)
plt.xticks([])
plt.yticks([])
plt.imshow(img1)
plt.title("source ")
plt.subplot(132)
plt.xticks([])
plt.yticks([])
plt.imshow(img2)
plt.title("distance: {}".format(distance1))
plt.subplot(133)
plt.xticks([])
plt.yticks([])
plt.imshow(img3)
plt.title("distance: {}".format(distance2))
plt.show()
```

上述程式計算了 3 張圖片的雜湊值，並使用雜湊值比對了第一張圖片和另兩張圖片的相似度。

圖片比對結果如圖 2-11 所示。

來源圖片　　　　　漢明距離：0.703125　　　　漢明距離：0.46875

圖 2-11　相似度比對

從比對結果來看，感知雜湊演算法已經獲得了圖片的某種特徵，具備了區分不同圖片的能力。在得到圖片特徵之後，就可以借助前面提到的搜尋演算法進行圖型搜尋了。

2.5 小結

本章介紹了使用非深度學習方法解決圖型分類、物件辨識、圖型分割和圖型搜尋的基本想法，主要包含以下基礎知識：

- HOG 特徵提取原理；
- ORB 角點檢測及特徵描述原理；
- OpenCV 中圖型分割方法的使用；
- 感知雜湊演算法的基本想法。

深度學習與 PyTorch

深度學習原本只是一種實現機器學習的手段，用於解決機器學習中的分類、回歸等問題。這幾年，深度學習領域的技術發展非常迅速，其內部理論系統越來越完善，逐漸被人們看作一種獨立的學習方法。

深度學習在電腦視覺領域的研究可以追溯到 20 世紀 90 年代，早期模型使用的訓練資料集規模較小，如 MNIST 資料集和 CIFAR 資料集的資料量都在十萬級。模型參數量也不大，然而因為神經網路訓練的實現過程較為複雜，深度學習一直沒有得到大規模的應用。網際網路的發展讓資料收集與管理變得更加容易（如百萬級資料集 ImageNet 的出現），巨量資料時代的來臨讓深度學習模型的訓練變得更加容易，也催生出了越來越複雜的模型演算法。

由於演算法複雜度的提高以及對模型精度越來越苛刻的要求，徒手架設深度學習模型的方式已經不能滿足工業應用的需求了，在這種條件下，深度學習框架應運而生。目前深度學習框架已經發展得較為成熟，使用者可以借助各種框架輕鬆完成模型訓練和部署。

PyTorch 是一個開放原始碼的深度學習框架。因為深度學習領域演算法的改朝換代速度實在太快，所以深度學習框架中一般不會提供太多現成的模型，而是會提供很多用於架設模型的基礎素材，方便使用者跟進前端技術，實現新模型。

》 3.1 框架介紹

深度學習框架已經發展了多年，目前使用者量較大的深度學習框架主要有 4 個：TensorFlow、PyTorch、MXNet 和 Caffe。除了 Caffe 外，其餘三大框架目前分別由 Google、Facebook 和 Amazon 三大網際網路公司提供支援與維護。

- TensorFlow。TensorFlow 發佈於 2015 年，現在已經發展成全世界使用人數最多、社區最為龐大的深度學習框架，在分散式訓練、多平台部署方面備受好評。TensorFlow 1.*x* 使用的是靜態圖，也就是程式先建立好計算圖，然後在執行的時候將資料登錄計算圖。靜態圖的偵錯過程比較複雜，一些錯誤難以發現，再加上 TensorFlow 的介面變化非常快，程式設計語法也很特殊，所以這個框架對初學者（尤其是喜愛 Python 語法的初學者）來說並不是十分友善。2017 年年底，TensorFlow 發佈了動態圖機制 Eager Execution，在 TensorFlow 2.0 中會將 Eager 模式設為主要模式，使用 TensorFlow 的門檻也變得越來越低。

■ PyTorch。PyTorch 於 2017 年 在 GitHub 上 開 放 原 始 碼。 雖 然 比 TensorFlow 晚了兩年，但與 TensorFlow 不同，PyTorch 是一個動態圖框架，程式設計方式更加靈活，使用者在偵錯（debug）的過程中可以清晰地看到計算圖中各個變數的值。PyTorch 發佈後，因為其便利性而快速發展，已經成為了目前最受學術界青睞的框架，它的編碼簡單、偵錯方便並且各版本之間的介面差別不大，十分適合用來實現新的演算法。PyTorch 的缺點是對模型部署方面的支援不夠完善。

■ MXNet。MXNet 起源於開放原始碼社區，它也是一個很容易上手的框架，特別是其推出了進階程式設計介面 Gluon，裡面提供了不少很方便的網路架設工具。在簡便好用的同時，它對部署也有較好的支援，特別是多語言多平台的支援。MXNet 的缺點是其推廣力度不夠，文件不夠完善，目前使用者量不如 TensorFlow 和 PyTorch 多，開放原始碼專案也比較少。

■ Caffe。Caffe 是一個比較老的輕量級框架，在影像處理方面有不少優秀的開放原始碼專案，學習 Caffe 可以增加對 C++ 的熟悉。另外，因為這個框架出現較早，其原始程式碼已經被研究得比較透徹，對想學習框架內部原理的同學來説，是一個非常不錯的選擇。Caffe 的缺點是沒有自動求導功能，所以用它實現新的模型演算法時難度很大。

作為深度學習的入門框架，上述 4 個框架都是不錯的選擇。如果只是出於學習深度學習的目的，建議從門檻最低的開始學習，學會之後接觸其他框架就很容易上手了。而其中最適合用來實現演算法、執行小型教學模型的框架就是 PyTorch 了。

在深度學習領域，也有類似 sklearn 這種可以直接呼叫模型的工具，比如基於 PyTorch 撰寫的 fastai 就是一個很容易掌握的深度學習工具，幾乎不需要多少深度學習基礎，甚至不需要很好的 Python 基礎，就可以實現一些經典的任務。但是如果是做研究或解決一些非正常問題的話，不建議使用 fastai，因為這個函數庫封裝太多，自訂一個簡單的方法往往需要先繼承並修改很多類別才能實現。在 TensorFlow 基礎上封裝的 Keras 函數庫也有這個問題，不過沒有 fastai 這麼嚴重。

目前其他框架（如 CNTK、Chainer 和百度的 PaddlePaddle）的使用者量不如上述四大框架，讀者在學有餘力時也可以稍作了解。

圖 3-1 是從 2017 年開始的百度搜尋指數中各框架搜尋指數變化（MXNet、CNTK、Darknet、fastai 和 Chainer 等框架在百度指數中都沒有收錄）。

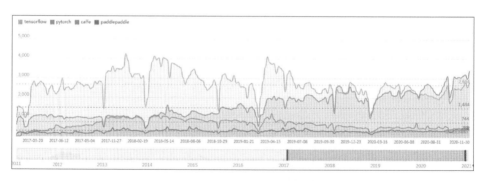

圖 3-1　各種框架的搜尋指數變化

從圖 3-1 中可以看出，PyTorch 自面世以來，搜尋熱度呈上升趨勢，已經逐步逼近 TensorFlow。

另外，從各個框架在 GitHub 上的 Star 數量來看（如圖 3-2 所示），各框架的排名也基本與搜尋指數相近。可以看到，TensorFlow 仍然是當之無愧的第一大框架。

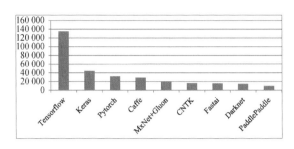

圖 3-2　常見框架的 GitHub Star 數量

≫ 3.2 環境設定

PyTorch 官方提供了 Linux、Mac 和 Windows 三種環境下的安裝套件，且支援 Python 2.7、Python 3.5、Python 3.6 和 Python 3.7（Python 2 已在 2020 年停止更新，PyTorch 以後也不會再提供對 Python 2 的維護）。

如圖 3-3 所示，安裝前 PyTorch 官網會根據你的作業系統、安裝工具、語言版本、CUDA 版本（版本 None 對應的是 CPU 版）列出正確的安裝命令。

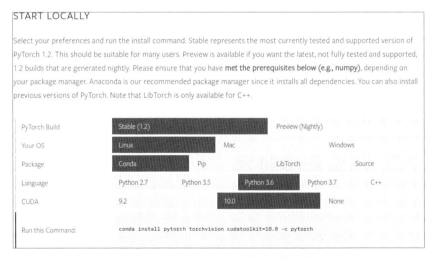

圖 3-3　PyTorch 官網的安裝啟動

如果只需要安裝 CPU 版本，可以在圖 3-3 所示介面中選擇 CUDA 為
None，下面的 Run this Command 中會列出對應的安裝指令，比如
"Linux+Conda+Python 3.6" 環境下的安裝指令為：

```
conda install pytorch torchvision cpuonly -c pytorch
```

"Linux+Pip+Python 3.6" 環境下的安裝指令為：

```
pip install torch==1.2.0+cpu torchvision==0.4.0+cpu -f https://download.
pytorch.org/whl/torch_stable.html
```

如果是安裝 GPU 版，那麼要根據需求選擇 CUDA 版本。如果使用 conda
安裝，那麼可以將 CUDA 一併下載安裝，如 "Linux+Conda+Python
3.6+CUDA 10.0" 環境下的安裝指令為：

```
conda install pytorch torchvision cudatoolkit=10.0 -c pytorch
```

如果是 CUDA 8.0，只需將 cudatoolkit 版本修改一下即可：

```
conda install pytorch torchvision cudatoolkit=8.0 -c pytorch
```

若使用 pip 安裝的話，需要另外安裝 CUDA。安裝好 CUDA 之後，使用
以下指令即可安裝 PyTorch：

```
pip install torch torchvision
```

PyTorch 目前的穩定版本為 1.2，建議讀者使用 PyTorch 1.0 及以上版本。

≫ 3.3 運算基本單元

深度學習是一種計算密集型的任務，考慮到各種程式語言的性能，Python
並不適合做深度學習方面的程式設計。但是因為 Python 語法簡潔，又能
夠極佳地與 C、C++ 互動，所以幾乎所有的深度學習框架都不約而同地

選擇使用 C++ 撰寫後端（底層程式），使用 Python 撰寫前端（程式設計介面）。對一個演算法工程師來説，使用 Python 一門語言即可完成深度學習中的大部分任務（目前 Python 在部署模型方面稍顯薄弱）。

出於性能的考慮，使用 Python 進行深度學習計算需要盡可能利用框架提供的介面，並減少遍歷。充分利用框架介面，可以使程式的計算速度提升十倍甚至百倍。

Tensor（張量）是 PyTorch 中資料的基本類型，其運算方法與 NumPy 的運算方法很接近，NumPy 中的大部分運算方法能在 PyTorch 中找到對應的方法，可能函數名稱會有所不同，比如 NumPy 中的 reshape 方法對應 PyTorch 中的 view 方法，NumPy 中的 transpose 方法對應 PyTorch 中的 permute 方法等。

PyTorch 作為一個深度學習框架，它的矩陣運算與 NumPy 的矩陣運算最大的不同就是 PyTorch 提供了自動求導和 GPU 運算功能。

3.3.1 Tensor 資料類型

PyTorch 中常用的 Tensor 資料類型如表 3-1 所示，其中每種資料類型都有 CPU 和 GPU 兩種版本。

表 3-1　PyTorch 中的 Tensor 資料類型

資料類型	dtype	CPU Tensor	GPU Tensor
32 位元浮點數	torch.float32 or torch.float	torch.FloatTensor	torch.cuda.FloatTensor
64 位元浮點數	torch.float64 or torch.double	torch.DoubleTensor	torch.cuda.DoubleTensor
16 位元浮點數	torch.float16 or torch.half	torch.HalfTensor	torch.cuda.HalfTensor
8 位元無號整數	torch.uint8	torch.ByteTensor	torch.cuda.ByteTensor
8 位元整數	torch.int8	torch.CharTensor	torch.cuda.CharTensor

資料類型	dtype	CPU Tensor	GPU Tensor
16 位元整數	torch.int16 or torch.short	torch.ShortTensor	torch.cuda.ShortTensor
32 位元整數	torch.int32 or torch.int	torch.IntTensor	torch.cuda.IntTensor
64 位元整數	torch.int64 or torch.long	torch.LongTensor	torch.cuda.LongTensor
布林型	torch.bool	torch.BoolTensor	torch.cuda.BoolTensor

其中較為常用的類型如下。

- 32 位元浮點數：PyTorch 中神經網路相關運算預設使用該類型。
- 16 位元浮點數：在混合精度訓練中會用到該類型。
- 8 位元無號整數：在篩選元素時得到的隱藏（01 形式）是該類型。
- 64 位元整數：涉及類別、序號等整數計算使用該類型。

PyTorch 中 Tensor 的操作非常多，大部分操作都能在 NumPy 中找到與之對應的，因此對熟悉 NumPy 的使用者來說，上手 PyTorch 非常容易，這裡只做簡單介紹，更複雜的操作讀者可以自己去探索。

3.3.2 Tensor 與 ndarray

torch.from_numpy 可以將 ndarray 直接轉為對應類型的 Tensor，要將 Tensor 轉換回對應類型的 ndarray 只需呼叫 numpy 方法即可，具體程式如下：

```
>>> import torch
>>> import numpy as np
>>> a = np.ones((2,2))
>>> type(a)
<class 'numpy.ndarray'>
>>> b = torch.from_numpy(a)
>>> type(b)
<class 'torch.Tensor'>
```

```
>>> c = b.numpy()
>>> type(c)
<class 'numpy.ndarray'>
>>> a.dtype
dtype('float64')
>>> b.type()
'torch.DoubleTensor'
>>> c.dtype
dtype('float64')
```

在上述程式中，float64 類型的 ndarray 轉換成 Tensor 後，變成了 Double Tensor 類型。

3.3.3 CPU 與 GPU 運算

神經網路計算過程可以選擇在 CPU 或 GPU 上進行，其中 GPU 的多核心設計更適合進行平行運算，所以在訓練規模較大的神經網路時，往往會使用 GPU。目前，大多數深度學習框架的 GPU 計算功能都是在 NVIDIA 的 CUDA 的基礎上開發的，所以框架中含有 CUDA 的函數或變數都與 GPU 運算有關。直接呼叫 Tensor 的 cuda 方法可以將 CPU 中的 Tensor 轉移到 GPU 上，即從記憶體轉移到顯示記憶體上，使用方法如下：

```
>>> b.type()
'torch.DoubleTensor'
>>> b = b.cuda()
>>> b.type()
'torch.cuda.DoubleTensor'
```

此外，還可以使用 Tensor 中的 to 方法將 Tensor 在 CPU 和 GPU 之間自由轉移，使用方法如下：

```
>>> device_c = torch.device("cpu")
>>> device_g = torch.device("cuda")
```

```
>>> b = b.to(device_c)
>>> b.type()
'torch.DoubleTensor'
>>> b = b.to(device_g)
>>> b.type()
'torch.cuda.DoubleTensor'
```

在第一次執行 b.cuda 時，明顯會感覺到程式的執行時間略長，這是因為
第一次呼叫 cuda 時，會啟動電腦中安裝的 CUDA 程式，CUDA 程式會佔
用一定的顯示記憶體（500MB 左右）和一定的記憶體（1GB~2GB），使
用 nvidia-smi 指令可以查看顯示記憶體佔用情況。如圖 3-4 所示，僅是將
一個數字傳入到顯示記憶體，就出現了 449MB 的顯示記憶體佔用。

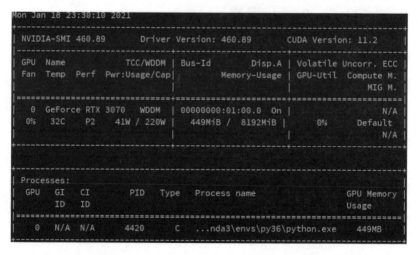

圖 3-4　CUDA 的顯示記憶體佔用情況

記憶體佔用情況可以使用下面的指令查詢：

```
ps -aux | grep python
```

得到結果：

```
dai    4196  0.4 27.5 24559504 2237744 pts/4 Sl+ 13:13   0:05 python
```

其中第 3 個數字（27.5）是記憶體佔用百分比，使用 free -h 命令可以看到這台電腦的記憶體是 7.7GB：

```
           total      used      free    shared  buff/cache   available
Mem:       7.7G       3.4G      2.5G      133M        1.8G         3.9G
Swap:      7.4G         0B      7.4G
```

因此可以計算出，啟動 CUDA 程式後 Python 佔用了 2.1175GB 的記憶體。在啟動 CUDA 之前的記憶體也可以透過上述指令查到：

```
dai    8629  2.3  1.7 1359708 141532 pts/4  S+   13:38   0:00 python
```

可見，僅是 b.cuda 這一步操作就增加了 1.98GB 的記憶體消耗。所以進行深度學習的研究除了需要一顆支援 CUDA 的 GPU 外，足夠的記憶體也是必不可少的。

將 Tensor 移動到顯示記憶體之後，如果再想轉換成 ndarray，就需要先將 CUDA Tensor 轉成普通的 Tensor，方法如下：

```
>>> b = b.cuda()
>>> b.cpu().numpy()
array([[1., 1.],
       [1., 1.]], dtype=float32)
```

3.3.4 PyTorch 實現 K-means

下面是一個參照 NumPy 的方式用 PyTorch 實現的 K-means 聚類演算法，其中借鏡了 sklearn 中的 K-means++ 初始化方法，K-means++ 初始化方法的想法如下。

(1) 隨機選擇一個資料點作為初始中心點。

(2) 選擇與該點距離較遠且未被選中的點作為下一個初始中心點。

(3) 重複前兩步，直到找到所有的初始點。

PyTorch 版的 K-means 演算法實現程式如下：

```python
# Pytorch_kmeans.py
import torch
import numpy as np
import matplotlib.pyplot as plt
from sklearn.datasets import make_blobs
from sklearn.cluster import KMeans

# 選擇裝置
if torch.cuda.is_available():
    device = torch.device("cuda:0")
else:
    device = torch.device("cpu")

# 隨機矩陣
n_clusters = 4
# 生成資料集
data = make_blobs(n_samples=1000, n_features=2, centers=n_clusters)
matrix = torch.from_numpy(data[0]).to(device).float()
target = data[1]
# 建立 KMEANS 類別
class KMEANS:
    def __init__(
        self, n_clusters=n_clusters, max_iter=None, verbose=False, show=True
    ):
        """
        n_clusters: int 聚類中心數量
        max_iter: int 最大迭代次數
        verbose: bool 是否顯示聚類進度
        show: bool 是否展示聚類結果
        """
        self.n_clusters = n_clusters
        # 資料點標籤
        self.labels = None
        # 資料之間的距離矩陣
```

```
        self.dists = None  # shape: [x.shape[0],n_cluster]
        # 聚類中心點
        self.centers = None
        # 兩次聚類距離的差值
        self.variation = torch.Tensor([float("Inf")]).to(device)
        self.verbose = verbose
        self.started = False
        self.max_iter = max_iter
        self.count = 0
        self.show = show

    # 訓練模型
    def fit(self, x):
        # 從 x 中隨機選擇 n_clusters 個樣本作為初始的聚類中心
        self.plus(x)
        while True:
            # 聚類標記
            self.nearest_center(x)
            # 更新中心點
            self.update_center(x)
            if self.verbose:
                print(self.variation, torch.argmin(self.dists, (0)))
            if torch.abs(self.variation) < 1e-3 and self.max_iter is None:
                break
            elif self.max_iter is not None and self.count == self.max_iter:
                break
            self.count += 1
        if self.show:
            self.show_result(x)

    # 尋找距離各資料點最近的中心點，打上標籤
    def nearest_center(self, x):
        labels = torch.empty((x.shape[0],)).long().to(device)
        dists = torch.empty((0, self.n_clusters)).to(device)
        # 計算聚類和最近中心點
        for i, sample in enumerate(x):
```

```python
        dist = torch.sum(
            torch.mul(sample - self.centers, sample - self.centers), (1)
        )
        labels[i] = torch.argmin(dist)
        dists = torch.cat([dists, dist.unsqueeze(0)], (0))
    self.labels = labels
    if self.started:
        self.variation = torch.sum(self.dists - dists)
    self.dists = dists
    self.started = True

# 更新聚類中心
def update_center(self, x):
    centers = torch.empty((0, x.shape[1])).to(device)
    for i in range(self.n_clusters):
        # 選出當前聚類中的所有點
        mask = self.labels == i
        cluster_samples = x[mask]
        centers = torch.cat(
            [centers, torch.mean(cluster_samples, (0)).unsqueeze(0)], (0)
        )
    self.centers = centers

# 展示聚類結果
def show_result(self, x):
    markers = ["o", "s", "v", "p"]
    if x.shape[1] != 2 or len(set(self.labels.numpy())) > 4:
        raise Exception(" 只能展示二維資料的聚合結果！")
    print("len", len(set(list(self.labels))))
    for i, label in enumerate(set(list(self.labels.numpy()))):
        samples = x[self.labels == label]
        # print([s[0].item() for s in samples])
        plt.scatter(
            [s[0].item() for s in samples],
            [s[1].item() for s in samples],
            marker=markers[i],
```

```
        )
    plt.show()

# K-means++ 聚類中心初始化
def plus(self, x):
    num_samples = x.shape[0]
    dim = x.shape[1:]

    # 隨機選擇一個中心點
    init_row = torch.randint(0, x.shape[0], (1,)).to(device)
    init_points = x[init_row]
    self.centers = init_points

    for i in range(self.n_clusters - 1):
        distances = []
        for row in x:
            # 記錄下所有點到當前所有的中心點的最短距離
            distances.append(
                torch.min(torch.norm(row - self.centers, dim=1))
            )
        # 使用蒙地卡羅演算法選取下一個點，距離越長越容易被選擇到
        temp = torch.sum(torch.Tensor(distances)) * torch.rand(1)
        for j in range(num_samples):
            temp -= distances[j]
            if temp < 0:
                self.centers = torch.cat(
                    [self.centers, x[j].unsqueeze(0)], dim=0
                )
                break

if __name__ == "__main__":
    import torch.nn as nn
    import time
    # 計算模型迭代時間
    a = time.time()
    clf = KMEANS(verbose=False)
```

```
clf.fit(matrix)
b = time.time()
print("total time:{}s ,speed:{}iter/s".format(b - a, (b - a) / k.count))


markers = ["o", "s", "v", "p"]
```

```
# 不同聚類使用不同的形狀繪製
for i, label in enumerate(set(clf.labels_)):
    samples = matrix.numpy()[clf.labels_ == label]
    plt.scatter(
        [s[0].item() for s in samples],
        [s[1].item() for s in samples],
        marker=markers[i],
    )
plt.show()
```

上述程式仿照 sklearn 中的介面，使用 PyTorch 建構了一個 KMEANS 類別，並使用了 K-means++ 初始化策略，使初始的聚類中心之間的距離儘量遠，這樣能夠最佳化最終模型的擬合效果。建立模型之後，使用這個模型對 make_blobs 的生成資料進行聚類，並統計了聚類的單次迭代次數。

聚類結果如圖 3-5 所示。

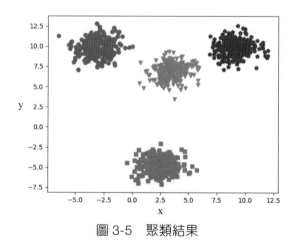

圖 3-5　聚類結果

利用上述程式，可以很輕鬆地將本來只能在 CPU 上執行的 K-means 演算法移植到 GPU 上，顯著提升大規模矩陣運算的速度。嘗試不斷提高矩陣的維度，可以得到 CPU 和 GPU 下執行不同規模 K-means 的速度比較，如圖 3-6 所示。

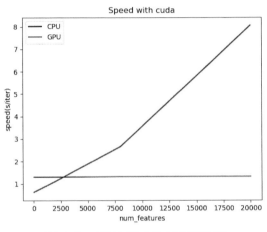

圖 3-6　CPU 與 GPU 速度差別

由圖 3-6 可知，因為資料轉移（從 CPU 轉移到 GPU）的負擔，當特徵維度小於 2500 時，CPU 在速度上更有優勢，而當資料維度超過 2500 後，CPU 的計算時間（每個 iter 消耗的時間）急劇上升，GPU 卻沒有什麼變化。說明 GPU 更適合處理高維資料。

≫ 3.4　自動求導

深度學習模型訓練的核心就是反向傳播，反向傳播可以看成微積分連鎖率的另一種稱呼，不同於早期深度學習框架（如 Caffe）需要按層定義反向傳播函數，現階段的三大框架（TensorFlow、PyTorch 和 MXNet）都採取了計算圖的設計，提供了自動求導功能。

在 PyTorch 中，每次前向傳播都會自動建構一個計算圖，裡面會包含模型的所有變數之間的運算關係。在進行反向傳播時，框架會根據計算圖進行梯度的傳導。

以以下計算式為例：

$$\begin{cases} y_1 = a \times x_1 + b \\ y_2 = c \times x_2 + d \\ z = y_1 + y_2 \end{cases}$$

框架會根據計算過程架設出如圖 3-7 所示的計算圖，其中 x_1、x_2 可以看成模型中的輸入資料，而 a、b、c、d 可以看成模型中的參數，y_1、y_2 可以看成模型的中間計算結果，z 是模型輸出結果。

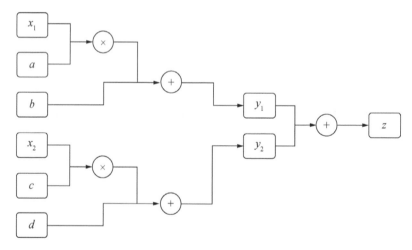

圖 3-7　計算圖示意

在反向傳播過程中，會先將 z 與資料的真實標籤進行比對，計算得到損失，然後根據損失計算 z 的梯度 $\frac{\partial loss}{\partial z}$，再根據計算圖去計算參數的梯度，其中 a 的梯度如下：

$$\frac{\partial loss}{\partial a} = \frac{\partial loss}{\partial z} \times \frac{\partial z}{\partial y_1} \times \frac{\partial y_1}{\partial a}$$

得到梯度之後，再根據這個梯度，按一定步進值更新參數。

在 PyTorch 中，每個 Tensor 都有一個標識：requires_grad。對於新建立的 Tensor，預設 requires_grad = False，即不計算梯度；對於需要計算梯度的 Tensor，可以將其 requires_grad 屬性改為 True 或呼叫 Tensor 的 requires_grad_ 方法。查看 Tensor 是否需要計算梯度的程式如下：

```
>>> t = torch.zeros((2,2),requires_grad=True)
>>> t.requires_grad
True
>>> f = torch.zeros((2,2))
>>> f.requires_grad
False
>>> f.requires_grad_()
tensor([[0., 0.],
        [0., 0.]], requires_grad=True)
```

在對 Tensor 進行計算後，還要對最終結果進行 backward 運算。PyTorch 會自動計算並記錄計算圖中與該結果相關的所有 requires_grad 屬性為 True 的 Tensor 的梯度。使用 backward 時需要注意以下 3 點。

- backward 只有零維 Tensor（只包含 1 個數字）才可以使用。
- PyTorch 的計算圖為動態圖，每次進行前向傳播都會重新建構計算圖，所以在計算 backward 後，會自動刪除與該 Tensor 相關的計算圖。如果需要連續多次計算 backward，可以設定 retain_graph 參數為 True。
- 對於帶有梯度的 Tensor，想要轉成 NumPy 中的 ndarray，就要先取 Tensor 中的資料，或利用 detach 方法消除梯度之後才能轉換。

下面是使用 PyTorch 進行反向傳播以及查看 Tensor 梯度的程式：

```
>>> a = torch.ones((2,2),requires_grad = True)
>>> b = a.pow(2).sum()
```

```
>>> b.backward(retain_graph=True)
>>> a.grad
tensor([[2., 2.],
        [2., 2.]])
>>> # 反向傳播
>>> b.backward(retain_graph=True)
>>> a.grad
tensor([[4., 4.],
        [4., 4.]])
>>> # 進行第二次反向傳播
>>> b.backward()
>>> a.grad
tensor([[6., 6.],
        [6., 6.]])
# 轉換成 NumPy
>>> a.data.cpu().numpy()
array([[1., 1.],
        [1., 1.]], dtype=float32)
>>> a.cpu().data.numpy()
array([[1., 1.],
        [1., 1.]], dtype=float32)
>>> # detach() 可以用於截斷計算圖和消除梯度
>>> a.detach().cpu().numpy()
array([[1., 1.],
        [1., 1.]], dtype=float32)
```

在訓練模型的過程中，只要降低梯度歸零的頻率，就可以利用這種多次累計梯度的方式在較小的顯示記憶體下實現較大的 batchsize。

讀者在閱讀早期 PyTorch 程式時，可能會看到 Variable 類型的變數。在 PyTorch 0.4 版本以後，Variable 就和 Tensor 合併了，遇到這種程式，只要把 Variable 看成 Tensor 即可。

⟫ 3.5 資料載入

在訓練模型時,我們通常每次輸入一定數量的資料給模型,這個數量的設定需要一定的經驗,主要需要考慮兩方面的因素。

一是計算效率。因為 Python 語言的性能較差,同時 GPU 比 CPU 更適合做平行計算,所以在訓練過程中需要儘量採用平行計算,減少串列計算,因此批次(batch)不宜過小,但是如果批次過大,又會導致資料載入緩慢或記憶體不足等問題。

二是批次數量。合適的批次數量可以使計算出的梯度更符合資料集特徵,提高梯度更新方向的準確性,批次數量太小容易導致模型準確率波動,批次數量太大容易導致模型陷入局部最佳值。

為了進行平行訓練,可以使用 PyTorch 的資料載入模組,它位於 torch. utils.data 下,其中包含了最常用的兩個資料類別:Dataset 和 DataLoader。

3.5.1 Dataset

PyTorch 中提供了兩種 Dataset,一種是 Dataset,另一種是 Iterable Dataset (隨 PyTorch 1.2.0 推出)。

在載入資料的過程中,需要借助 PyTorch 提供的 Dataset 類別和 DataLoader 類別。在建構 Dataset 子類別的時候,一般來說只需要定義 __init__ 、 __get_item__ 和 __len__ 這 3 個方法,它們的作用分別如下。

- __init__ :初始化類別。
- __get_item__ :提取 Dataset 中的元素,通常是元組形式,如 (input, target)。

- __len__：在對 Dataset 取 len 時，返回 Dataset 中的元素個數。

另外我們需要注意以下幾點。

- 最好在 Dataset 中區分訓練集和驗證集。訓練集用於訓練模型、最佳化模型參數，驗證集用於在訓練過程中即時驗證訓練效果，必要的時候還可以從驗證集中再抽出一部分資料作為測試集，用於模型展示。
- 在建立 Dataset 的過程中，可以定義資料處理及資料增強方法（transform）。資料處理方法一般用於圖片格式轉化，將圖片資料轉化為 PyTorch 可用的 Tensor；資料增強操作就是給原始輸入資料增加一定的隨機擾動，以增強模型的泛化能力。
- 在將標籤轉為 id 的過程中，不要出現隨機操作，否則容易出現標籤與 id 不對應的問題，這是新手很容易犯的錯誤。
- 儘量不要在 __getitem__ 方法中使用會改變 Dataset 類別的屬性的操作，容易造成資料載入過程中的混亂。

另外 IterableDataset 是一個迭代器，需要重新定義 __iter__ 方法，透過 __iter__ 方法獲得下一筆資料。

3.5.2 DataLoader

DataLoader 提供了將資料整合成一個個批次的方法，用於進行模型批次運算。DataLoader 中有以下幾個需要注意的參數。

- batch_size：1 個批次資料中的樣本數量。
- shuffle：打亂資料，避免模型陷入局部最佳的情況，在定義了 sampler 之後，這個參數就無法使用了。
- sampler：取樣器，如果有特殊的資料整合需求，可以自訂一個 sampler，在 sampler 中返回每個批次的資料索引列表。

- pin_memory：將資料傳入 CUDA 的 Pinned Memory，方便更快地傳入 GPU 中。
- collate_fn：進一步處理打包 sampler 篩選出來的一組組資料。
- num_workers：採用多處理程序方式載入，如果 CPU 能力較強，可以 選擇這種方法。
- drop_last：在樣本總數不能被批次大小整除的情況下，最後一個批次 的樣本數量可能會與前面的批次不一致，若模型要求每個批次的樣本 數量一致，可以將 drop_last 設定為 True。

在訓練過程中，建議使用 DataLoader 封裝資料，不僅操作方便，還可以 透過設定 batch_size 的大小控制每次提取的資料量。一來可以避免將所有 資料加入記憶體，二來透過設定合理的 batch_size，可以加快模型的收斂 速度，最佳化訓練效果。

shuffle 參數用於打亂資料順序，如果在訓練過程中按順序載入資料，那 麼當某個 batch_size 的資料都屬於同一類時（即資料極度不平衡時），不 利於模型訓練。

下面是建立一個簡單 DataLoader 的步驟：

```
>>> from torch.utils.data import Dataset,DataLoader
>>> import numpy as np
>>> class Data(Dataset):
...     def __init__(self):
...         # 建立資料
...         self.x = np.linspace(0,100)
...         self.y = np.linspace(0,100)
...     def __getitem__(self,index):
...         # 透過 index 從 self.x 和 self.y 中取資料
...         x = self.x[index]
...         y = self.y[index]
```

```
...          return x,y
...      def __len__(self):
...          return len(self.x)
...
>>> data = Data()
>>> # 可以直接對 Dataset 物件取索引
>>> print("data index 10 : ",data[10])
>>> dataloader = DataLoader(data,batch_size = 8,shuffle=True)
>>> for x,y in dataloader:
...      print("x",x)
...      print("y",y)
```

上述程式先定義了一個繼承自 torch.utils.data.Dataset 的類別，然後將其
實例化並增加到 DataLoader 中，之後便可以按批次遍歷整個資料集了。
輸出結果為：

```
data index 10 :  (20.408163265306122, 20.408163265306122)
x tensor([ 0.0000, 63.2653,  6.1224, 95.9184, 26.5306, 89.7959, 79.5918, 85.7143],
       dtype=torch.float64)
y tensor([ 0.0000, 63.2653,  6.1224, 95.9184, 26.5306, 89.7959, 79.5918, 85.7143],
       dtype=torch.float64)
x tensor([55.1020, 20.4082, 14.2857, 40.8163, 46.9388, 32.6531, 91.8367, 42.8571],
       dtype=torch.float64)
y tensor([55.1020, 20.4082, 14.2857, 40.8163, 46.9388, 32.6531, 91.8367, 42.8571],
       dtype=torch.float64)
x tensor([65.3061, 67.3469,  2.0408, 34.6939,  8.1633, 28.5714,  4.0816, 36.7347],
       dtype=torch.float64)
y tensor([65.3061, 67.3469,  2.0408, 34.6939,  8.1633, 28.5714,  4.0816, 36.7347],
       dtype=torch.float64)
x tensor([57.1429, 77.5510, 53.0612, 51.0204, 61.2245, 71.4286, 10.2041, 12.2449],
       dtype=torch.float64)
y tensor([57.1429, 77.5510, 53.0612, 51.0204, 61.2245, 71.4286, 10.2041, 12.2449],
       dtype=torch.float64)
x tensor([69.3878, 18.3673, 93.8776, 81.6327, 75.5102, 16.3265, 30.6122, 48.9796],
       dtype=torch.float64)
```

```
y tensor([69.3878, 18.3673, 93.8776, 81.6327, 75.5102, 16.3265, 30.6122, 48.9796],
        dtype=torch.float64)
x tensor([100.0000,  87.7551,  38.7755,  44.8980,  97.9592,  22.4490,  73.4694,
           24.4898], dtype=torch.float64)
y tensor([100.0000,  87.7551,  38.7755,  44.8980,  97.9592,  22.4490,  73.4694,
           24.4898], dtype=torch.float64)
x tensor([83.6735, 59.1837], dtype=torch.float64)
y tensor([83.6735, 59.1837], dtype=torch.float64)
```

經過 DataLoader 封裝之後，資料變成了多個批次（batch_size 個資料為一組），最後不足 batch_size 個數的兩個樣本（[83.6735, 59.1837]）單獨作為一個批次。

▷ ▎ 3.6 神經網路工具套件

神經網路模型通常會包含多個子模組，我們稱之為層。本節將介紹不同的層在神經網路中發揮的作用，以及如何借助框架來組合網路層，架設神經網路模型。

torch.nn 模組中包含了與神經網路直接相關的類別（繼承自 torch.nn.Module 類別）和函數。大多數神經網路類別會有一個對應的函數，比如 torch.nn.Conv2d 類別有一個對應的 torch.nn.functional.conv2d 函數，二者的呼叫速度差不多，那麼使用的時候如何做選擇呢？一般來說有以下三大原則。

(1) 如果要使用的功能是帶有可學習參數的，比如卷積層，最好是使用 Conv2d 類別，並且要在網路的 __init__ 函數中定義，這樣 Conv2d 中的參數就會自動被納入整個網路的參數中去；

(2) 如果是沒有可學習參數的功能，比如 ReLU 啟動層，兩種方式可以任選；

(3) 如果網路中需要對權重進行某種特殊處理，使用 torch.nn.functional 來實現更加方便。

如果使用 torch.nn.functional 中的函數來定義帶有參數的網路層，需要在 __init__ 方法中用 torch.nn.Parameter 對可學習的權重進行封裝，然後再傳入函數，這樣也能造成類似 torch.nn.Module 的效果。這種方法在自己定義網路層的時候有可能會用到。

3.6.1 Module 模組

nn.Module 是 PyTorch 中所有網路模型的父類別，下文中即將介紹的網路層都繼承自 nn.Module，如果是自己定義網路模型的話，也需要繼承這個類別，並且要自己實現 forward 方法，因為 nn.Module 中只是定義了 forward 方法，沒有實現它。

定義模型的程式如下：

```
>>> class net(nn.Module):
...     def __init__(self):
...         super(net,self).__init__()
...         self.fc1 = nn.Linear(1,10)
...         self.fc2 = nn.Linear(10,1)
...     def forward(self,x):
...         # 在 forward 中依次進行兩個線性層的前向推理
...         x = self.fc1(x)
...         x = self.fc2(x)
...         return x
...
>>> net()
```

```
net(
  (fc1): Linear(in_features=1, out_features=10, bias=True)
  (fc2): Linear(in_features=10, out_features=1, bias=True)
)
```

在定義模型時，需要先在子類別的 __init__ 方法中初始化父類別的 __init__ 方法，從 nn.Module 類別的原始程式中可以看到，其初始化方法會建立幾個模型參數，並把模型設定為訓練模式：

```
def __init__(self):
self._construct()
self.training = True

def _construct(self):
    # nn.Module 中的構造函數
torch._C._log_api_usage_once("python.nn_module")
self._backend = thnn_backend
self._parameters = OrderedDict()
self._buffers = OrderedDict()
self._backward_hooks = OrderedDict()
self._forward_hooks = OrderedDict()
self._forward_pre_hooks = OrderedDict()
self._state_dict_hooks = OrderedDict()
self._load_state_dict_pre_hooks = OrderedDict()
self._modules = OrderedDict()
```

如果網路模型中包含 PyTorch 中未定義的模型結構，那麼可以使用以下方法建構模型：

```
>>> class net(nn.Module):
...     def __init__(self):
...         super(net,self).__init__()
...         # 將 w 和 b 定義為模型參數
...         self.w = nn.Parameter(torch.ones((1,1)))
...         self.b = nn.Parameter(torch.ones((1,1)))
```

```
...      def forward(self,x):
...          return self.w * x + self.b
...
>>> 提取網路的參數字典
>>> net().state_dict()
OrderedDict([('w', tensor([[1.]])), ('b', tensor([[1.]]))])
```

PyTorch 中的模型參數為 OrderedDict 格式，在進行模型保存和載入的過程中，如果出現不匹配的情況，可以手動修改 OrderedDict 的內容。

3.6.2 線性層

線性層也叫全連接層，使用 nn.Linear 類別實現，其內部是簡單的矩陣運算。線性層在神經網路模型中可以充當分類器，既可以放在網路的輸出部分，也可以充當維度轉換器，比如自然語言處理中的注意力模型就經常利用線性層進行維度轉換。

nn.Linear 只有兩個必須的參數：輸入維度和輸出維度。需要注意的是，線性層只會改變 Tensor 的最後一個維度：

```
>>> a = torch.rand((3,3,3))
>>> m = torch.nn.Linear(3,10)
>>> b = m(a)
>>> b.shape
torch.Size([3, 3, 10])
```

3.6.3 卷積層

卷積就是使用一個卷積核心在圖片上進行掃描，每掃描一步就將對應位置的像素與卷積核心元素對應相乘並相加。

卷積層使用了 nn.Conv2d 類別（通常使用二維卷積，在特殊任務中也可能會使用一維卷積或三維卷積），nn.Conv2d 類別中經常會使用到的參數如下。

- in_channels：輸入的特徵圖的通道數量。
- out_channels：輸出的特徵圖的通道數量。
- kernel_size：卷積核心的尺寸。
- stride：卷積核心滑動的步進值。
- padding：在輸入卷積圖周圍補零的數量。

經過卷積運算，圖片的尺寸可能會發生變化，尺寸變化公式為：

$$outputsize = \frac{inputsize - kernelsize + 2 \times padding}{stride} + 1$$

nn.Conv2d 的呼叫方法如下：

```
>>> m = torch.nn.Conv2d(3,16,3,1,1)
>>> # 生成 0 和 1 之間的隨機資料矩陣
>>> a = torch.rand((1,3,100,100))
>>> # 將 a 輸入模型 m 中進行計算
>>> b = m(a)
>>> b.shape
torch.Size([1, 16, 100, 100])
```

nn.Conv2d 只能接受四維的輸入資料，4 個維度分別對應著特徵圖的數量（N）、通道（C）、高（H）和寬（W）。

卷積層相比線性層有一個顯著的優勢，就是在卷積運算中存在對相鄰像素的運算，因此在訓練過程中，可以更進一步地處理相鄰像素之間的關係。而線性層中的每個像素之間是相互獨立的，顯然不符合影像處理的原則。

卷積運算的作用有兩個：減少神經網路的運算量和提取特徵。卷積網路的特徵提取過程與傳統人工圖片特徵提取演算法 HOG 有點相似，HOG使用 block 滑窗提取梯度資訊特徵，卷積使用卷積核心滑窗提取特徵，圖片中的像素都會被相同的卷積核心掃描到，這叫作權值共用。這樣操作相比全連接層而言，大大減少了參數量。

卷積層提取特徵的效果可以用一個簡單的例子來演示，原始圖片與卷積後的圖片如圖 3-8 和圖 3-9 所示，相關程式如下：

```
>>> import torch
>>> from torch import nn
>>> from PIL import Image
>>> from torchvision import transforms
>>> img_path = "a.jpg"
>>> img = Image.open(img_path).convert("L")
>>> # 實現 Tensor 與 PILImage 物件之間的互轉
... to_tensor = transforms.ToTensor()
>>> to_img = transforms.ToPILImage()
>>> # 顯示圖片
... img.show()
>>> # 將圖片轉為 Tensor
... img = to_tensor(img)
>>> # 增加一個維度，便於卷積運算
... img = torch.unsqueeze(img,0)
>>> # 定義一個 3×3 的卷積核心，將 padding 設為 1 是為了保持圖片尺寸不變
... c = nn.Conv2d(1,1,kernel_size=3,padding=1)

>>> # 將卷積參數替換成用於邊緣檢測的 sobel 運算元 ( 此處為 y 方向檢測運算元 )
... # weight 需要定義成 torch.nn.Parameter() 物件
>>> c.weight = torch.nn.Parameter(torch.Tensor(
...     [[[[-1,0,1],[-2,0,2],[-1,0,1]]]]
... ))
>>>
>>> # 卷積運算
```

```
... img = c(img)
>>> # 減少一個維度，便於轉回圖片
... img = torch.squeeze(img,0)
>>> img = to_img(img)
>>> # 展示卷積後的圖片
... img.show()
```

圖 3-8　原始圖片

圖 3-9　卷積後圖片

從圖 3-8 和圖 3-9 中可以看出，卷積操作提取出了圖形的大致邊緣輪廓。在訓練模型的過程中，模型會不斷調整卷積核心中的參數，使其能夠提取出更多的特徵。這種自動最佳化得到的卷積核心相比人工構造的卷積核心（如上面的 sobal 運算元），往往能夠提取更多更複雜的特徵。這個特性造就了卷積神經網路的強大性能。

3.6.4 池化層

池化層主要用於特徵壓縮，以減少運算量，其效果類似於 PIL.Image 物件的 resize 方法，我們可以用一張圖片演示一下 Maxpool2d 的作用：

```
>>> img_path = "a.jpg"
>>> m = nn.MaxPool2d(kernel_size=4,stride=4)
>>> img = Image.open(img_path).convert("L")
>>> img.resize((50,50))
>>> img.show()
>>> # 將圖片轉為 Tensor
>>> img = to_tensor(img)
>>> # 增加一個維度才能符合模型的輸入要求
```

```
>>> img = torch.unsqueeze(img,0)
>>> img = m(img)
>>> img = torch.squeeze(img,0)
>>> img = to_img(img)
>>> img.show()
```

原始圖片與池化後的圖片分別如圖 3-10 和圖 3-11 所示，透過比較我們可以看出，經池化計算之後，圖片的尺寸下降導致清晰度下降，這樣可以減少神經網路的運算量。在卷積神經網路的設計中，特徵圖的尺寸逐漸縮小的同時，特徵圖的通道數量會逐漸增大，特徵圖的總資訊量仍在增大，並不會因尺寸縮小而造成資訊損失。

圖 3-10　原始圖片

圖 3-11　池化後的圖片

3.6.5 BatchNorm 層

BatchNorm 的設計初衷是解決深度神經網路計算過程中資料分佈變化的問題。尤其是經過類似 ReLU 這樣的啟動函數計算之後，資料分佈會發生很大的變化，而每一層的輸出資料分佈都不同，這會給訓練帶來很大的困難，並且輸出值的尺度變化過大也會對訓練產生影響（參考回歸問題中的歸一化）。因此引入了 BatchNorm 進行批次歸一化，並且加入了可學習的參數，盡可能保留資料的特徵。

BatchNorm 通常作用於特徵圖，不改變特徵圖的形狀，且只有一個需要設定的參數，即 num_features，它對應著特徵圖（N, C, H, W）中的通道 C，使用方法如下：

```
>>> m = torch.nn.BatchNorm2d(16)
>>> a = torch.rand((1,16,100,100))
>>> b = m(a)
>>> b.shape
torch.Size([1, 16, 100, 100])
```

3.6.6 啟動層

啟動函數通常是非線性函數，在神經網路中增加啟動函數是為了讓神經
網路具備學習非線性關係的能力。如果沒有啟動層，無論網路迭代多少
層，都只能表示線性關係。

在一個兩層的全連接網路中如果沒有啟動函數，網路的計算過程可以表
述成：

$$z_k = b_k + \sum_i y_j w_j = b_k + \sum_j (b_j + \sum_i x_i w_i) w_j = b_k + \sum_j b_j + \sum_j \sum_j x_i w_i w_j$$

這顯然還是一個線性方程的形式，與一層的全連接層並無太大差異，表
達能力十分有限。一個經典的例子就是沒有啟動函數的全連接網路模型
無法擬合互斥關係，只有增加了非線性啟動函數之後才能解決複雜的問
題。

常用的啟動函數有以下幾種，我們可以根據公式輕鬆地繪製出函數圖型。

1. Sigmoid 函數

Sigmoid 函數的公式為：

$$S(x) = \frac{1}{1 + e^{-x}}$$

其函數圖型可以透過以下程式繪製，繪製出的圖型如圖 3-12 所示：

```
>>> import matplotlib.pyplot as plt
>>> import numpy as np
>>> y = 1 / (1+np.exp(-x))
>>> plt.plot(x,y)
[<matplotlib.lines.Line2D object at 0x000000000DEA9908>]
>>> plt.show()
```

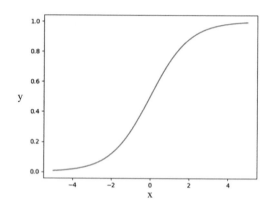

圖 3-12　Sigmoid 函數圖型

Sigmoid 函數也叫 Logistics 函數，輸出值在 (0, 1) 範圍內，能將任意實數映射到 (0, 1)，可以作為二分類問題最終輸出層的啟動函數。Sigmoid 函數的缺點是在輸入數值較大的情況下，梯度會變得很小，導致模型收斂緩慢，甚至可能出現梯度彌散問題，無法收斂。

2. Tanh 函數

Tanh 函數的公式為：

$$f(x) = \frac{e^x - e^{-x}}{e^x + e^{-x}}$$

其函數圖型可以透過以下程式繪製，繪製出的圖型如圖 3-13 所示：

```
>>> y = (np.exp(x) - np.exp(-x)) / (np.exp(x) + np.exp(-x))
>>> plt.plot(x,y)
[<matplotlib.lines.Line2D object at 0x0000000009D919E8>]
>>> plt.show()
```

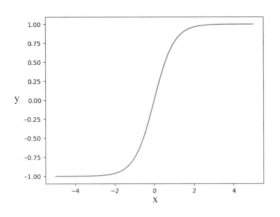

圖 3-13　Tanh 函數圖型

Tanh 函數圖型也稱為雙曲正切曲線，與 Sigmoid 函數相比，雖然它也存在梯度彌散問題，但是因為 Tanh 函數圖型是關於原點對稱的，所以在實際應用中，Tanh 函數要比 Sigmoid 函數更好。

3. ReLU 函數

ReLU 函數的公式為：

$$f(x) = \max(0, x)$$

其函數圖型可以透過以下程式繪製，圖型如圖 3-14 所示：

```
>>> y = [max(0,item) for item in x]
>>> plt.plot(x,y)
[<matplotlib.lines.Line2D object at 0x000000000A0A7278>]
>>> plt.show()
```

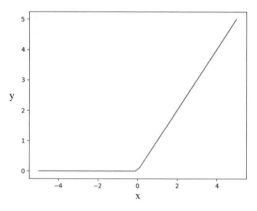

圖 3-14　ReLU 函數圖型

ReLU 是一個分段函數，又稱線性整流函數，$x=0$ 右側是一個正比例函數，$x=0$ 左側是一個常值函數。在 ReLU 函數圖型中，所有正數對應的梯度都相等，不會遇到類似 Sigmoid 和 Tanh 的困難，所以在訓練的時候模型收斂速度會快很多。

ReLU 函數的缺點就是訓練過程中網路會變得稀疏，部分網路節點的梯度可能一直是 0，永遠不會更新，這種節點稱為死亡節點。

4. LeakyReLU

為了避免出現死亡節點，LeakyReLU 函數給所有的負數指定了一個非零斜率，其公式為：

$$y = \begin{cases} x_i, \ x_i \geq 0 \\ \dfrac{x_i}{a_i}, \ x_i < 0 \end{cases}$$

LeakyReLU 的函數圖型可以透過以下程式繪製，圖型如圖 3-15 所示：

```
>>> def f(x):
...     if x >= 0:
...         return x
```

```
...      else:
...          return x / 5
...
>>> y = [f(item) for item in x]
>>> plt.plot(x,y)
[<matplotlib.lines.Line2D object at 0x000000000E472780>]
>>> plt.show()
```

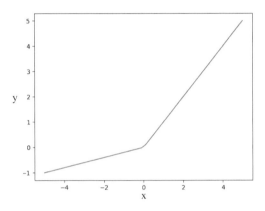

圖 3-15　LeakyReLU 函數圖型

5. Softmax 函數

Softmax 函數的公式是：

$$f(x) = \frac{e^{x_j}}{\sum_{i=1}^{N} e^{x_i}}$$

Softmax 函數適用於輸出多分類神經網路，將網路輸出節點的值映射成節點的機率值（所有節點值的總和映射成 1）。下面將透過一個簡單的例子來演示一下啟動層的作用（此例使用 Jupyter Notebook 撰寫）。

首先透過 sklearn 中的 make_blobs 函數建立一個簡單的資料集：

In：
```
from sklearn.datasets import make_blobs
```

```
import matplotlib.pyplot as plt
%matplotlib inline
# 生成資料
x,y = make_blobs(n_samples=500, centers=4, n_features=2,cluster_std =
1.2,random_state = 10)
# 不同聚類採用不同的顏色和標記符號
markers = ['o','v','x','.']
colors = ['r','g','y','b']
for i,label in enumerate(y):
    plt.scatter(x[i,0],x[i,1],marker=markers[label],color =colors[label])
```

得到的資料集如圖 3-16 所示。

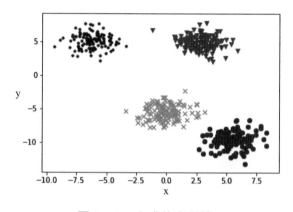

圖 3-16   生成的資料集

為了提高模型擬合的難度，這裡可以將 4 個資料集合併成兩個：

In:
```
y[y == 3] = 0
y[y == 2] = 1
for i,label in enumerate(y):
    plt.scatter(x[i,0],x[i,1],marker=markers[label],color = colors[label])
```

這樣合併之後的兩個資料集形成了如圖 3-17 所示的關係。

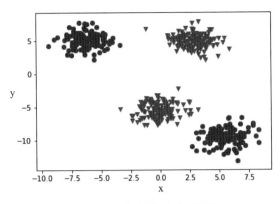

圖 3-17　資料集合併結果

接下來，建立一個包含兩個全連接層的模型來學習這個資料集，程式如下：

In:

```
from torch import nn

# 架設一個帶有兩個線性層和一個啟動層的網路模型
class net(nn.Module):
    def __init__(self,sig = True):
        # sig: 是否包含 Sigmoid 啟動層
        super(net,self).__init__()
        self.fc1 = nn.Linear(2,10)
        self.sig = sig
        if self.sig:
            self.act = nn.Sigmoid()
        self.fc2 = nn.Linear(10,2)
    def forward(self,x):
        if self.sig:
            return self.fc2(self.act(self.fc1(x)))
        else:
            return self.fc2(self.fc1(x))
import torch
data = torch.from_numpy(x).float()
model = net(sig=True)
losses = []
```

```
criteron = nn.CrossEntropyLoss()
optimizer = torch.optim.SGD(model.parameters(),lr = 0.1)
y = torch.from_numpy(y).long()
# 訓練 1000 次
for i in range(1000):
    out = model(data)
    # 清空梯度
    optimizer.zero_grad()
    # 計算損失
    loss = criteron(out,y)
    # 反向傳播
    loss.backward()
    # 更新參數
    optimizer.step()
    if i % 100 == 0:
        losses.append(loss.item())
label = torch.argmax(out,dim = 1)
plt.plot(losses)
```

沒有啟動層的全連接網路模型和有啟動層的全連接網路模型訓練過程中
的損失變化曲線分別如圖 3-18 和圖 3-19 所示。

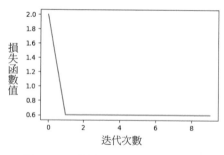 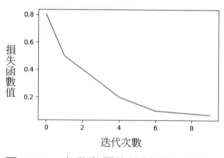

圖 3-18　沒有啟動層的網路模型的
損失變化曲線

圖 3-19　有啟動層的網路模型的損
失變化曲線

沒有啟動層的模型最終的損失遠高於有啟動層的模型，可見沒有啟動層
的模型並不具備擬合該資料集的能力。

為了更細緻地比較兩種模型的差異，可以繪製出模型的分類介面，繪製
分類介面的程式如下：

In:
```python
import numpy as np
data = np.zeros((10000,2))
cnt = 0
scale = 1
# 建立密集點陣
for i,m in enumerate(np.linspace(-15*scale,10*scale,100)):
    for j,n in enumerate(np.linspace(-10*scale,10*scale,100)):
        data[cnt,:] = [n,m]
        cnt += 1
data = torch.from_numpy(data).float()
out = model(data)
label = torch.argmax(out,dim = 1)
# 根據模型計算結果，將密集點陣中的點繪製成不同的顏色
for i,l in enumerate(label.data.numpy()):
    plt.scatter(data[i,0],data[i,1],marker=markers[l],color = colors[l])
```

得到的兩個模型的分類介面如圖 3-20 和圖 3-21 所示。我們可以看到，沒
有啟動層的神經網路的分類介面總是直線，難以擬合複雜的資料，增加
了非線性啟動函數之後，模型的分類介面變成了曲線，從而獲得了擬合
複雜資料的能力。

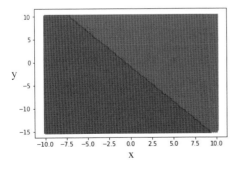
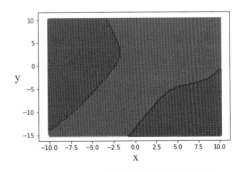

圖 3-20 　沒有啟動層網路分類介面　　圖 3-21 　有啟動層網路分類介面

3.6.7 神經網路各層輸出的視覺化

可能讀者對上面介紹的神經網路的功能還有些疑惑，為了加深大家對神經網路各層作用的了解，我們使用在 ImageNet 上進行預訓練的模型進行一次推理，從中抽出一些特徵圖（也就是中間的計算結果）進行視覺化。

下面選擇經過預訓練的 ResNet-18 的前幾層（剛好包括了 Conv、BatchNorm、ReLU 和 Max Pooling 4 種操作）的輸出特徵進行視覺化展示，為了有更好的視覺化效果，這裡僅提取前 4 個通道：

```
>>> from torchvision.models import resnet18
>>> from torchvision import transforms
>>> from PIL import Image
>>> import matplotlib.pyplot as plt
>>> totensor = transforms.ToTensor()
>>> toimg = transforms.ToPILImage()
>>> net = resnet18(pretrained=True)
>>> img = Image.open("/data/super_resolution/bf.jpg")
>>> img_tensor = totensor(img).unsqueeze(0)
>>> img.show()
```

原始圖片是一張蝴蝶的圖片，如圖 3-22 所示。

圖 3-22　蝴蝶圖片

先計算 ResNet-18 的第一層卷積：

```
>>> f1 = net.conv1(img_tensor)
>>> plt.figure(figsize=(10,10))
>>> for p in range(4):
...     f1_img_tensor = f1[0,p,:,:]
...     f1_img = toimg(f1_img_tensor)
>>>     plt.subplot(220 + p + 1)
>>>     plt.imshow(f1_img)
>>> plt.show()
```

第一層卷積結果如圖 3-23 所示，4 個特徵圖的計算結果差別很大，除了
左下角的特徵圖，其他 3 個結果極佳地保留了蝴蝶的形狀特徵。至於為
何左下角的特徵圖會出現這種情況，讀者看過後面神經網路剪枝的內容
之後，就會有所了解。

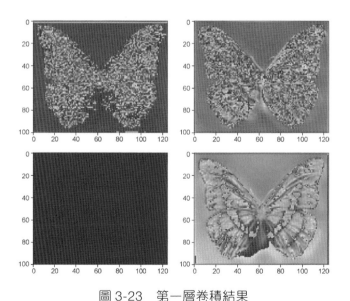

圖 3-23　第一層卷積結果

然後計算 BatchNorm：

```
>>> f2 = net.bn1(f1)
```

```
>>> plt.figure(figsize=(10,10))
>>> for p in range(4):
...     f2_img_tensor = f2[0,p,:,:]
...     f2_img = toimg(f2_img_tensor)
...     plt.subplot(220 + p + 1)
...     plt.imshow(f2_img)
>>> plt.show()
```

計算結果如圖 3-24 所示，經過 BatchNorm 後，特徵圖的色差變小了，也就是特徵圖中的資料尺度被壓縮了。

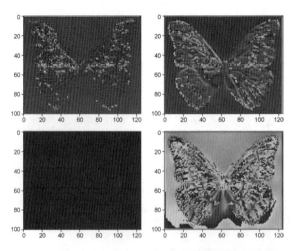

圖 3-24　BatchNorm 計算結果

接著計算 ReLU：

```
>>> f3 = net.relu(f2)
>>> plt.figure(figsize=(10,10))
>>> for p in range(4):
...     f3_img_tensor = f3[0,p,:,:]
...     f3_img = toimg(f3_img_tensor)
...     plt.subplot(220 + p + 1)
...     plt.imshow(f3_img)
>>> plt.show()
```

計算結果如圖 3-25 所示。經過 ReLU 計算之後，很多像素變成了 0（黑色），特別是右下角的圖片。

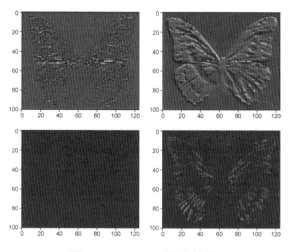

圖 3-25　ReLU 啟動結果

最後池化層的計算結果如圖 3-26 所示，圖片的尺寸被壓縮（從座標軸刻度可以看出），清晰度也明顯下降。

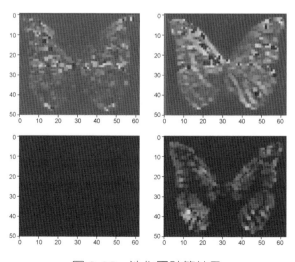

圖 3-26　池化層計算結果

3.6.8 循環神經網路

線性層搭配卷積層已經能極佳地解決影像處理問題，但是在自然語言處理和時間序列預測方面，其效果卻不如人意。有一個重要的原因就是線性層和卷積層的每一個輸出都是相互獨立的，也就是下一個輸出不會受到上一個輸出的影響，這顯然不符合序列資料的特性。而循環神經網路（recurrent neural network，RNN）透過循環輸入的方式，可以在兩次輸出之間建立聯繫，形成上下文通順的預測結果。

PyTorch 的 nn 模組中提供了 RNN、GRU、LSTM 等模組，其中 RNN 的輸入是 input 和 hidden，定義時需要先指定 input_size 和 hidden_size。定義並呼叫 RNN 的程式如下：

```
>>> rnn = torch.nn.RNN(10,20)
>>> x = torch.randn((2,2,10))
>>> output,hidden = rnn(x)
>>> output.shape
torch.Size([2, 2, 20])
>>> hidden.shape
torch.Size([1, 2, 20])
```

輸入的 Tensor 形狀預設是 (seq_len, batch_size, input_size)；初始的 hidden 形狀是 (num_layers * num_directions, batch, hidden_size)，也可以將其設定為 None；輸出的 output 形狀是 (seq_len, batch, num_directions * hidden_size)；輸出的 hidden 形狀是 (num_layers * num_directions, batch, hidden_size)。其中：

- seq_len 是序列長度；
- batch_size 是批次數量；
- input_size 是輸入 Tensor 的維度；
- hidden_size 是隱藏層維度；

- num_layers 是 RNN 層數；
- num_directions 是 RNN 方向數量（正向、反向）。

GRU 的輸入輸出與 RNN 一致，不同的是 GRU 內部增加了控制門，可以保存更長的時間序列資訊。

LSTM 的輸入輸出格式如下。

- 輸入資料格式
  - input(seq_len, batch, input_size)
  - h0(num_layers * num_directions, batch, hidden_size)
  - c0(num_layers * num_directions, batch, hidden_size)

其中 h0 和 c0 不是必須參數。

- 輸出資料格式
  - output(seq_len, batch, hidden_size * num_directions)
  - hn(num_layers * num_directions, batch, hidden_size)
  - cn(num_layers * num_directions, batch, hidden_size)

與 RNN 和 GRU 不同，LSTM 需要額外輸入和輸出一個記憶元 c，其呼叫方法如下：

```
>>> lstm = torch.nn.LSTM(10,20)
>>> x = torch.randn((2,2,10))
>>> output,(hn,cn) = lstm(x)
>>> output.shape
torch.Size([2, 2, 20])
>>> hn.shape
torch.Size([1, 2, 20])
>>> cn.shape
torch.Size([1, 2, 20])
```

3.6.9 Sequential 和 ModuleList

近些年來，深度學習模型的層數越來越多，如果每次定義模型都要一層一層地寫 forward，那就太麻煩了，而且還容易出錯。為了解決這個問題，PyTorch 提供了 Sequential 和 ModuleList 來處理網路模型中的重複單元。

比如我要使用 Sequential 定義一個 10 層的全連接網路，可以使用以下程式實現：

```
>>> model = nn.Sequential(
...     nn.Linear(10,10),
...     nn.Linear(10,10),
...     nn.Linear(10,10),
...     nn.Linear(10,10),
...     nn.Linear(10,10),
...     nn.Linear(10,10),
...     nn.Linear(10,10),
...     nn.Linear(10,10),
...     nn.Linear(10,10),
...     nn.Linear(10,10),
... )
>>> model
Sequential(
  (0): Linear(in_features=10, out_features=10, bias=True)
  (1): Linear(in_features=10, out_features=10, bias=True)
  (2): Linear(in_features=10, out_features=10, bias=True)
  (3): Linear(in_features=10, out_features=10, bias=True)
  (4): Linear(in_features=10, out_features=10, bias=True)
  (5): Linear(in_features=10, out_features=10, bias=True)
  (6): Linear(in_features=10, out_features=10, bias=True)
  (7): Linear(in_features=10, out_features=10, bias=True)
  (8): Linear(in_features=10, out_features=10, bias=True)
  (9): Linear(in_features=10, out_features=10, bias=True)
)
```

也可以直接向 Sequential 提供一個 OrderedDict：

```
>>> model = nn.Sequential(OrderedDict([
...          ('linear{}'.format(i + 1), nn.Linear(10,10)) for i in
range(10)
...          ]))
>>> model
Sequential(
  (linear1): Linear(in_features=10, out_features=10, bias=True)
  (linear2): Linear(in_features=10, out_features=10, bias=True)
  (linear3): Linear(in_features=10, out_features=10, bias=True)
  (linear4): Linear(in_features=10, out_features=10, bias=True)
  (linear5): Linear(in_features=10, out_features=10, bias=True)
  (linear6): Linear(in_features=10, out_features=10, bias=True)
  (linear7): Linear(in_features=10, out_features=10, bias=True)
  (linear8): Linear(in_features=10, out_features=10, bias=True)
  (linear9): Linear(in_features=10, out_features=10, bias=True)
  (linear10): Linear(in_features=10, out_features=10, bias=True)
)
```

ModuleList 的建構方法更加方便，可以直接傳入一個 list：

```
model = nn.ModuleList([nn.Linear(10, 10) for i in range(10)])
```

ModuleList 和 Sequential 最大的不同就是，Sequential 得到的是一個模型，可以直接進行 forward 計算；但是 ModuleList 返回的不是一個模型，不能直接呼叫 forward，通常會將其放在模型中作為一個子模組使用，要進行 forward 計算的話，需要遍歷 ModuleList，逐層計算。

與 ModuleList 類似的還有 ModuleDict，可以透過以下方式初始化：

```
model = nn.ModuleDict({'linear{}'.format(i + 1): nn.Linear(10,10) for i in
range(10)})
>>> model
ModuleDict(
```

```
(linear1): Linear(in_features=10, out_features=10, bias=True)
(linear10): Linear(in_features=10, out_features=10, bias=True)
(linear2): Linear(in_features=10, out_features=10, bias=True)
(linear3): Linear(in_features=10, out_features=10, bias=True)
(linear4): Linear(in_features=10, out_features=10, bias=True)
(linear5): Linear(in_features=10, out_features=10, bias=True)
(linear6): Linear(in_features=10, out_features=10, bias=True)
(linear7): Linear(in_features=10, out_features=10, bias=True)
(linear8): Linear(in_features=10, out_features=10, bias=True)
(linear9): Linear(in_features=10, out_features=10, bias=True)
)
```

但是要注意 ModuleDict 和字典一樣，是無序的，比如上面程式中輸出的 linear10 放在了 linear2 的前面。

3.6.10 損失函數

損失函數是描述模型預測值和真實值之間不一致程度的函數，PyTorch 提供了很多損失函數，損失函數的接受參數一般為 (predict_label, true_label) 形式。神經網路的最佳化目標就是使損失函數越來越小，其中常用的主要是回歸損失函數和分類損失函數，一些更複雜任務的損失函數可以透過修改或組合上述兩類損失函數得到。

■ 回歸損失函數
  ● L1Loss：就是 sklearn 中的 MAE（絕對平均誤差），不過 L1Loss 可以選擇 sum 模式，就變成了絕對誤差和了。
  ● MSELoss：對應 sklearn 中的 MSE（均方誤差），與 L1Loss 一樣，也有 mean 和 sum 兩種模式。
■ 分類損失函數
  ● CrossEntropyLoss：交叉熵損失函數，接受的 predict_labe 為 N×C×

D1×D2…… 形 式 ，true_label 為 N×D1×D2…… 形 式 ，其 中 N 為
batchsize，C 為分類的類別數。

為什麼分類問題不直接使用 MSELoss 或 L1Loss 作為損失函數呢？這點
要從交叉熵的公式來分析，交叉熵的公式是：

$$L = -\left[\sum_{i=1}^{N} y_i \log(\hat{y}_i) + (1-y_i)\log(1-\hat{y}_i) \right]$$

換成二分類中的單樣本形式就是：

$$L = -\left[y \log(\hat{y}_i) + (1-y)\log(1-\hat{y}) \right]$$

對於標籤為 0 的樣本，其損失函數變成：

$$L = -\log(1-\hat{y})$$

其圖型如圖 3-27 所示。

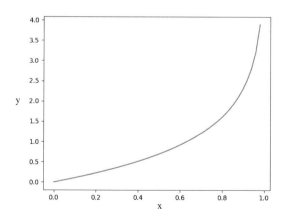

圖 3-27　交叉熵圖型 $y=0$

顯然，當預測值接近於 1 的時候，梯度最大，也就是損失值越大的時候
梯度越大。同樣地，當標籤為 1 時，其損失函數變成：

$$L = -\log(\hat{y})$$

圖型如圖 3-28 所示,同樣具備損失越大,梯度越大的特徵。

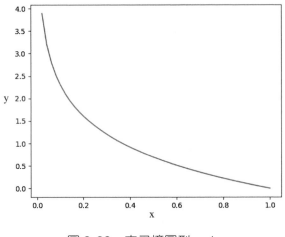

圖 3-28　交叉熵圖型 $y=1$

這個特徵對損失函數來說是一種非常優秀的特徵,可以極大地加速訓練初期模型的收斂速度。

反觀 MSE,標籤為 1 時的損失函數如圖 3-29 所示。

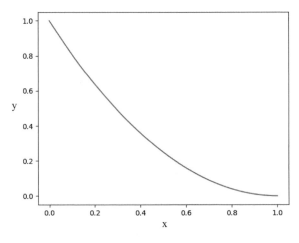

圖 3-29　MSE 圖型 $y=1$

標籤為 0 時的損失函數如圖 3-30 所示。

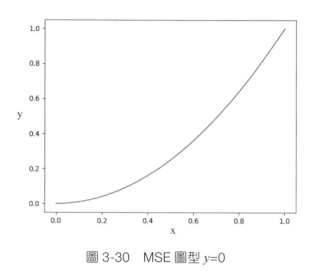

圖 3-30　MSE 圖型 y=0

雖然也有類似交叉熵的損失越大，梯度越大的屬性，但是圖型遠不如交叉熵陡峭，如果再配上 Sigmoid 這種值越大梯度越平緩的啟動函數，那麼這種趨勢就基本被抵消了，訓練的難度就會增加。

3.7　模型最佳化器 optim

optim 包含了許多模型最佳化器，常用的有 SGD、Momentum、Adadelta、RMSprop、Adam 等。這些最佳化器的作用是在得到模型中的參數梯度之後，根據各自的規則來更新模型參數。

3.7.1　optim 用法

呼叫最佳化器時，常用的方法只有兩個。

- optimizer.zero_grad：用於清空 optimizer 包含的參數的梯度，如果包含的是整個模型的參數，也可以使用 model.zero_grad 來實現清空梯度的功能。
- optimizer.step：更新參數，即根據梯度和學習率計算更新值，然後修改模型參數。

比較常用的最佳化器有 SGD（帶有 momentum 參數的）、Adam、Adelta，等等，具體選擇哪個最佳化器可以根據模型與資料的實際情況而定。

3.7.2 最佳化器的選擇

為什麼有了隨機梯度下降法之後，還出現了這麼多的最佳化器呢？這要從隨機梯度下降法遇到的困難說起。

讀者最熟悉的最佳化方法可能是隨機梯度下降法（SGD），隨機梯度下降演算法的公式為：

$$w = w - \text{lr} \times \mathbf{grad}$$

這種方法比較容易陷入局部最佳點或鞍點，因為一旦梯度變成了 0，模型就無法繼續最佳化了。因此隨著深度學習的模型越來越複雜、資料量越來越大，出現了各式各樣的最佳化方法。比如 Momentum 演算法在梯度下降的基礎上加入了一個動量，使得梯度為零的時候，模型參數仍然能進行小步幅的更新。

為了比較這兩種演算法的區別，可以自己建構一個帶有局部最佳點的損失函數，如圖 3-31 所示：

```
>>> x = np.linspace(-10,10,100)
>>> y = x ** 2 + 15 * np.sin(x)
```

```
>>> plt.plot(x,y)
[<matplotlib.lines.Line2D object at 0x7f27f8347ba8>]
>>> plt.show()
```

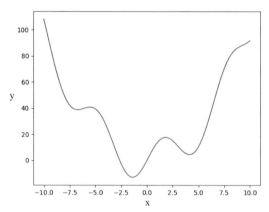

圖 3-31　自訂損失函數

自訂損失函數的公式為 $y=x^2+15\times\sin(x)$，在 $w=-7$ 和 $w=4$ 附近有兩個局部最佳點。為了更進一步地展示 w 在整個曲線上的最佳化過程，可以先嘗試從右邊開始最佳化，將 w 的初值設定為 10，使用 SGD 最佳化器進行最佳化，記錄下 w 的更新過程，並繪製出 w 的變化圖型，參數更新程式如下：

```
>>> w = torch.Tensor([10])
>>> w.requires_grad = True
>>> # 將 w 加入 SGD 最佳化器中，注意最佳化器只能接受可迭代物件，所以這裡把 w 加入
了列表
>>> optimizer = optim.SGD([w],lr = 0.01)
>>> def loss(x):
...     return x ** 2 + 15 * torch.sin(x)
...
>>> # 用於記錄 w 的參數更新記錄，統計帶梯度的 Tensor 時，需要取 item
>>> update_log = []
>>> for i in range(100):
...     optimizer.zero_grad()
```

```
...         l = loss(w)
...         l.backward()
...         optimizer.step()
...         update_log.append(w.item())
...
>>> plt.plot(update_log)
[<matplotlib.lines.Line2D object at 0x7f27f8c23cc0>]
>>> plt.show()
```

上述程式將參數 w 加入最佳化器，並使用 w 來計算損失函數的值 l，再對 l 進行 backward 計算，得到 w 的梯度，最後最佳化器會根據 w 的梯度來更新 w 的值。如此循環 100 遍，w 在每一步的更新軌跡如圖 3-32 所示。

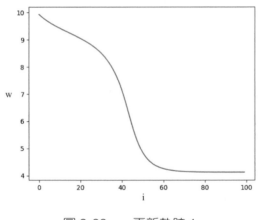

圖 3-32 w 更新軌跡 1

從圖 3-32 中可以看到，因為每次更新的步進值比例保持不變，所以 w 的更新曲線基本與損失函數圖型的梯度一致，損失函數陡峭的地方，w 更新速度快，損失函數平緩的地方，w 更新速度慢。

在迭代了 60 次之後，w 的值最終維持在 4 左右，說明 w 最終停留在了右邊的局部最佳點。可見在這個例子中，w 很容易陷入我們預先設定好的局部最佳點。

如果從左邊開始搜尋的話會怎樣呢？為了進一步驗證我們的猜想，可以將上面程式中的 *w* 改成 -10，再進行一次實驗，修改程式如下：

```
>>> w = torch.Tensor(-[10])
>>> w.requires_grad = True
```

更新軌跡如圖 3-33 所示，可以看到，*w* 從 -10 開始，穩步更新，迭代 40 次之後，*w* 值穩定在 −7 左右，可見從左邊開始最佳化的情況下，*w* 停留在了左邊的局部最佳點。

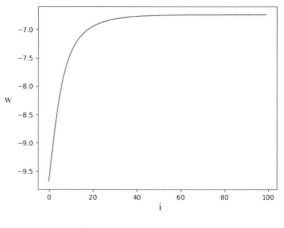

圖 3-33　*w* 更新軌跡 2

可能仍有不服氣的讀者想堅持使用 SGD（不帶 Momentum 參數）最佳化器來完成這個實驗，那麼為了跳過這兩個局部最佳點，可以把學習率調大一點，即把最佳化器改成這樣（讀者可以自己進行實驗驗證，想要越過局部最佳點，學習率就要調到 0.1 以上，這種情況下會出現大範圍振盪）：

```
>>> optimizer = optim.SGD([w],lr = 0.2)
```

然後可以得到如圖 3-34 所示的更新曲線，我們看到 *w* 已經越過了左邊的局部最佳點，到達了中間的全域最佳點附近（-3~1 的範圍內），但是在全域最佳點週邊出現了大範圍的振盪，這種情況顯然不是我們想要的。

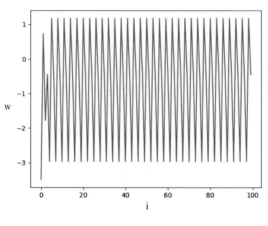

圖 3-34　*w* 更新軌跡 3

為了能更順利地解決這個問題，我們在 SGD 最佳化器中加入 Momentum 參數，Momentum 參數更新的策略包含兩個公式：

$$\begin{cases} v_t = -l \times \mathbf{grad} + \text{alpha} \times v_{t-1} \\ w = w + v_t \end{cases}$$

從公式中可以看到，Momentum 中每一步的參數更新值都與上一步的更新值和梯度相關，也就是説，即使到達了梯度為 0 的點或突然遇到了梯度變向的區域，Momentum 演算法也不會立刻停止或回頭，而是會繼續向前更新一段。這種特性給了 Momentum 越過局部最佳點的能力。

下面我們將公式中的 alpha 設定為 0.9，再做一次實驗：

```
>>> optimizer = optim.SGD([w],lr = 0.01,momentum = 0.9)
```

新的更新軌跡如圖 3-35 所示，使用了 Momentum 策略之後，*w* 很輕鬆地越過了左邊的局部最佳點，然後在全域最佳點附近稍微振盪了一會兒之後，就穩定在全域最佳點了。可見 Momentum 演算法比傳統的 SGD 演算法更能適應複雜的損失函數。

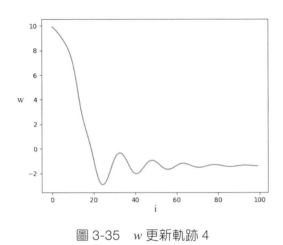

圖 3-35 　 *w* 更新軌跡 4

3.7.3 學習率的選擇

學習率是最佳化器中一個需要設定的參數，可以視為每次更新參數時的步進值。學習率的選擇在深度學習的模型訓練中非常重要，學習率選大了會導致結果溢位或振盪，選小了又會使模型的學習速度太慢或侷限於局部最佳點。

在實際訓練過程中，如果模型來自開放原始碼專案或是學術論文中的訓練案例，訓練資料也與案例相似，那麼可以沿用開放原始碼專案或學術論文中的學習率等參數的設定值；如果沒有太相似的案例可以參照，就需要自己多次實驗，尋找合適的學習率了（從頭訓練的學習率較大，遷移學習的學習率較小）。

相比選擇合適的最佳化器而言，選擇合適的學習率在專案中顯得更加重要，學習率選大了或選小了都會對模型訓練造成很大的影響。

1. 學習率調整實驗

這裡以一個二次函數 y=2x²+3x+4 作為損失函數，展示使用梯度下降法尋找該函數最佳點的過程。

首先繪製一下函數圖型，如圖 3-36 所示：

```
>>> import numpy as np
>>> import matplotlib.pyplot as plt
>>> # 生成 x
>>> x = np.linspace(-22,20,100)
>>> # 定義損失函數
>>> def func(x):
...     y = 2*x**2 + 3*x + 4
...     return y
...
>>> y = func(x)
>>> # 繪製損失函數
>>> plt.plot(x,y,color = "g")
[<matplotlib.lines.Line2D object at 0x7f1de87464a8>]
>>> plt.show()
```

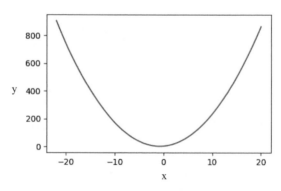

圖 3-36　損失函數圖型

我們可以很容易地計算得到該函數的梯度函數：y=4x+3y=4x+3，顯然梯度為 0 的點是 *x*=-0.75。相關程式如下：

```
>>> # 定義梯度函數
>>> def gradient(x):
...     return 4*x + 3
...
```

接下來建構一個利用梯度下降法更新 x 的方法,並在梯度下降的過程中記錄每一步更新之後的 x 值。相關程式如下:

```
>>> # 最佳化函數
>>> def minimize(x0 = 10,step = 0.2):
...     x = x0
...     path = []
...     path.append(x)
...     # 先迭代五次
...     for i in range(10):
...         x = x - step*gradient(x)
...         # 列印出中間結果
...         print(x)
...         path.append(x)
...     return path
...
```

在合適的學習率下,很快就能找到與最佳值點非常接近的點(最佳點是 -0.75)。

```
>>> path = minimize()
1.4000000000000004
-0.32000000000000006
-0.664
-0.7328
-0.74656
-0.749312
-0.7498624
-0.74997248
-0.749994496
-0.7499988992
```

```
>>> plt.annotate("start",(10,func(10)))
Text(10, 234, 'start')
>>> plt.plot(x,y,color = 'g')
[<matplotlib.lines.Line2D object at 0x7f1de8507320>]
>>> plt.plot(path,[func(x) for x in path],color = 'r')
[<matplotlib.lines.Line2D object at 0x7f1de8507470>]
>>> # 繪製出更新軌跡
>>> plt.scatter(path,[func(x) for x in path],color = 'r')
<matplotlib.collections.PathCollection object at 0x7f1de8507b00>
```

繪製出的結果如圖 3-37 所示,我們可以看到參數僅花了兩步就到達了損失函數中的最佳點,之後便在最佳點附近振盪,這種情況是非常理想的。

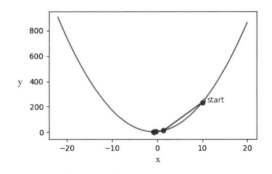

圖 3-37　梯度下降軌跡 1

在這種簡單的函數中,只要學習率合適,無論 x 的初值為多少,最終都可以找到最佳值。比如我們把 x 改成一個較大的負數,仍可以得到如圖 3-38 所示的結果:

```
>>> path = minimize(-20)
-4.6
-1.5199999999999996
-0.9039999999999999
-0.7807999999999999
-0.7561599999999999
-0.751232
```

```
-0.7502464
-0.75004928
-0.750009856
-0.7500019712
>>> plt.annotate("start",(-20,func(-20)))
Text(-20, 744, 'start')
>>> plt.plot(x,y,color = 'g')
[<matplotlib.lines.Line2D object at 0x7f1de8507ac8>]
>>>
>>> plt.plot(path,[func(x) for x in path],color = 'r')
[<matplotlib.lines.Line2D object at 0x7f1de8507f98>]
>>> # 繪製出更新軌跡
>>> plt.scatter(path,[func(x) for x in path],color = 'r')
<matplotlib.collections.PathCollection object at 0x7f1de8514470>
>>> plt.show()
```

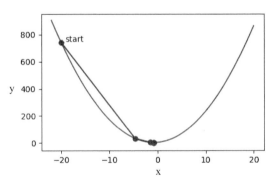

圖 3-38　梯度下降軌跡 2

但是如果把學習率調大一些，情況就完全不一樣了：

```
>>> path = minimize(10,0.6)
-15.8
20.319999999999997
-30.247999999999994
40.54719999999999
-58.56607999999985
80.19251199999998
```

```
-114.06951679999996
157.89732351999993
-222.8562529279999
310.19875409919985
>>> # 右移一下，否則看不清
...
>>> plt.annotate("start",(10 + 50,func(10)))
Text(60, 234, 'start')
>>> length = max((abs(min(path)),abs(max(path))))
>>> x = np.linspace(-length,length,100)
>>> plt.plot(x,[func(item) for item in x],color ='g')
[<matplotlib.lines.Line2D object at 0x7f1de831cf60>]
>>> plt.plot(path,[func(b) for b in path],color = 'r')
[<matplotlib.lines.Line2D object at 0x7f1de831cef0>]
>>> plt.scatter(path,[func(b) for b in path],color = 'r')
<matplotlib.collections.PathCollection object at 0x7f1de832a4a8>
>>> plt.show()
```

以上程式的執行結果如圖 3-39 所示。

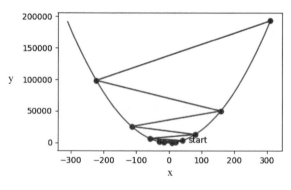

圖 3-39　梯度下降軌跡 3

學習率過大時，使用梯度下降更新參數會使得誤差越來越大，很快超出浮點數範圍。當訓練的時候出現損失不斷增大的情況，首先應該考慮是不是學習率設定得過大了。從上面的例子中可以推測：當學習率過小的時候，一定會出現損失變化非常緩慢的情況，這時也需要對學習率進行調整。

2. 最佳化方法

在實際專案中，可以結合最佳化方法的特性與專案需求進行選擇，不同的最佳化方法使用的初始學習率範圍也不盡相同，需要在實踐中摸索。

在訓練過程中，需要根據模型的訓練進度來調整學習率的大小。一般來說是逐漸縮小學習率以適應由粗調到微調的變化，也有使用振盪學習率來避免模型陷入局部最小值的方法。常見的幾種衰減方式如圖 3-40~ 圖 3-43 所示。本文中使用的是最常見的平台式衰減的方式，比較容易操作，推薦新手使用這種方法。

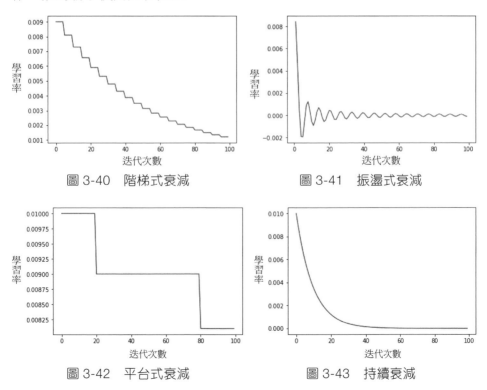

圖 3-40　階梯式衰減　　　　　圖 3-41　振盪式衰減

圖 3-42　平台式衰減　　　　　圖 3-43　持續衰減

3. 自動搜尋

除了手動試驗外，還可以撰寫程式自動搜尋學習率，不過這種方法搜尋
出來的學習率只能作為參考。

在 fastai 框架中，提供了一種選擇初始學習率的方法，即將學習率從小到
大按數量級進行分別測試，繪製出每次測試得到的損失變化幅度，然後
從中選擇損失變化幅度最大的學習率作為初始學習率。相關程式如下：

```python
# lr_find.py
import torch
from torch.optim import SGD
from torch.nn import CrossEntropyLoss
import matplotlib.pyplot as plt
import numpy as np
from tqdm import tqdm

from config import device, data_folder
from model import vgg11
from data import create_datasets

def lr_find(
    net,
    optimizer_class,
    dataloader,
    criteron,
    lr_list=[1 * 10 ** (i / 2) for i in range(-20, 0)],
    show=False,
    test_times=10,
):
    """
    net: 模型
    optimizer_class: 最佳化器類別
    dataloader: 資料
    criteron: 損失函數
```

```
lr_list: 學習率列表
show: 是否顯示結果
test_time: 實驗次數
"""
# 複製模型參數
params = net.state_dict().copy()
# 損失值矩陣
loss_matrix = []
for i, (img, label) in enumerate(dataloader):
    img, label = img.to(device), label.to(device)
    loss_list = []
    for lr in tqdm(lr_list):
        # 重新載入原始參數
        net.load_state_dict(params)
        # 訓練模型
        out = net(img)
        optimizer = optimizer_class(
            net.parameters(), lr=lr, momentum=0.9, weight_decay=5e-4
        )
        loss = criteron(out, label)
        optimizer.zero_grad()
        loss.backward()
        optimizer.step()
        # 計算更新模型之後的損失
        new_out = net(img)
        new_loss = criteron(new_out, label)
        loss_list.append(new_loss.item())

    loss_matrix.append(loss_list)
    # plt.plot([np.log(lr) for lr in lr_list],loss_list)
    if i + 1 == test_times:
        break
loss_matrix = np.array(loss_matrix)
loss_matrix = np.mean(loss_matrix, axis=0)
if show:
```

```
        plt.plot([np.log10(lr) for lr in lr_list], loss_matrix)
        plt.savefig("img/lr_find.jpg")
        plt.show()

    # 計算損失下降幅度，尋找最佳學習率
    decrease = [
        loss_matrix[i + 1] - loss_matrix[i] for i in range(len(lr_list) - 1)
    ]
    max_decrease = np.argmin(decrease)
    best_lr = lr_list[max_decrease]
    return best_lr


if __name__ == "__main__":
    net = vgg11().to(device)
    trainloader, _ = create_datasets(data_folder)
    criteron = CrossEntropyLoss()
    lr_list = [1 * 10 ** (i / 3) for i in range(-30, 0)]
    lr_find(net, SGD, trainloader, criteron, show=True)
```

上述程式使用了 10^{-10} 到 $10^{-0.3}$ 共 30 個不同的學習率對模型參數進行調整，根據調整後的模型誤差值繪製出來的圖型如圖 3-44 所示。

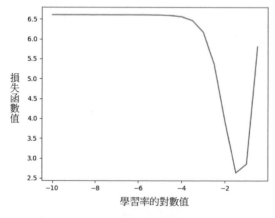

圖 3-44　學習率變化曲線

從圖 3-44 中可以看出，損失下降幅度最大的學習率約為 10^{-3} 到 10^{-2}，我們認為在這個區間內的學習率能夠讓損失函數以最快的速度下降。這也是本節後續的訓練程式中將要使用的學習率。

》 3.8 參數初始化 init

PyTorch 中的參數初始化方法位於 torch.nn.init 模組下，從上一節的最佳化器的實例中可以很明顯地看到參數初始化的重要性。

在複雜的資料和模型下，真正的全域最佳點是很難達到的，我們能做的只是讓模型能夠盡可能地找到比較好的局部最佳點。

在最佳化器的實例中，如果 w 的初值是 10，最終 w 很容易陷入右邊的局部最佳點，而如果 w 的初值是 -10，w 就有可能會陷入左邊的局部最佳點，如果把這兩個局部最佳點做比較，因為右邊的局部最佳點的損失更小，所以右邊的局部最佳點性能更好。

所以，在這個最佳化過程中，將 w 的初值設為 10，得到的效果比將 w 的初值設為 -10 要好。

在實際專案中，參數初值設定得太大或太小都不利於模型的擬合。

- 參數設定得太大，容易造成 Sigmoid 或 Tanh 等啟動函數飽和，導致反向傳播時出現梯度彌散現象。
- 參數設定得太小，每一層的輸出值都極小，不管使用什麼啟動函數都會造成梯度彌散的現象。

這就是為什麼要專門做模型初始化的原因。PyTorch 中提供了多種初始化方式，使用方法如下：

```
>>> for m in model.modules():
...     if isinstance(m,nn.Conv2d):
...         nn.init.normal(m.weight.data)
...         # xavier 初始化
...         # nn.init.xavier_normal(m.weight.data)
...         # kaiming 初始化
...         # nn.init.kaiming_normal(m.weight.data)
...         m.bias.data.fill_(0)
...     elif isinstance(m,nn.Linear):
...         m.weight.data.normal_()    # 全連接層參數初始化
```

其中 Xavier 初始化的思想就是要保證每一層的輸入輸出都接近正態分佈，且方差相近，這樣可以避免輸出趨近於 0，減少梯度彌散現象的發生。而 He 初始化（也就是 PyTorch 中的 kaiming 初始化）是專門針對 ReLU 啟動函數的初始化。

為了驗證 Xavier 初始化的效果，我們可以利用前面講過的 ModuleList 類別來架設一個簡單的十層全連接網路模型。

```
>>> class net(nn.Module):
...     def __init__(self):
...         super(net, self).__init__()
...         self.module = nn.ModuleList(
...             [nn.Linear(1000, 1000, bias=False) for i in range(9)]
...         )
...         self.feature_maps = []
...     def forward(self, x):
...         for module in self.module:
...             x = module(x)
...             # 記錄下中間的計算圖
...             self.feature_maps.append(x.view(-1).data.numpy())
...         return x
```

然後將一個隨機初始化的 Tensor 輸入模型：

```
>>> model = net()
>>> x = torch.rand((1, 1000))
>>> out = model(x)
>>> for i in range(9):
...     plt.subplot(330 + i + 1)
...     plt.title("layer {}".format(i))
...     # 調節子圖之間的間距
...     plt.subplots_adjust(wspace=0, hspace=0.5)
...     plt.hist(model.feature_maps[i], 20)
...
>>> plt.show()
```

可以得每一層的輸出值的頻率分佈長條圖，如圖 3-45 所示。

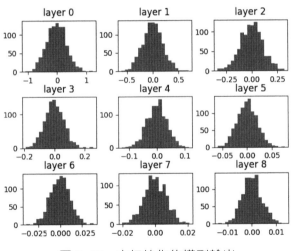

圖 3-45　未初始化的模型輸出

圖 3-45 中的頻率分佈雖然大致仍符合正態分佈的形式，但是分佈的方差卻各有不同。然後我們可以在 Tensor 輸入模型之前對模型進行初始化：

```
>>> model = net()
>>> for m in model.module:
```

```
...      nn.init.xavier_normal(m.weight.data)
...
```

初始化之後再繪製出每一層的輸出值的頻率分佈情況，如圖 3-46 所示。

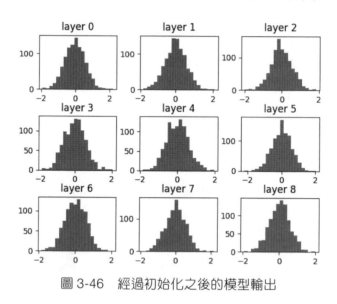

圖 3-46　經過初始化之後的模型輸出

可見，經過 xavier 初始化處理之後，網路每一層的輸出範圍變得非常接近了。這種特性可以有效緩解深度網路中的梯度彌散問題。

▶ 3.9　模型持久化

PyTorch 中附帶了模型持久化方法：torch.save 和 torch.load。這兩個函數的後台呼叫的正是第 2 章中介紹過的 pickle 函數庫，下面介紹一下 PyTorch 中保存和載入模型的方法。在訓練過程中，為了避免模型異常終止導致的資料遺失，會每隔幾步就保存一次模型，一般保存的都是模型的參數（OrderedDict 格式）。

下面是保存和載入模型的程式：

```
>>> import torch
>>> net = torch.nn.Sequential(
...     torch.nn.Linear(2,10),
...     torch.nn.Linear(10,2)
... )
>>> torch.save(net.state_dict(),"net.pth")
>>> # 可以同時保存多筆資訊
... torch.save({"params":net.state_dict(),"name":"net"},"net.pth")
>>>
>>> ckpt = torch.load("net.pth")
>>> net.load_state_dict(ckpt['params'])
<All keys matched successfully>
```

為什麼不推薦直接保存模型呢？

除了保存參數的效率較高之外，還有一個重要的原因就是，如果直接保存模型，在專案遷移的過程中容易出錯。

因為在 pickle.dumps 或 pickle.dump 封裝時，會根據你所載入的類別物件對資料進行物件化，同時也會把類別物件的路徑打包進去，記錄它是根據哪個目錄下的哪個類別進行封裝的。解析時，也要找到對應目錄下的對應類別進行還原。

模型在同一個專案或檔案中能完全使用，因為類別物件路徑沒有變化。如果在另一個專案中載入模型，就可能出錯。這裡說「可能」出錯是因為存在兩種不同的情況。第一種情況是模型很簡單，就像上面的例子中的 Sequential 模型，這種物件可以直接在 PyTorch 函數庫中找到，所以跨目錄呼叫不會出錯。第二種情況是自訂的模型，有自訂的構造函數 __init__，在保存之後如果換一個目錄載入就會出現錯誤。

比如模型定義如下：

```
>>> class net(torch.nn.Module):
...     def __init__(self):
...         super(net,self).__init__()
...         self.fc1 = torch.nn.Linear(2,10)
...         self.fc2 = torch.nn.Linear(10,2)
...     def forward(self,x):
...         x = self.fc1(x)
...         x = self.fc2(x)
...         return x
...
```

從模型的類別中可以看出，重新定義構造函數之後，net 已經是一個獨立的類別了。模型保存的程式如下：

```
>>> model = net()
>>> type(model)
<class '__main__.net'>
>>> torch.save(model,"model.pth")
```

然後切換目標再載入模型：

```
C:\Users>cd ..
C:\>python
>>> import torch
>>> model = torch.load("Users/model.pth")
Traceback (most recent call last):
  File "<stdin>", line 1, in <module>
  File "D:\Program Files (x86)\Python37\lib\site-packages\torch\
serialization.py", line 386, in load
    return _load(f, map_location, pickle_module, **pickle_load_args)
  File "D:\Program Files (x86)\Python37\lib\site-packages\torch\
serialization.py", line 573, in _load
    result = unpickler.load()
AttributeError: Can't get attribute 'net' on <module '__main__' (built-in)>
```

果然出現了顯示出錯，因為目錄變化，所以 pickle 函數庫追蹤不到原來的 net 類別了，無法載入。這個特性造成了一個很麻煩的問題，那就是在部署模型的時候，必須要在專案中包含模型的原始程式，否則即使有模型對應的 pickle 檔案，也無法正常使用模型。

≫ 3.10 JIT 編譯器

JIT 是用於將普通的 PyTorch 模型轉化成 Torchscript 模型的工具，Torchscript 模型可以在沒有 Python 的環境下執行。由於 Python 本身的性能以及它對多執行緒的支援問題，模型執行速度不夠理想，轉換成 Torchscript 模型之後再使用 C++ 進行部署，能夠獲得更高的性能。

利用 JIT 編譯器可以將神經網路模型的網路結構和參數一併進行持久化，避免了模型遷移可能出現的問題，使模型更加容易部署。所以 JIT 可以看成是 PyTorch 為了銜接研究與生產環境而推出的重要工具。

建立 Torchscript 模型的方法有兩種，一種是透過 torch.jit.trace 推導 PyTorch 的模型結構和參數，另一種是透過 torch.jit.ScriptModule 直接建立 Torchscript 模型。相關程式如下：

```
# Jit_demo.py
import torch

# 使用 jit.trace 推導出模型內部的計算步驟
class net(torch.nn.Module):
    def __init__(self):
        super(net, self).__init__()
        self.fc1 = torch.nn.Linear(2, 10)
        self.fc2 = torch.nn.Linear(10, 2)

    def forward(self, x):
```

```
        return self.fc2(self.fc1(x))

model = net()
trace_model = torch.jit.trace(model, torch.rand((1, 2)))
torch.jit.save(trace_model, "net_trace.pt")

# =======================================
# torch.jit.script 直接建構 torchscript 模型
class net(torch.jit.ScriptModule):
    def __init__(self):
        super(net, self).__init__()
        self.fc1 = torch.nn.Linear(2, 10)
        self.fc2 = torch.nn.Linear(10, 2)

    @torch.jit.script_method
    def forward(self, x):
        return self.fc2(self.fc1(x))

model = net()
torch.jit.save(model, "net_script.pt")

# 執行模型
jit_model = torch.jit.load("net_script.pt")
output = jit_model(torch.ones((1,2)))
```

這樣得到的模型就可以在沒有 Python 的環境下或沒有對應的神經網路原始程式的環境下使用了。

≫ 3.11 模型遷移 ONNX

在做深度學習研究時，常常會使用或參考一些開放原始碼的專案，然而這些專案可能是用各種不同的框架寫的，很多論文的實現程式使用

PyTorch 框架，一些經典視覺模型可能是 Caffe 框架，還有更多的專案是用 TensorFlow 寫的（畢竟是目前使用最廣的框架），還有 MXNet、Matlab、CNTK、PaddlePaddle 等。如果每次都手動重構模型程式，實在是太難了。

為了解決這一難題，2017 年，微軟、Facebook、亞馬遜和 IBM 等公司共同開發了 ONNX 這一開放式的深度學習檔案格式，實現了多框架的互轉。

從 ONNX 官網宣傳可以看到，目前以 PyTorch 為首的幾大深度學習框架（或工具）都已經支持 ONNX 了，如圖 3-47 所示。而其他沒有 ONNX 原生支持的框架也有對應的轉換器可用，像 sklearn 這樣本身沒有提供 ONNX 支援的函數庫，只需要安裝一個 sklearn-onnx 函數庫就可以輕鬆地實現 sklearn 到 ONNX 的轉換。

圖 3-47　ONNX 支持的框架

PyTorch 中已經加入了 ONNX 模組，要將 PyTorch 模型轉換成 ONNX 模型繼而轉成其他框架的模型只需使用以下幾行程式即可，轉換方式與 JIT 類似，但是需要提供網路的輸出層和輸入層名稱：

```
>>> class net(torch.nn.Module):
...     def __init__(self):
```

```
...         super(net, self).__init__()
...         self.fc1 = torch.nn.Linear(2, 10)
...         self.fc2 = torch.nn.Linear(10, 2)
...    def forward(self, x):
...         return self.fc2(self.fc1(x))
...
>>> model = net()
>>> torch_input = torch.ones((1, 2))
>>> torch_output = model(torch_input)
>>> # 輸入節點名稱
>>> input_name = ["fc1"]
>>> # 輸出節點名稱
>>> output_name = ["fc2"]
>>> # 匯出 ONNX 模型
>>> torch.onnx.export(
...     model,
...     torch_input,
...     "net.onnx",
...     input_names=input_name,
...     output_names=output_name,
... )
```

轉換成 ONNX 工具之後，可以使用 ONNX 函數庫載入並檢查模型正確
性：

```
>>> import onnx
>>> onnx_model = onnx.load("net.onnx")
>>> onnx.checker.check_model(onnx_model)
```

確認模型無誤之後，可以進一步轉換成其他框架執行，也可以直接使用
ONNX 執行模型，使用 ONNX 執行模型需要使用 onnxruntime 模組，可
以直接使用 pip 安裝：

```
pip install onnxruntime
```

使用 onnxruntime 執行 ONNX 的程式如下：

```
>>> import onnxruntime
>>> import numpy as np
>>>
>>> session = onnxruntime.InferenceSession("net.onnx")
>>> onnx_input = {session.get_inputs()[0].name: np.ones((1, 2)).astype(np.
float32)}
>>> onnx_output = session.run(None, onnx_input)
```

執行結束之後，可以比較一下 ONNX 模型的輸出與原來 PyTorch 模型輸出之間的差異是否在可接受的範圍內：

```
>>> np.testing.assert_allclose(
...     torch_output.data.numpy(), onnx_output[0], rtol=1e-03, atol=1e-05
... )
```

如果 np.testing.assert_allclose 沒有返回錯誤訊息，表示此 PyTorch 模型轉為 ONNX 之後的精度損失在允許的範圍內。

▶ 3.12 資料視覺化 TensorBoard

TensorBoard 是 TensorFlow 中的視覺化工具，也可以在 PyTorch 中使用。在 PyTorch 1.1 以前，使用 TensorBoard 需要獨立安裝，PyTorch 1.1 之後將 TensorBoard 嵌入了 PyTorch 的 utils 模組下，這個工具的功能很多，最常用的有三大功能：

- 查看神經網路的結構；
- 記錄訓練過程中模型的各項評價指標（損失和準確率）變化；
- 多維度展示資料。

在 PyTorch 中使用 TensorBoard 的步驟如下。

首先安裝 TensorBoard 視覺化工具：

```
pip install tb-nightly
```

在程式檔案中建立一個 SummaryWriter 實例，然後透過一系列 add*** 的
方法將需要展示的資料加入 SummaryWriter 實例。相關程式如下：

```
# tb_demo.py
from torchvision.models import vgg16
from torch.utils.tensorboard import SummaryWriter
import torch
import numpy as np

# log 為指定的 TensorBoard 檔案存放目錄
writer = SummaryWriter("log")
net = vgg16()
writer.add_graph(net, torch.randn((1, 3, 224, 224)))
for i in range(100):
    writer.add_scalar("train/loss", (100 - i) * np.random.random(), i)
    writer.add_scalar("train/accuracy", i * np.random.random(), i)
writer.close()
```

執行程式檔案之後，TensorBoard 會自動在同目錄下建立一個 log 資料
夾，在命令列中輸入：

```
tensorboard --logdir log
```

看到以下資訊之後，打開瀏覽器，輸入 localhost:6006 即可打開 Tensor
Board 頁面：

```
TensorFlow installation not found - running with reduced feature set.
TensorBoard 1.15.0a20190823 at http://dai-MS-7808:6006/ (Press CTRL+C to
quit)
```

在頁面中有兩個標籤，SCALAR 和 GRAPHS，其中 SCALARS 下包含了
如圖 3-48 所示的曲線圖像。

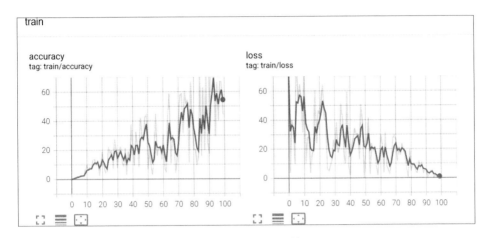

圖 3-48　訓練曲線

這個曲線在訓練過程中會動態更新，可以在長時間的訓練過程中即時監
控模型的訓練狀態。

GRAPHS 標籤中有 TensorBoard 根據輸入資料推理出來的模型結構（推
理過程與 torch.jit 和 torch.onnx 中的推理類似），如圖 3-49 所示，這個圖
型可以在點擊之後一步步展開，展開後如圖 3-50 所示。

將其中的 Sequential 展開之後，可以看到更細緻的結構，其中的 Conv、
ReLU 等結構如圖 3-51 所示。

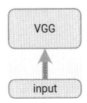

圖 3-49　TensorBoard 網路圖 1

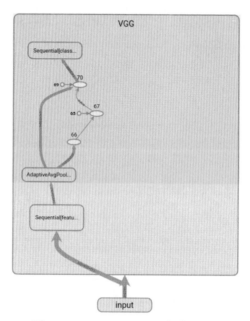

圖 3-50　TensorBoard 網路圖 2

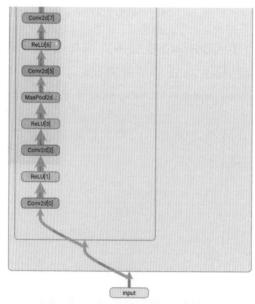

圖 3-51　TensorBoard 網路圖 3

在本書後續的程式中，會列出一部分比較困難的模型的訓練記錄，供讀者參考。

3.13 機器視覺工具套件 torchvision

PyTorch 提供了一個專門為電腦視覺服務的工具套件 torchvision，這個工具套件中提供了電腦視覺相關的模型、影像處理演算法和資料載入工具。torchvision 獨立於 PyTorch 之外，需要單獨安裝，安裝方法在 3.2 節中已有介紹，這裡不再贅述。

3.13.1 資料

torchvision.datasets 提供了很多開放原始碼資料集，比如 MNIST、Fashion-MNIST，CIFAR，COCO 等，我們可以透過 torchvision 提供的 API 直接下載這些資料集。如果已經下載過這些資料集，只需修改路徑即可避免重複下載。以 MNIST 為例，MNSIT 中需要設定 5 個參數。

- root：資料下載網址或已有資料的儲存位址。
- train：是否下載訓練集，如果設定成 False，則下載驗證集。
- download：是否下載。
- transform：對訓練資料的前置處理方式。
- target_transform：對訓練標籤的前置處理方式。

除資料之外，torchvision.datasets 還提供了分類資料的載入介面：Image Folder 和 DatasetFolder，這兩個函數的工作方式類似，這裡只介紹 Image Folder。

如果你的資料符合下面的格式，可以使用 torchvision.datasets 中提供的
ImageFolder 函數直接讀取圖片和標籤：

- root/dog/xxx.png
- root/dog/xxy.png
- root/dog/xxz.png
- root/cat/123.png
- root/cat/nsdf3.png
- root/cat/asd932_.png

ImageFolder 中有 5 個參數，可以借助這些參數對載入的資料進行自訂，
參數的作用如下。

- root：圖片目錄，即上文中的 root。
- transform 和 target_transform：與 MNIST 中的作用相同。
- loader：可以透過此參數自訂圖片的載入方式（輸入路徑，返回圖片）。
- is_valid_file：不同的任務對圖片有效的定義可能不同，這個參數可以
  用來設定驗證圖片是否有效的函數。

3.13.2 模型

torchvision.models 包含了多種任務的預訓練模型，如圖型分類、圖型分
割和物件辨識等。這些模型可以透過設定 pretrained 參數下載在 ImageNet
資料集上預訓練的模型參數。

模型的呼叫方式如下：

```
>>> import torchvision.models as models
>>> resnet18 = models.resnet18(pretrained=True)
>>> alexnet = models.alexnet(pretrained=True)
```

```
>>> vgg16 = models.vgg16(pretrained=True)
>>> squeezenet = models.squeezenet1_0(pretrained=True)
>>> densenet = models.densenet161(pretrained=True)
>>> inception = models.inception_v3(pretrained=True)
>>> googlenet = models.googlenet(pretrained=True)
>>> shufflenet = models.shufflenet_v2_x1_0(pretrained=True)
>>> mobilenet = models.mobilenet_v2(pretrained=True)
>>> resnext50_32x4d = models.resnext50_32x4d(pretrained=True)
>>> wide_resnet50_2 = models.wide_resnet50_2(pretrained=True)
```

程式會自動把模型下載到預設資料夾中，可以透過修改環境變數
TORCH_MODEL_ZOO 來修改模型檔案的預設下載位置。

■ Windows 下的預設下載檔案夾位置是：C:\Users\Administrator\.cache\
  torch\checkpoints。
■ Linux 下的預設下載檔案夾位置是：~/.cache/torch/checkpoints。

各個模型在 ImageNet 上的表現如表 3-2 所示，該表格可以在為實際任務
選擇模型時作為參考。其中，Top-1 錯誤率的含義是對任意圖片，只有機
率最大的預測類別是正確答案時，才認為預測正確；Top-5 錯誤率的含義
是只要機率前五的預測類別中包含了正確答案，即認為預測正確。

表 3-2　各分類模型的性能

分類模型	Top-1 錯誤率（%）	Top-5 錯誤率（%）
AlexNet	43.45	20.91
VGG-11	30.98	11.37
VGG-13	30.07	10.75
VGG-16	28.41	9.62
VGG-19	27.62	9.12
VGG-11 with Batch Normalization	29.62	10.19
VGG-13 with Batch Normalization	28.45	9.63

分類模型	Top-1 錯誤率（%）	Top-5 錯誤率（%）
VGG-16 with Batch Normalization	26.63	8.50
VGG-19 with Batch Normalization	25.76	8.15
ResNet-18	30.24	10.92
ResNet-34	26.70	8.58
ResNet-50	23.85	7.13
ResNet-101	22.63	6.44
ResNet-152	21.69	5.94
SqueezeNet 1.0	41.90	19.58
SqueezeNet 1.1	41.81	19.38
Densenet-121	25.35	7.83
Densenet-169	24.00	7.00
Densenet-201	22.80	6.43
Densenet-161	22.35	6.20
Inception v3	22.55	6.44
GoogleNet	30.22	10.47
ShuffleNet v2	30.64	11.68
MobileNet v2	28.12	9.71
ResNeXt-50-32x4d	22.38	6.30
ResNeXt-101-32x8d	20.69	5.47
Wide ResNet-50-2	21.49	5.91
Wide ResNet-101-2	21.16	5.72

除分類網路之外，PyTorch 還提供了 FCN（圖型分割）、Faster R-CNN
（物件辨識）、ResNet3D（視訊分類）等預訓練模型。

3.13.3 影像處理

影像處理函數位於 torchvision.transforms 模組下,這個模組主要有兩個功能:

- 實現 PIL 圖片和 Tensor 之間的相互轉換;
- 對 PIL 圖片進行各種變換處理。

要實現 PIL 與 Tensor 之間的互轉只需要兩個類別(注意 torchvision. transforms 中的影像處理方法都是以類別的形式列出,而非函數): ToTensor 和 ToPILImage。使用程式如下:

首先使用以下程式找到一張如圖 3-52 所示的蝴蝶圖片:

```
>> from PIL import Image
>>> from torchvision import transforms
>>> path = "/data/super_resolution/btf.jpg"
>>> img = Image.open(path)
>>> img.show()
```

圖 3-52　蝴蝶圖片

然後使用 ToTensor 類別將圖片轉化成 Tensor:

```
>> totensor = transforms.ToTensor()
>>> img_tensor = totensor(img)
```

```
>>> img_tensor.type()
'torch.FloatTensor'
>> torch.max(img_tensor)
tensor(1.)
>>> torch.min(img_tensor)
tensor(0.)
```

轉化得到的 Tensor 是 float 類型，因為 ToTensor 類別會自動將圖片中 0~255 的像素值歸一化到 0~1，這樣能方便神經網路訓練。

想要從 Tensor 中獲取圖片也很簡單，只需使用 ToPILImage 類別進行轉化即可，程式如下：

```
>> topil = transforms.ToPILImage()
>>> img = topil(img_tensor)
>>> type(img)
<class 'PIL.Image.Image'>
```

transforms 中還有豐富的影像處理函數，我們可以挑選其中一些常用的函數進行演示。比如說隨機裁剪類別，效果如圖 3-53 所示，圖片被隨機裁剪成了 150×150 的圖片：

```
>> randomcrop = transforms.RandomCrop((150,150))
>>> img_ = randomcrop(img)
>>> img_.show()
```

圖 3-53　隨機裁剪效果

又如隨機旋轉類別，效果如圖 3-54 所示，圖片被旋轉了一個角度，因為設定了度角 35，所以圖片的旋轉角度會在 -35 度和 35 度之間隨機選擇：

```
>> randomrot = transforms.RandomRotation(35)
>>> img_ = randomrot(img)
>>> img_.show()
```

圖 3-54　隨機旋轉效果

再如隨機垂直翻轉類別，翻轉效果如圖 3-55 所示：

```
> randomvflip= transforms.RandomVerticalFlip(p=0.5)
>>> img_ = randomvflip(img)
>>> img_.show()
```

圖 3-55　隨機翻轉效果

可以設定垂直翻轉的機率，比如上面程式中設定為 0.5，則會有 50% 的機率翻轉圖片。

還有邊界填充類別，填充效果如圖 3-56 所示：

```
>>> pad = transforms.Pad(15)
>>> img_ = pad(img)
>>> img_.show()
```

圖 3-56　邊界填充效果

torchvision 中沒有提供隨機填充類別，如果需要隨機填充，可以借助 pad 類別自己實現。

一般來說一個任務中會用到多種影像處理手段，為了書寫簡便，可以使用 transforms.Compose 類別將所有的影像處理方法串聯起來，相關程式如下：

```
>>> tfms = transforms.Compose(
...     [
...         transforms.Pad(15),
...         transforms.RandomCrop((150,150)),
...         transforms.RandomVerticalFlip(p=0.5),
...         # 圖型到 Tensor 之間的轉換也可以嵌入 compose 中
...         transforms.ToTensor(),
...         transforms.ToPILImage()
...     ]
... )
>>> img_ = tfms(img)
>>> img_.show()
```

得到的處理結果如圖 3-57 所示。

圖 3-57　轉換方法疊加之後的效果

現在的 transforms 函數庫還不夠完善，如果讀者有更多的需求，比如需要更複雜的前置處理手段或更快的處理速度，可以使用一些第三方影像處理工具，下面只介紹兩個比較有特點的工具。

1. imgaug

相比 transforms 來說，imgaug 有兩大優勢，第一是影像處理方式更加豐富，比如模糊、銳化、扭曲、馬賽克、色彩變化、色塊遮蓋、比較度調節等，如圖 3-58 所示。

圖 3-58　imgaug 影像處理方法

另一個優勢就是 imgaug 提供了專門針對物件辨識和圖型分割的影像處理方法，該方法需要將圖片和標籤做同步變換，而 transforms 中的方法只能實現圖片的變換。因此在物件辨識任務中，還需要自己實現處理方法。

如圖 3-59 所示，imgaug 中提供了分割任務和檢測任務（包括關鍵點）的處理方法。關鍵點、隱藏、檢測框等標注資訊會隨著圖型同步變化。

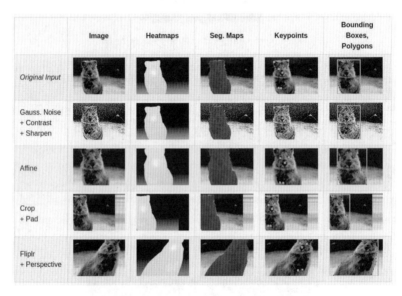

圖 3-59　imgaug 對不同任務的處理方式

2. DALI

transforms 中的方法大多數是直接作用於 PIL 的，這些方法的後台直接呼叫了 PIL 函數庫。而 PIL 函數庫本身並沒有 GPU 支持，所以 transforms 中的影像處理函數只能在 CPU 上執行。

如果你發現在執行模型的時候，CPU 負荷很高，GPU 卻毫無壓力，就可以考慮使用 GPU 來完成圖型前置處理工作了。

使用 GPU 進行影像處理可以考慮使用 DALI 函數庫，DALI 是 NVIDIA 在 2018 年開放原始碼的影像處理函數庫，可以支援 TensorFlow、PyTorch 和 MXNet。

≫ 3.14 小結

本章介紹了深度學習框架 PyTorch 的基本功能，希望讀者閱讀完本章內容之後，能做到以下幾點。

- 掌握 PyTorch 中 Tensor 自動求導功能。
- 自己架設簡單的神經網路模型。
- 對神經網路模型中各種網路模型的功能有所了解。
- 了解神經網路的參數最佳化原理。
- 學會使用資料載入、視覺化等工具。

▶ 3.14 小結

卷積神經網路中的
分類與回歸

在介紹完 sklearn 和 PyTorch 後，本章將以圖型的分類與回歸為例，演示如何使用 PyTorch 進行卷積神經網路相關的模型架設、資料處理和模型訓練等工作，這些工作的整體流程如圖 4-1 所示。

關於圖 4-1 的說明如下。

(1) 讀取圖片儘量使用 PIL 函數庫，因為 torchvision 提供的 ToTensor 和 ToPILImage，這兩種在 Tensor 和圖型之間轉換的方法都是針對 PIL 函數庫的，用起來比較方便。當然，使用其他工具（如 opencv-python）也可以，但是需要注意讀取的圖片格式。

(2) 資料處理過程相當於將資料都加入一個繼承自 Dataset 的類別。

(3) 處理與打包不一定要使用 PyTorch 的 Dataset 和 DataLoader 介面，程式設計基礎較好的讀者可以自行設計打包方式。

(4) 注意流程中梯度歸零、反向傳播、更新參數這 3 個步驟的先後順序。

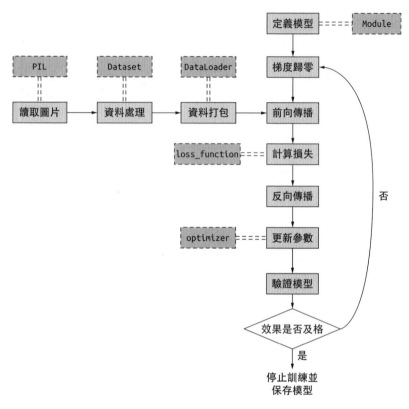

圖 4-1　PyTorch 卷積網路模型訓練流程

本章為實例章節，章節內大部分程式會以 .py 檔案形式呈現，整個專案的
目錄結構如下：

```
.
├── captcha_data.py          ----    驗證碼資料生成
├── captcha_demo.py          ----    驗證碼效果展示
├── captcha_model.py         ----    驗證碼辨識模型
├── captcha_train.py         ----    驗證碼模型訓練
├── config.py                ----    設定檔
├── data.py                  ----    載入 CIFAR-10 資料
├── demo.py                  ----    展示模型效果
├── demo_regresssion.py      ----    展示回歸模型效果
```

```
├──── generate_data.py          ----    生成回歸問題的資料集
├──── lr_find.py                ----    學習率搜尋
├──── model.py                  ----    CIFAR-10 分類模型檔案
├──── tools                     ----    存放一些具有協助工具的程式
│      └──── show_data_augment.py ----  批次展示 CIFAR-10 圖片
├──── train_val.py              ----    CIFAR-10 分類訓練與驗證
└──── train_val_regression.py   ----    回歸問題中的訓練與驗證
```

💡 注意

為了方便保存及行動專案，模型參數檔案和圖片資料檔案最好單獨存放，不要放在專案目錄下。

≫ 4.1 卷積神經網路中的分類問題

與很多傳統機器學習方法類似，卷積神經網路也可以運用於分類和回歸兩種任務上：分類任務較為常見，在 OCR、人臉辨識中都有應用；回歸任務較少單獨使用，一般會與分類任務結合，如物件辨識任務中的邊框回歸方法。

4.1.1 CIFAR-10 圖型分類

本章將使用 CIFAR-10 資料集進行分類模型的建模演示。CIFAR-10 是一個小型圖型分類資料集，其資料量與 MNIST 手寫數位資料集相同，但解析度略高，圖型中包含的資訊也更加豐富，比 MNIST 更適合進行圖型分類專案的練習，也更適合測試演算法的有效性。

CIFAR-10 中的圖片只有 10 個類別，各類別的編號如下：

```
0 : airplane      1 : automobile      2 : bird      3 : cat
```

4：deer	5：dog	6：frog	7：horse
8：ship	9：truck		

在小資料集上，我們能夠快速測試模型演算法的有效性。如果讀者想嘗試 100 個類別的 CIFAR-100，可以先在 CIFAR-10 上對模型進行訓練，在確定模型無誤之後，再進行 CIFAR-100 的訓練。在實際的深度學習專案中，建立好模型之後，通常也會在小資料集上先測試模型是否正確，這樣能節省調參時間。

在開始處理資料和模型之前，首先設定一些後面要用到的參數：

```python
# config.py
import torch

# 定義資料儲存的裝置，在沒有可用 GPU 的時候使用 CPU
device = (
    torch.device("cuda") if torch.cuda.is_available() else torch.
device("cpu")
)

# 下載完 cifar-10-python.tar.gz 檔案之後，直接將其放入 data_folder 資料夾
data_folder = "/data/cifar10"
# 模型儲存目錄
checkpoint_folder = "/data/chapter_one"

# DataLoader 中每一個批次的圖片數量
batch_size = 64
# 隨著訓練的次數增加，逐步縮小學習率
epochs = [(30, 0.001), (20, 0.001), (10, 0.0001)]

# 標籤列表
label_list = [
    "airplane",    "automobile",    "bird",    "cat",    "deer",
    "dog",    "frog",    "horse",    "ship",    "truck",
]
```

上述程式設定了 6 個項目參數,含義分別如下。

- device:資料和模型的儲存位置,資料和模型需要儲存在相同的裝置上 (可以是 CPU 也可以是 GPU),可以使用 torch.cuda. is_available 判斷 電腦中是否有支援 CUDA 的 GPU。
- data_folder:資料儲存資料夾。
- checkpoint_folder:模型檔案儲存資料夾。
- batch_size:每一個批次的樣本數量。
- epochs:對學習率進行階段調整,epochs 中包含了每個階段的迴圈次 數和對應的學習率。
- label_list:CIFAR-10 中的標籤名稱。

1. 資料載入

對於 CIFAR-10 分類任務,PyTorch 下的 torchvision 函數庫中提供了專門 的資料處理函數 torchvision.datasets. CIFAR10,該函數可以完成資料下 載、資料解析以及按一定批次大小進行打包的任務。

> 🔅 **注意**
>
> 如果透過此函數下載 CIFAR-10 的速度較慢,那麼可以手動進行下載, 然後將 root 參數設定為資料集所在的路徑即可。

在建構資料集之前,可以先定義資料轉換函數,這一類函數位於 torchvision.transforms 下,通常用於圖型到 Tensor 的轉換以及圖型增強任 務。

CIFAR-10 中的圖片形式如圖 4-2 所示。可以看到,圖片的解析度雖然只 有 32×32,卻具有豐富的內容和複雜的背景。

圖 4-2　CIFAR-10 圖片示意

2. 資料增強

資料增強是一種在訓練模型過程中用於提高樣本多樣性，增強模型泛化能力的手段。需要注意的是，在對圖型進行資料增強時，必須保留圖型中與標籤對應的關鍵資訊。在分類問題中就是要保留圖片所屬類別對應的物件，即標記為汽車的圖片在進行增強變換後，圖片中必須仍然有汽車。

下面的程式在訓練過程中使用了兩種資料增強手段：隨機裁剪和隨機翻轉。其中隨機裁剪是先在圖片週邊補充 4 個像素，然後在圖片中隨機裁剪 32×32 圖片的方法；隨機翻轉是按一定機率選擇是否對圖片進行翻轉處理的方法。這兩種手段都不會改變圖片的原有資訊（隨機裁剪後保留的資訊佔原圖的比例足夠大，所以資訊會得以保留）。

為了方便展示，可以使用 torchvision.transforms 自訂一個資料增強方式，程式如下：

```python
# tools/show_data_augment.py
# 展示增強操作前後的圖型變化
# 請在目前的目錄下執行此檔案
import torchvision
from torchvision import transforms
import torch
from torchvision.utils import make_grid

import matplotlib.pyplot as plt
import sys

# 將上級目錄加入系統目錄
sys.path.append("..")
from config import data_folder

# 批次顯示圖片
def show_batch(display_transform=None):
    # 重新定義一個不帶 Normalize 的 DataLoader，因為歸一化處理後的圖片很難辨認
    if display_transform is None:
        display_transform = transforms.ToTensor()
    display_set = torchvision.datasets.CIFAR10(
        root=data_folder, train=True, download=True, transform=display_
transform
    )
    display_loader = torch.utils.data.DataLoader(display_set, batch_
size=32)
    topil = transforms.ToPILImage()
    # DataLoader 物件無法直接取 index，可以透過這種方式取其中的元素
    for batch_img, batch_label in display_loader:
        # 建立 Tensor 網格
        grid = make_grid(batch_img, nrow=8)
        # 將 Tensor 轉成圖型
        grid_img = topil(grid)
        plt.figure(figsize=(15, 15))
        plt.imshow(grid_img)
```

```
        grid_img.save("../img/trans_cifar10.png")
        plt.show()
        break

if __name__ == "__main__":
    # 訓練過程中的圖型增強與資料轉換
    transform_train = transforms.Compose(
        [
            transforms.RandomCrop(32, padding=4),
            transforms.RandomHorizontalFlip(),
            transforms.ToTensor(),
        ]
    )
    show_batch(transform_train)
```

上述程式定義了一個資料增強方法 transform_train，其中包含了隨機裁剪
（transforms.RandomCrop）和隨機翻轉（transforms.RandomHorizontalFlip）
兩種增強手段，並透過 torchvision.utils 中的 make_grid 方法將處理後的
圖片製成網格圖，增強過後的圖片如圖 4-3 所示。

圖 4-3　資料增強之後的 CIFAR-10 圖片

可以看到，處理之後的圖片雖然與原圖片稍有不同，出現了一些黑色邊框（這是 RandomCrop 的效果），但是圖片中的主要內容保持不變，也就是保證了資料增強之後標籤的真實性。

利用上述工具，我們將建立一個可以供模型進行平行運算的 DataLoader，建構 DataLoader 的程式如下：

```
# data.py
import torchvision
from torchvision import transforms
import torch

from config import data_folder, batch_size

# 建立資料集
def create_datasets(data_folder, transform_train=None, transform_
test=None):
    # 訓練過程中的圖型增強與資料轉換
    if transform_train is None:
        transform_train = transforms.Compose(
            [
                # 擴張之後再隨機裁剪
                transforms.RandomCrop(32, padding=4),
                # 隨機翻轉
                transforms.RandomHorizontalFlip(),
                # 將圖片轉換成 Tensor
                transforms.ToTensor(),
                # 根據 CIFAR-10 資料集的各個通道上的像素平均值和方差進行歸一化
處理，使模型更易擬合
                transforms.Normalize(
                    (0.4914, 0.4822, 0.4465), (0.2023, 0.1994, 0.2010)
                ),
            ]
        )
```

```
# 測試過程中的資料轉換
if transform_test is None:
    transform_test = transforms.Compose(
        [
            # 測試過程中無須進行圖形變換
            transforms.ToTensor(),
            transforms.Normalize(
                (0.4914, 0.4822, 0.4465), (0.2023, 0.1994, 0.2010)
            ),
        ]
    )
# 訓練集
trainset = torchvision.datasets.CIFAR10(
    root=data_folder, train=True, download=True, transform=transform_
train
)
# 訓練集 Loader
trainloader = torch.utils.data.DataLoader(
    trainset, batch_size=batch_size, shuffle=True, num_workers=2
)
# 測試集
testset = torchvision.datasets.CIFAR10(
    root=data_folder, train=False, download=True, transform=transform_test
)
# 測試集 Loader
testloader = torch.utils.data.DataLoader(
    testset, batch_size=batch_size, shuffle=False, num_workers=2
)
return trainloader, testloader
```

在上述程式中，trainset 是訓練集，用於訓練模型；testset 是測試集，用
於驗證模型效果。trainset 和 testset 的影像處理方法有所不同，testset 只
是將圖片轉化成了 Tensor 並進行歸一化，而 trainset 還增加了隨機裁剪和
隨機翻轉兩個方法，目的是增加訓練樣本的多樣性。

兩個資料集經過 DataLoader 封裝成批次資料,便可以輸入模型中進行平行訓練了。

4.1.2 卷積神經網路的發展

LeNet 是最早的分類卷積網路,在 1998 年由 Yann Lecun 提出。當時,LeNet 被設計用於手寫數字辨識,但是因為其理論解釋性較差,並且效果不如處理人工特徵的 SVM,所以一直沒有得到重視。

一直到 2012 年,AlexNet 在 ILSVRC(也就是 ImageNet 比賽)中一舉奪魁,才觸發了人們對於深度學習的熱情,從此深度學習進入了高速發展的時期,之後便誕生了 VGG、ResNet 等一系列卷積網路架構。

1. LeNet

LeNet 的結構如圖 4-4 所示,其中只有 3 種網路層——卷積層、池化層和全連接層。在啟動函數的選擇上,LeNet 選擇了雙曲正切函數(Tanh),確定了卷積神經網路的基本結構。

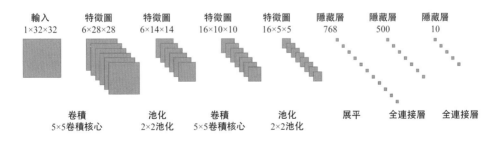

圖 4-4　LeNet 結構示意圖

現在有些深度學習框架中已經不提供定義好的 LeNet 網路了，即使有，
也是經過簡化改良之後的 LeNet-5，用於辨識 MNIST 資料集的 LeNet-5
結構如圖 4-5 所示。

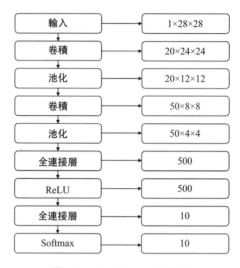

圖 4-5　LeNet-5 結構圖

Tanh 啟動函數被替換成了 ReLU 啟動函數。

2. AlexNet

AlexNet 中主要是提出了 ReLU 啟動函數和 Dropout 方法，同時還引入了
資料增強操作，使模型的泛化能力得到進一步提高。但是這個網路中的
參數量達到了 6000 萬，AlexNet 的作者使用了兩片 GTX 580 訓練了五六
天才得到分類結果。最終的分類結果也不負所望，以超越第二名 10.9%
的絕對優勢奪得第一名。AlexNet 網路結構如圖 4-6 所示。

AlexNet 中包含了 5 個卷積層和 3 個全連接層，層數比 LeNet 多，但是卷
積、池化這樣的整體流程並沒有改變。AlexNet 中用到的 3 個訓練技巧對
最終的結果造成了積極作用。

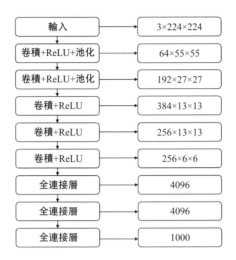

圖 4-6　AlexNet 網路結構示意圖

- ReLU：ReLU 啟動函數具有非線性的特徵，又不會像 Sigmoid 和 Tanh 那樣，容易出現梯度彌散的問題。

- Dropout：其原理類似於 sklearn 中的整合演算法，在訓練過程中，會以一定機率讓神經網路節點失去活性。在預測過程中，會將所有節點的輸出乘以這個機率值。這樣訓練出來的神經網路能夠得到類似多模型整合的效果，緩解了模型的過擬合問題。

- 資料增強：資料增強過程相當於增加了樣本的多樣性，使模型具有更強的泛化能力。

3. VGGNet

我們可以將 VGGNet 看作一個加深版的 AlexNet，它使用了 3 個全連接層，使模型的總參數量達到了 1.3 億，這個架構最大的貢獻是它證明了：使用小尺寸的卷積核心並增加網路深度可以有效提升模型效果。不過有關 VGGNet 的論文中提到，當網路層數疊加到 19 層時，其準確率幾乎達到飽和，即此時無法再透過加深網路來提高準確率了。

這個網路在當時看來已經非常深了，VGG 的作者在訓練 VGG 模型的時候，是先訓練了淺層網路（VGG-11），等淺層網路穩定之後，再往上增加新的卷積層，這樣逐步將網路深度增加到 13、16、19。圖 4-7 展示了 VGG-16 的網路結構。

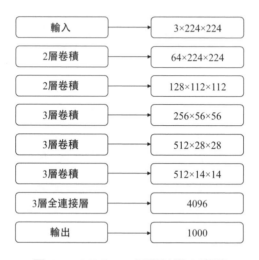

圖 4-7　VGG-16 網路結構示意圖

VGG 使用多個小卷積核心替代了大卷積核心，比如使用 3 個 3×3 卷積核心得到的特徵圖尺寸和使用 1 個 7×7 卷積核心得到的特徵圖尺寸相同，7×7 卷積核心有 49×channel 個參數，而 3 個 3×3 卷積核心只有 27×channel 個參數（channel 是通道數）。

在 VGG 之後出現的網路中，卷積核心基本以 3×3 卷積和 1×1 卷積為主。

4. GoogleNet

GoogleNet 也叫 InceptionNet，與 AlexNet 和 VGGNet 這種單純依靠加深網路結構進而改進網路性能的想法不一樣，它另闢蹊徑，在加深網路的同時，改進了網路結構：引入 Inception 模組（見圖 4-8），使用分支結構。在僅有 500 萬參數的情況下，GoogleNet 力壓 VGG 模型獲得 2014 年 ILSVRC 分類比賽的冠軍（VGG 是定位比賽的冠軍和分類比賽的亞軍）。

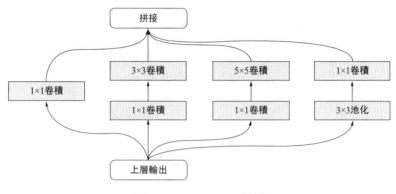

圖 4-8　Inception 模組

GoogleNet 為了能讓模型更進一步地收斂，在較淺層的特徵圖上設計了輔助損失單元，這樣得到的淺層特徵也能有很好的區分能力。

Inception v2 中提出了 Batch Normalization（本書將其簡稱為 BatchNorm），對啟動值進行了規範化操作，使網路梯度反向傳播時不再受參數尺度影響，這個方法已經被後來很多網路架構應用。在有些專案中，為了最佳化模型的速度和記憶體佔用情況，會將 BatchNorm 合併到卷積中。

5. ResNet

ResNet 可以說是卷積神經網路發展史上里程碑式的貢獻，其獨創的殘差結構（見圖 4-9）能夠有效緩解梯度彌散問題，在網路層數達到 100 多層的時候，仍然可以有效地進行訓練。

考慮到 x 的維度與 $F(x)$ 的維度可能不匹配，需進行維度匹配工作，在恆等層採用 1×1 卷積核心來增加維度。

在網路進一步加深之後，圖 4-9 中的殘差模組變得不是特別有效，所以又設計了一種瓶頸參數模組，如圖 4-10 所示。第一個 1×1 卷積有著降維的作用，將原來 256 維的 x 降維到 64 維，從而使 3×3 卷積得以在較低維度上進行運算，有著提高運算效率的作用。3×3 卷積計算完畢之後，再使用 1×1 卷積進行升維，以便與原有的 x 相加。

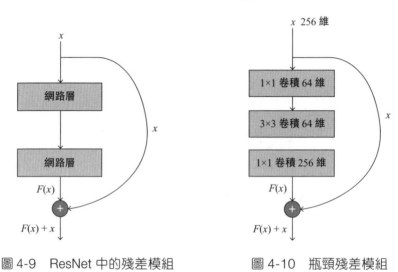

圖 4-9　ResNet 中的殘差模組　　　圖 4-10　瓶頸殘差模組

4.1.3 分類網路的實現

本節將展示如何架設適用於 CIFAR-10 分類的 VGG 和 ResNet 網路，因為 PyTorch 中提供的預訓練好的 VGGNet 和 ResNet 都是在 ImageNet 上訓練的，其模型結構也是針對 224×224 的圖片設計的，因此它們在 32×32 的 CIFAR-10 資料集上並不適用。

原版的 VGGNet 是沒有 BatchNorm 層的，這裡的 VGG 參照了 torchvision 中的 vgg_bn 模型，增加 BatchNorm 是為了提高準確率，建立分類模型的程式如下：

```python
# model.py
# 本檔案中包含 VGG-11 和 ResNet-18 兩種模型結構，在學習過程中可以任選其一進行練習
import torch
from torch import nn
import torch.nn.functional as F


class VGG(nn.Module):
    def __init__(self, cfg, num_classes=10):
        super(VGG, self).__init__()
        self.features = self._make_layers(cfg)
        self.classifier = nn.Linear(512, num_classes)

    # 根據 cfg 設定參數逐步疊加網路層
    def _make_layers(self, cfg):
        layers = []
        # 輸入通道，彩色圖片的通道數量是 3
        in_channels = 3
        for x in cfg:
            # 如果 x==M，那麼增加一個最大池化層
            if x == "M":
                layers += [nn.MaxPool2d(kernel_size=2, stride=2)]
            else:
                # 如果不是 M，則增加一套卷積（卷積 +BatchNorm+ReLU）
                layers += [
                    nn.Conv2d(in_channels, x, kernel_size=3, padding=1),
                    nn.BatchNorm2d(x),
                    nn.ReLU(inplace=True),
                ]
                in_channels = x
        # 加入平均池化
        layers += [nn.AvgPool2d(kernel_size=1, stride=1)]
        return nn.Sequential(*layers)

    def forward(self, x):
        # 計算特徵網路
```

```python
        out = self.features(x)
        out = out.view(out.size(0), -1)
        # 計算分類網路
        out = self.classifier(out)
        return out


class BasicBlock(nn.Module):
    def __init__(self, in_channels, mid_channels, stride=1):
        """
        in_channels: 輸入通道數
        mid_channels: 中間及輸出通道數
        """
        super(BasicBlock, self).__init__()
        self.conv1 = nn.Conv2d(
            in_channels=in_channels,
            out_channels=mid_channels,
            kernel_size=3,
            stride=stride,
            padding=1,
            bias=False,
        )
        self.bn1 = nn.BatchNorm2d(mid_channels)
        self.conv2 = nn.Conv2d(
            mid_channels,
            mid_channels,
            kernel_size=3,
            stride=1,
            padding=1,
            bias=False,
        )
        self.bn2 = nn.BatchNorm2d(mid_channels)
        # 定義短接網路，如果不需要調整維度，shortcut 就是一個空的 nn.Sequential
        self.shortcut = nn.Sequential()
        # 因為 shortcut 後需要將兩個分支累加，所以要求兩個分支的維度匹配
        # 所以 input_channels 與最終的 channels 不匹配時，需要透過 1×1 卷積進行
升維
```

```python
        if stride != 1 or in_channels != mid_channels:
            self.shortcut = nn.Sequential(
                nn.Conv2d(
                    in_channels,
                    mid_channels,
                    kernel_size=1,
                    stride=stride,
                    bias=False,
                ),
                nn.BatchNorm2d(mid_channels),
            )

    def forward(self, x):
        out = F.relu(self.bn1(self.conv1(x)))
        out = self.bn2(self.conv2(out))
        out += self.shortcut(x)
        out = F.relu(out)
        return out


class ResNet(nn.Module):
    def __init__(self, block, num_blocks, num_classes=10):
        super(ResNet, self).__init__()
        self.in_channels = 64
        self.conv1 = nn.Conv2d(
            3, 64, kernel_size=3, stride=1, padding=1, bias=False
        )
        self.bn1 = nn.BatchNorm2d(64)
        # 架設 basicblock
        self.layer1 = self._make_layer(block, 64, num_blocks[0], stride=1)
        self.layer2 = self._make_layer(block, 128, num_blocks[1], stride=2)
        self.layer3 = self._make_layer(block, 256, num_blocks[2], stride=2)
        self.layer4 = self._make_layer(block, 512, num_blocks[3], stride=2)
        # 最後的線性層
        self.linear = nn.Linear(512, num_classes)
```

```python
    def _make_layer(self, block, mid_channels, num_blocks, stride):
        strides = [stride] + [1] * (
            num_blocks - 1
        )   # stride 僅指定第一個 block 的 stride，後面的 stride 都是 1
        layers = []
        for stride in strides:
            layers.append(block(self.in_channels, mid_channels, stride))
            self.in_channels = mid_channels
        return nn.Sequential(*layers)

    def forward(self, x):
        out = F.relu(self.bn1(self.conv1(x)))
        out = self.layer1(out)
        out = self.layer2(out)
        out = self.layer3(out)
        out = self.layer4(out)
        out = F.avg_pool2d(out, 4)
        out = out.view(out.size(0), -1)
        out = self.linear(out)
        return out


# 建構 ResNet-18 模型
def resnet18():
    return ResNet(BasicBlock, [2, 2, 2, 2])


# 建構 VGG-11 模型
def vgg11():
    cfg = [64, "M", 128, "M", 256, 256, "M", 512, 512, "M", 512, 512, "M"]
    return VGG(cfg)


if __name__ == "__main__":
    from torchsummary import summary

    vggnet = vgg11().cuda()
    resnet = resnet18().cuda()
```

```
summary(vggnet, (3, 32, 32))
summary(resnet, (3, 32, 32))
```

上述程式定義了 VGG-11 和 ResNet-18 網路，因為網路層數較多，可以根據網路層的規律設計 _make_layer 方法批次架設網路模組，避免了逐一書寫網路層的麻煩。

VGG-11 中的基礎模組是由卷積、BatchNorm、ReLU 或池化層組成的序列模組，建立模型時需要給 VGG-11 提供一個 cfg 清單，其中的數字對應的序號為卷積層，數字代表卷積層的通道數量，M 對應的網路層為池化層。

函數 resnet18 中的基礎模組由兩個卷積層、兩個 BatchNorm 層和一個 shortcut 層（包含一個卷積和一個 BatchNorm 層）組成。建構模型時需要向 resnet18 函數提供兩個參數：基礎模組的類別名和每層中包含的基礎模組數量。

使用 torchsummary 工具可以看到每一層的名稱、特徵圖尺寸和參數量資訊，兩個模型的詳細資訊如下：

```
VGG
----------------------------------------------------------------
        Layer (type)               Output Shape         Param #
================================================================
            Conv2d-1           [-1, 64, 32, 32]           1,792
       BatchNorm2d-2           [-1, 64, 32, 32]             128
              ReLU-3           [-1, 64, 32, 32]               0
         MaxPool2d-4           [-1, 64, 16, 16]               0
            Conv2d-5          [-1, 128, 16, 16]          73,856
       BatchNorm2d-6          [-1, 128, 16, 16]             256
              ReLU-7          [-1, 128, 16, 16]               0
         MaxPool2d-8            [-1, 128, 8, 8]               0
            Conv2d-9            [-1, 256, 8, 8]         295,168
```

```
      BatchNorm2d-10          [-1, 256, 8, 8]             512
          ReLU-11             [-1, 256, 8, 8]               0
        Conv2d-12             [-1, 256, 8, 8]         590,080
      BatchNorm2d-13          [-1, 256, 8, 8]             512
          ReLU-14             [-1, 256, 8, 8]               0
      MaxPool2d-15            [-1, 256, 4, 4]               0
        Conv2d-16             [-1, 512, 4, 4]       1,180,160
      BatchNorm2d-17          [-1, 512, 4, 4]           1,024
          ReLU-18             [-1, 512, 4, 4]               0
        Conv2d-19             [-1, 512, 4, 4]       2,359,808
      BatchNorm2d-20          [-1, 512, 4, 4]           1,024
          ReLU-21             [-1, 512, 4, 4]               0
      MaxPool2d-22            [-1, 512, 2, 2]               0
        Conv2d-23             [-1, 512, 2, 2]       2,359,808
      BatchNorm2d-24          [-1, 512, 2, 2]           1,024
          ReLU-25             [-1, 512, 2, 2]               0
        Conv2d-26             [-1, 512, 2, 2]       2,359,808
      BatchNorm2d-27          [-1, 512, 2, 2]           1,024
          ReLU-28             [-1, 512, 2, 2]               0
      MaxPool2d-29            [-1, 512, 1, 1]               0
      AvgPool2d-30            [-1, 512, 1, 1]               0
        Linear-31                [-1, 10]               5,130
================================================================
Total params: 9,231,114
Trainable params: 9,231,114
Non-trainable params: 0
----------------------------------------------------------------
Input size (MB): 0.01
Forward/backward pass size (MB): 3.71
Params size (MB): 35.21
Estimated Total Size (MB): 38.94
----------------------------------------------------------------


ResNet
----------------------------------------------------------------
        Layer (type)           Output Shape          Param #
```

```
================================================================
        Conv2d-1          [-1, 64, 32, 32]          1,728
   BatchNorm2d-2          [-1, 64, 32, 32]            128
        Conv2d-3          [-1, 64, 32, 32]         36,864
   BatchNorm2d-4          [-1, 64, 32, 32]            128
        Conv2d-5          [-1, 64, 32, 32]         36,864
   BatchNorm2d-6          [-1, 64, 32, 32]            128
    BasicBlock-7          [-1, 64, 32, 32]              0
        Conv2d-8          [-1, 64, 32, 32]         36,864
   BatchNorm2d-9          [-1, 64, 32, 32]            128
       Conv2d-10          [-1, 64, 32, 32]         36,864
  BatchNorm2d-11          [-1, 64, 32, 32]            128
   BasicBlock-12          [-1, 64, 32, 32]              0
       Conv2d-13         [-1, 128, 16, 16]         73,728
  BatchNorm2d-14         [-1, 128, 16, 16]            256
       Conv2d-15         [-1, 128, 16, 16]        147,456
  BatchNorm2d-16         [-1, 128, 16, 16]            256
       Conv2d-17         [-1, 128, 16, 16]          8,192
  BatchNorm2d-18         [-1, 128, 16, 16]            256
   BasicBlock-19         [-1, 128, 16, 16]              0
       Conv2d-20         [-1, 128, 16, 16]        147,456
  BatchNorm2d-21         [-1, 128, 16, 16]            256
       Conv2d-22         [-1, 128, 16, 16]        147,456
  BatchNorm2d-23         [-1, 128, 16, 16]            256
   BasicBlock-24         [-1, 128, 16, 16]              0
       Conv2d-25           [-1, 256, 8, 8]        294,912
  BatchNorm2d-26           [-1, 256, 8, 8]            512
       Conv2d-27           [-1, 256, 8, 8]        589,824
  BatchNorm2d-28           [-1, 256, 8, 8]            512
       Conv2d-29           [-1, 256, 8, 8]         32,768
  BatchNorm2d-30           [-1, 256, 8, 8]            512
   BasicBlock-31           [-1, 256, 8, 8]              0
       Conv2d-32           [-1, 256, 8, 8]        589,824
  BatchNorm2d-33           [-1, 256, 8, 8]            512
       Conv2d-34           [-1, 256, 8, 8]        589,824
  BatchNorm2d-35           [-1, 256, 8, 8]            512
```

```
      BasicBlock-36          [-1, 256, 8, 8]              0
        Conv2d-37            [-1, 512, 4, 4]      1,179,648
   BatchNorm2d-38            [-1, 512, 4, 4]          1,024
        Conv2d-39            [-1, 512, 4, 4]      2,359,296
   BatchNorm2d-40            [-1, 512, 4, 4]          1,024
        Conv2d-41            [-1, 512, 4, 4]        131,072
   BatchNorm2d-42            [-1, 512, 4, 4]          1,024
      BasicBlock-43          [-1, 512, 4, 4]              0
        Conv2d-44            [-1, 512, 4, 4]      2,359,296
   BatchNorm2d-45            [-1, 512, 4, 4]          1,024
        Conv2d-46            [-1, 512, 4, 4]      2,359,296
   BatchNorm2d-47            [-1, 512, 4, 4]          1,024
      BasicBlock-48          [-1, 512, 4, 4]              0
        Linear-49                   [-1, 10]          5,130
================================================================
Total params: 11,173,962
Trainable params: 11,173,962
Non-trainable params: 0
----------------------------------------------------------------
Input size (MB): 0.01
Forward/backward pass size (MB): 11.25
Params size (MB): 42.63
Estimated Total Size (MB): 53.89
----------------------------------------------------------------
```

輸出結果共有 3 列，左邊是按計算順序輸出的網路層的名稱，中間是網路層對應的特徵圖的尺寸，右邊是網路層的參數量。

Total params 是模型總參數量，Trainable params 是模型中需要訓練的參數量，Non-trainable params 是無須訓練的參數量，Input size 是模型輸入資料的大小，Forward/backward pass size 是模型前向傳播和反向傳播產生的中間計算結果和梯度的大小，Params size 是模型參數大小，Estimated Total Size 是估計模型執行時期需要佔用的總記憶體大小。

model.py 檔案定義了 VGG-11 和 ResNet-18 兩種網路結構，讀者可以選擇任意一種進行本章後續的分類及回歸模型學習。

分類模型的輸出節點數量與圖片類別數量相等，這樣是為了方便使用 CrossEntropyLoss 或 NLLLoss 等常用的分類損失函數進行訓練。

在進行模型推理時，所有節點中數值最大的節點的序號即為預測出來的圖片類別的序號。

4.1.4　模型訓練

新手對模型及其相關演算法並不熟悉，很容易在細節上犯錯，而在巨量資料集的訓練過程中尋找錯誤是一件非常耗時的事情，所以可以先在較小的資料集上測試模型的正確性，比如在訓練一個幾千個類別的中文字元分類網路前，可以先拿 CIFAR-10 測試一下模型是否能夠收斂，甚至是先從 CIFAR-10 中挑出兩個類別組成一個二分類資料集，來測試模型是否可以收斂，在確認無誤之後再使用巨量資料集訓練。這樣能夠減少模型偵錯的時間。

前面我們已經準備好了模型和資料，還需要定義好損失函數和最佳化器才能開始模型的訓練。

1. 損失函數

損失函數用於衡量預測值與實際值之間的誤差，而模型的訓練目標就是讓損失函數越來越小。損失函數的選擇根據模型不同會有所不同，在圖型分類問題中，常使用 CrossEntropyLoss 或 NLLLoss。本節中將使用 CrossEntropyLoss（交叉熵損失函數）。

2. 最佳化器

最佳化器是預先制定好的最佳化模型參數的策略，是求損失函數極小值的方法。在神經網路中，因為模型和資料非常複雜，無法直接求得損失函數的極小值，所以通常採用迭代的方式求解。PyTorch 中提供了多種最佳化器，其中最基礎的是隨機梯度下降最佳化器（SGD 最佳化器），其餘的 RMSprop、Adam 等最佳化器大多是由 SGD 最佳化器演變而來。本節中將採用 SGD 最佳化器，並在其中加入 Momentum 參數，以減少模型陷入局部最佳值的情況。

3. 學習率

學習率的選擇在神經網路訓練任務中非常重要，對大部分神經網路模型來說，學習率是訓練過程中需要調節的最主要參數，調節學習率需要一定的經驗，一般來說使用 SGD 最佳化器時初始學習率一般設定為 0.01~0.1，而 Adam 最佳化器的初始學習率一般設定為 0.001~0.01。如果是在預訓練模型的基礎上進行遷移學習，學習率通常會降低一到兩個數量級。

4. 訓練與驗證

在訓練的過程中，可以進行即時驗證，以便及時發現模型的過擬合現象，調整策略。

接下來就可以進行模型的訓練了，訓練的步驟與圖 4-1 相同，即「梯度歸零－前向傳播－計算損失－反向傳播－更新參數－驗證模型」，如此循環往復直到模型達到任務要求。

模型的訓練過程中有以下幾個注意事項。

■ 在對損失進行前向傳播前，需要清空模型中的變數的梯度，避免上次的 backward 的梯度對這次參數更新造成影響，可以使用 net.zero_grad 或 optimizer.zero_grad。

■ PyTorch 中的 nn.Module 類別具有 train 和 eval 兩種計算模式，對包含 BatchNorm 或 Dropout 的模型來説，train 模式和 eval 模式的計算方式 並不相同，在驗證模型時，需要選擇 eval 模式，避免隨機擾動影響預 測結果。

■ 驗證模型時使用 torch.no_grad 可以提高驗證時的運算速度。

■ 需要進行損失累加或其他保存損失的操作時，需要取 loss.item，否則 會造成模型中的梯度不斷累積，使顯示記憶體（或記憶體）佔用越來 越高，直到溢位。

■ 模型和資料需要在同一個裝置上，同是 GPU 或同是 CPU，如果有多個 GPU，可以透過指定 GPU 編號來保證資料和模型在同一個 GPU 上。

■ 神經網路訓練通常需要較長時間，為了避免中間出現故障導致前功盡 棄，最好在訓練過程中每隔一定的迭代次數就將中間模型保存到本地 檔案進行備份。

下面是模型訓練程式：

```python
# train_val.py
from torch import optim, nn
import torch
import os.path as osp
from tqdm import tqdm
from torch.utils.tensorboard import SummaryWriter

from config import epochs, device, data_folder, epochs, checkpoint_folder
from data import create_datasets
from model import vgg11
```

```python
# 這裡為後續的回歸問題預留了一些程式
def train_val(
    net, trainloader, valloader, criteron, epochs, device, model_name="cls"
):
    best_acc = 0.0
    best_loss = 1e9
    writer = SummaryWriter("log")
    # 如果模型檔案已經存在，先載入模型檔案再在此基礎上訓練
    if osp.exists(osp.join(checkpoint_folder, model_name + ".pth")):
        net.load_state_dict(
            torch.load(osp.join(checkpoint_folder, model_name + ".pth"))
        )
        print(" 模型已載入 ")
    for n, (num_epochs, lr) in enumerate(epochs):
        optimizer = optim.SGD(
            net.parameters(), lr=lr, weight_decay=5e-4, momentum=0.9
        )
        # 迴圈多次
        for epoch in range(num_epochs):
            net.train()
            epoch_loss = 0.0
            epoch_acc = 0.0
            for i, (img, label) in tqdm(
                enumerate(trainloader), total=len(trainloader)
            ):
                # 將圖片和標籤都移動到 GPU 中
                img, label = img.to(device), label.to(device)
                output = net(img)
                # 清空梯度
                optimizer.zero_grad()
                # 計算損失
                loss = criteron(output, label)
                # 反向傳播
                loss.backward()
                # 更新參數
```

```
        optimizer.step()
        # 分類問題容易使用準確率來衡量模型效果
        # 但是回歸模型無法按分類模型的方法計算準確率
        if model_name == "cls":
            pred = torch.argmax(output, dim=1)
            acc = torch.sum(pred == label)
            # 累計準確率
            epoch_acc += acc.item()
        epoch_loss += loss.item() * img.shape[0]
# 計算這個 epoch 的平均損失
epoch_loss /= len(trainloader.dataset)
if model_name == "cls":
    # 計算這個 epoch 的平均準確率
    epoch_acc /= len(trainloader.dataset)
    print(
        "epoch loss: {:.8f}  epoch accuracy : {:.8f}".format(
            epoch_loss, epoch_acc
        )
    )
    # 將損失增加到 TensorBoard 中
    writer.add_scalar(
        "epoch_loss_{}".format(model_name),
        epoch_loss,
        sum([e[0] for e in epochs[:n]]) + epoch,
    )
    # 將準確率增加到 TensorBoard 中
    writer.add_scalar(
        "epoch_acc_{}".format(model_name),
        epoch_acc,
        sum([e[0] for e in epochs[:n]]) + epoch,
    )

else:
    print("epoch loss: {:.8f}".format(epoch_loss))
    writer.add_scalar(
```

```
            "epoch_loss_{}".format(model_name),
            epoch_loss,
            sum([e[0] for e in epochs[:n]]) + epoch,
        )
# 在無梯度模式下快速驗證
with torch.no_grad():
    # 將 net 設定為驗證模式
    net.eval()
    val_loss = 0.0
    val_acc = 0.0
    for i, (img, label) in tqdm(
        enumerate(valloader), total=len(valloader)
    ):
        img, label = img.to(device), label.to(device)
        output = net(img)
        loss = criteron(output, label)
        if model_name == "cls":
            pred = torch.argmax(output, dim=1)
            acc = torch.sum(pred == label)
            val_acc += acc.item()
        val_loss += loss.item() * img.shape[0]
    val_loss /= len(valloader.dataset)
    val_acc /= len(valloader.dataset)
    if model_name == "cls":
        # 如果驗證之後的模型超過了目前最好的模型
        if val_acc > best_acc:
            # 更新 best_acc
            best_acc = val_acc
            # 保存模型
            torch.save(
                net.state_dict(),
                osp.join(checkpoint_folder, model_name + ".pth"),
            )
        print(
            "validation loss: {:.8f}  validation accuracy :
```

```
{:.8f}".format(
                    val_loss, val_acc
                )
            )
            # 將 validation_loss 加入 TensorBoard 中
            writer.add_scalar(
                "validation_loss_{}".format(model_name),
                val_loss,
                sum([e[0] for e in epochs[:n]]) + epoch,
            )
            writer.add_scalar(
                "validation_acc_{}".format(model_name),
                val_acc,
                sum([e[0] for e in epochs[:n]]) + epoch,
            )
        else:
            # 如果得到的損失比當前最好的損失還好
            if val_loss < best_loss:
                # 更新 best_loss
                best_loss = val_loss
                # 保存模型
                torch.save(
                    net.state_dict(),
                    osp.join(checkpoint_folder, model_name),
                )
            print("validation loss: {:.8f}".format(val_loss))
            writer.add_scalar(
                "epoch_loss_{}".format(model_name),
                val_loss,
                sum([e[0] for e in epochs[:n]]) + epoch,
            )
    writer.close()

if __name__ == "__main__":
    trainloader, valloader = create_datasets(data_folder)
```

```
net = vgg11().to(device)
criteron = nn.CrossEntropyLoss()
train_val(net, trainloader, valloader, criteron, epochs, device)
```

上述程式定義了分類模型和回歸模型的訓練過程，分為以下幾個步驟。

(1) 開始訓練前，查看有沒有預訓練過的模型，如果有，先把模型載入進來再在此基礎上訓練。這項操作可以方便在調整了參數之後繼續之前的訓練。

(2) 定義模型、最佳化器、損失函數和資料。

(3) 遍歷資料，將資料登錄模型進行前向傳播，計算結果用於計算模型損失。

(4) 根據損失進行反向傳播，更新模型參數。

(5) 每次遍歷完訓練資料集後，再遍歷驗證資料集，進行模型效果驗證。驗證的作用是觀察模型是否過擬合，所以不一定每次訓練之後都需要驗證，讀者可以根據自己的需求設定驗證頻次，比如訓練 2 次驗證 1 次、訓練 3 次驗證 1 次都是很常見的操作。

(6) 設定 best_loss 和 best_acc 參數，在訓練過程中不斷比較新得到的模型與原來的最佳模型之間的差距，以保證每次保存的模型都是最佳模型。

此外，在每一步訓練和驗證的結果都保存到 TensorBoard 中。

訓練結果如圖 4-11~ 圖 4-14 所示，可以看到在訓練了 50 次後，學習率從 0.001 降低到 0.0001，模型的準確率和損失都出現了明顯的改善。説明這種學習率調整策略是有效的。

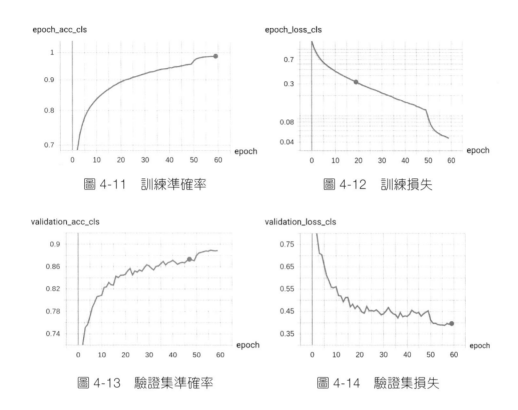

圖 4-11　訓練準確率　　　　圖 4-12　訓練損失

圖 4-13　驗證集準確率　　　　圖 4-14　驗證集損失

4.1.5　模型展示

模型達到預期準確率之後，便可以進行效果展示，效果展示通常是直接輸入圖片，觀察模型輸出的方式。

讀者可以自行在網上搜尋屬於 CIFAR-10 的圖片，如飛機圖片，將圖片路徑輸入下面的程式，即可獲得分類結果。

在進行模型預測時，需要先將待辨識的圖片透過 numpy.ndarray 或 PIL. Image 轉換成 Tensor。輸入 Tensor 的格式為 BCHW 格式，其中 B 代表 Batch，即一次性輸入模型的圖片數量；C 是通道，一般彩色圖片是三通道，黑白圖片是一通道；H 是圖片的高度；W 是圖片的寬度。

在這個模型中，網路的輸出有 10 個值，這 10 個值中最大值的索引就是
圖片所屬的類別。相關程式如下：

```python
# demo.py
import torch
import os.path as osp
from torchvision import transforms
from PIL import Image
import matplotlib.pyplot as plt
import numpy as np

from model import vgg11
from config import checkpoint_folder, label_list
from data import create_datasets

def demo(img_path):
    totensor = transforms.ToTensor()
    # 輸入前需要調整尺寸
    img = Image.open(img_path).resize((32, 32))
    # 增加一個維度，以適應（N,C,H,W）格式
    img_tensor = totensor(img).unsqueeze(0)
    net = vgg11()
        # 載入模型參數
    net.load_state_dict(torch.load(osp.join(checkpoint_folder, "net.pth")))
    # 驗證模式
    net.eval()
    output = net(img_tensor)
    # 挑選機率最大的預測標籤
    label = torch.argmax(output, dim=1)
    plt.imshow(np.array(img))
    plt.title(str(label_list[label]))
    plt.savefig("img/plane.jpg")
    plt.show()

if __name__ == "__main__":
    demo("img/plane.jpeg")
```

上述程式先使用了 Image.open 函數讀取圖片，在將圖片轉化成 Tensor 並增加了一個維度之後，便可將其輸入網路進行前向傳播，得到推理結果之後取最大機率的標籤即為分類類別。

得到的結果如圖 4-15 所示，可以看到圖中的飛機被正確分類為 airplane，讀者也可以繼續用其他的圖片來測試這個模型。

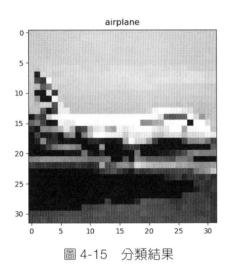

圖 4-15　分類結果

至此圖型分類網路就算完成了，從這一實例中學到的模型訓練方法在後續的實例中將頻繁用到。

4.1.6 多標籤分類

在前面介紹的分類問題中，一張圖片只有一個分類。但是在現實生活中，我們遇到的圖片很少會這麼巧只包含一種物件，即使是上面的飛機圖片，裡面也包含了跑道、草地等物件。為了精準地辨識包含多個物件的圖片，可以使用多標籤分類技術。

下面介紹一種實用的多標籤分類任務：定長驗證碼辨識。

這個例子用於辨識正常的「4 位數字＋字元」驗證碼，想法是先使用驗證
碼生成函數庫生成足夠多的驗證碼，並給每張驗證碼圖片打上 4 個標籤
（分別對應驗證碼圖片中的 4 個字元），將其加入分類網路中進行訓練。

1. 驗證碼生成

有很多能夠生成驗證碼的 Python 函數庫，這裡選擇 captcha 來提供訓練
素材。可以直接使用 pip 安裝 captcha 函數庫：

```
pip install captcha
```

安裝完成之後，可以使用以下方法生成包含數字和小寫字母的驗證碼：

```
>>> from captcha.image import ImageCaptcha
>>> from random import randint,seed
>>> import matplotlib.pyplot as plt
>>> # 字元串列
>>> char_list = ['0', '1', '2', '3', '4', '5', '6', '7', '8', '9',
...          'a', 'b', 'c', 'd', 'e', 'f', 'g', 'h', 'i', 'j', 'k', 'l',
'm', 'n', 'o', 'p', 'q', 'r', 's', 't', 'u', 'v', 'w', 'x', 'y', 'z',]
>>> # 建立空字元，用於記錄驗證碼標籤
>>> chars = ''
>>> for i in range(4):
...     chars += char_list[randint(0,35)]
...
>>> # 生成驗證碼
... image = ImageCaptcha().generate_image(chars)
>>> plt.imshow(image)
<matplotlib.image.AxesImage object at 0x000000000DE4E1D0>
>>> plt.show()
```

上述程式利用 random.randint 函數從包含 10 個數字和 26 個字母的字元串
列中隨機取出了 4 個字元，組成字串，輸入 ImageCaptcha.generate_image
函數，該函數會根據這個字串生成一張驗證碼圖片，如圖 4-16 所示。

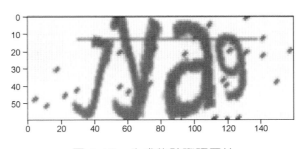

圖 4-16　生成的驗證碼圖片

僅生成了圖片還不夠，還需要將圖片資料集封裝成方便 PyTorch 處理的結構，這裡還是使用了 torch.utils.data 下的 Dataset 和 DataLoader 工具。

與單標籤分類不同的是，封裝 Dataset 時需要生成多個對應的標籤，因為本實例選擇的損失函數是 MultiLabelSoftMarginLoss，所以這些標籤需要轉化成 One-Hot 編碼形式（依據選擇的模型和損失函數，處理方式會有所不同）。相關程式如下：

```python
# captcha_data.py
from torch.utils.data import Dataset, DataLoader
from torchvision import transforms
import torch
from captcha.image import ImageCaptcha
from random import randint, seed
import matplotlib.pyplot as plt
from tqdm import tqdm


char_list = [
    "0",    "1",    "2",    "3",    "4",    "5",    "6",    "7",
    "8",    "9",    "a",    "b",    "c",    "d",    "e",    "f",
    "g",    "h",    "i",    "j",    "k",    "l",    "m",    "n",
    "o",    "p",    "q",    "r",    "s",    "t",    "u",    "v",
    "w",    "x",    "y",    "z",
]
```

```python
class CaptchaData(Dataset):
    def __init__(self, char_list, num=10000):
        # 字元串列
        self.char_list = char_list
        # 字元轉 id
        self.char2index = {
            self.char_list[i]: i for i in range(len(self.char_list))
        }
        # 標籤串列
        self.label_list = []
        # 圖片串列
        self.img_list = []
        # 生成驗證碼數量
        self.num = num
        for i in tqdm(range(self.num)):
            chars = ""
            for i in range(4):
                chars += self.char_list[randint(0, 35)]
            image = ImageCaptcha().generate_image(chars)
            self.img_list.append(image)
            # 不區分大小寫
            self.label_list.append(chars)  # .lower())

    def __getitem__(self, index):
        # 透過 index 去除驗證碼和對應的標籤
        chars = self.label_list[index]
        image = self.img_list[index].convert("L")
        # 將字元轉成 Tensor
        chars_tensor = self._numerical(chars)
        image_tensor = self._totensor(image)
        # 把標籤轉化為 One-Hot 編碼，以適應多標籤損失函數的輸入
        label = chars_tensor.long().unsqueeze(1)
        label_onehot = torch.zeros(4, 36)
        label_onehot.scatter_(1, label, 1)
        label = label_onehot.view(-1)
```

```python
        return image_tensor, label

    def _numerical(self, chars):
        # 標籤字元轉 id
        chars_tensor = torch.zeros(4)
        for i in range(len(chars)):
            chars_tensor[i] = self.char2index[chars[i]]
        return chars_tensor

    def _totensor(self, image):
        # 圖片轉 Tensor
        return transforms.ToTensor()(image)

    def __len__(self):
        # 必須指定 Dataset 的長度
        return self.num


# 實例化一個 Dataset, 大概要 10 000 個樣本才能訓練出比較好的效果
data = CaptchaData(char_list, num=10000)
# num_worders 多處理程序載入
dataloader = DataLoader(
    data, batch_size=128, shuffle=True, num_workers=4
)
val_data = CaptchaData(char_list, num=2000)
val_loader = DataLoader(
    val_data, batch_size=256, shuffle=True, num_workers=4
)
if __name__ == "__main__":
    # 可以透過以下方式從資料集中獲取圖片和對應的標籤
    img, label = data[10]
    predict = torch.argmax(label.view(-1, 36), dim=1)
    plt.title("-".join([char_list[lab.int()] for lab in predict]))
    plt.imshow(transforms.ToPILImage()(img))
    plt.show()
```

上述程式首先利用驗證碼生成功能生成了一個驗證碼圖片串列和一個驗證碼標籤串列；然後使用了 Dataset 對生成的驗證碼資料進行了封裝，並將標籤轉化成了 One-Hot 形式，每張驗證碼圖片對應 4 個標籤，每個標籤下有 36 個類別；最後將所有資料使用 DataLoader 進行包裝，方便模型呼叫。

得到的驗證碼及標籤如圖 4-17 所示。

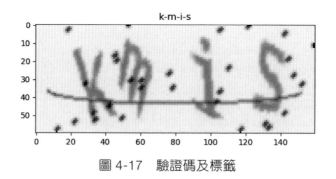

圖 4-17　驗證碼及標籤

2. 模型架設

鑑於驗證碼圖片背景和文字資訊都比較簡單，不需要用到太複雜的網路，這裡可以自訂一個簡單的辨識模型，並將它實例化，

值得注意的是在上面的 CIFAR-10 的分類任務中，每張圖片只有 1 個標籤，這 1 個標籤對應 10 個分類，也就是 10 個節點。

而在這個多標籤分類任務中，共有 4 個標籤，每個標籤有 36 個分類，所以模型最終的輸出節點有 4×36 個，分別對應著每個標籤中的每個分類，架設模型的程式如下：

```python
# chaptcha_model.py
from torchvision.models import resnet18
from torch import nn, optim
```

```python
class CNN(nn.Module):
    def __init__(self):
        super(CNN, self).__init__()
        # 使用 nn.Sequential 架設子模組
        self.layer1 = nn.Sequential(
            nn.Conv2d(1, 32, kernel_size=3, padding=1),
            nn.BatchNorm2d(32),
            nn.Dropout(0.5),
            nn.ReLU(),
            nn.MaxPool2d(2),
        )
        self.layer2 = nn.Sequential(
            nn.Conv2d(32, 64, kernel_size=3, padding=1),
            nn.BatchNorm2d(64),
            nn.Dropout(0.5),
            nn.ReLU(),
            nn.MaxPool2d(2),
        )
        self.layer3 = nn.Sequential(
            nn.Conv2d(64, 64, kernel_size=3, padding=1),
            nn.BatchNorm2d(64),
            nn.Dropout(0.5),
            nn.ReLU(),
            nn.MaxPool2d(2),
        )
        # 全連接子模組
        self.fc = nn.Sequential(
            nn.Linear(20 * 7 * 64, 1024),
            nn.Dropout(0.5),
            nn.ReLU(),
        )
        # 輸出層
        self.rfc = nn.Sequential(nn.Linear(1024, 4 * 36))

    def forward(self, x):
```

```
        out = self.layer1(x)
        out = self.layer2(out)
        out = self.layer3(out)
        out = out.view(out.size(0), -1)
        out = self.fc(out)
        out = self.rfc(out)
        return out

net = CNN()
```

這個網路中使用了 3 個卷積層，每個卷積層都增加了與之配套的
BatchNorm、Dropout、ReLU 和 MaxPool2D 層，經過 3 層卷積提取特徵
之後，再經過兩層全連接層進行分類。

3. 模型訓練

訓練模型之前，可以先預設好學習率的變化規則，這種小型任務訓練時
間較短，可以在訓練結束之後使用 matplotlib 直接繪製出損失和準確率的
變化曲線，操作起來更加簡單。

```
# chaptcha_train.py
import torch
from torch import nn, optim
from chaptcha_model import net
from chaptcha_data import dataloader,val_loader
from tqdm import tqdm

# 分段的平台式學習率衰減方法
epoch_lr = [
    (1000, 0.1),
    (100, 0.01),
    (100, 0.001),
    (100, 0.0001),
]   # [(300,0.05),(100,0.001),(100,0.0001)]
```

```python
# 將 device 設定成 GPU
device = torch.device("cuda:0")
# 多標籤分類損失函數
criteron = nn.MultiLabelSoftMarginLoss()

def train():
    net.to(device)
    accuracies = []
    losses = []
    val_accuracies = []
    val_losses = []
    for n, (num_epoch, lr) in enumerate(epoch_lr):
        # 最佳化器也可以多嘗試一下，一般來說使用 SGD 的對應的學習率會比 Adam 大
一個數量級
        optimizer = optim.SGD(
            net.parameters(), lr=lr, momentum=0.9, weight_decay=5e-4
        )
        for epoch in range(num_epoch):
            # 每次驗證都會切換成 eval 模式，所以這裡要切換回來
            net.train()
            epoch_loss = 0.0
            epoch_acc = 0.0
            for i, (img, label) in tqdm(enumerate(dataloader)):
                out = net(img.to(device))
                label = label.to(device)
                # 清空 net 裡面所有參數的梯度
                optimizer.zero_grad()
                # 計算預測值與目標值之間的損失
                loss = criteron(out, label.to(device))
                # 計算梯度
                loss.backward()
                # 根據梯度調整 net 中的參數
                optimizer.step()
                # 整理輸出，方便與標籤進行比對
                predict = torch.argmax(out.view(-1, 36), dim=1)
```

```python
            true_label = torch.argmax(label.view(-1, 36), dim=1)
            epoch_acc += torch.sum(predict == true_label).item()
            epoch_loss += loss.item()
        # 每訓練 3 次驗證 1 次
        if epoch % 3 == 0:
            # no_grad 模式不計算梯度，可以執行得快一點
            with torch.no_grad():
                net.eval()
                val_loss = 0.0
                val_acc = 0.0
                for i, (img, label) in tqdm_notebook(enumerate(val_
loader)):
                    out = net(img.to(device))
                    label = label.to(device)
                    loss = criteron(out, label.to(device))
                    predict = torch.argmax(out.view(-1, 36), dim=1)
                    true_label = torch.argmax(label.view(-1, 36), dim=1)
                    val_acc += torch.sum(predict == true_label).item()
                    val_loss += loss.item()
                val_acc /= len(val_loader.dataset) * 4
                val_loss /= len(val_loader)
        epoch_acc /= len(dataloader.dataset) * 4
        epoch_loss /= len(dataloader)
        print(
            "epoch : {} , epoch loss : {} , epoch accuracy : {}".format(
                epoch + sum([e[0] for e in epoch_lr[:n]]), epoch_loss,
epoch_acc
            )
        )
        # 每遍歷 3 次資料集列印 1 次損失和準確率
        if epoch % 3 == 0:
            print(
                "epoch : {} , val loss : {} , val accuracy : {}".format(
                    epoch + sum([e[0] for e in epoch_lr[:n]]), val_
loss, val_acc
```

```
        )
    )
    # 記錄損失和準確率
    for i in range(3):
        val_accuracies.append(val_acc)
        val_losses.append(val_loss)
    accuracies.append(epoch_acc)
    losses.append(epoch_loss)

if __name__ == "__main__":
    train()
```

在上述多標籤分類的訓練程式中，要得到最終的預測準確率需要先整理
輸出結果，因為輸出的節點有 144 個，需要整理成 4×36 的形式才能還
原成 4 個標籤。

訓練過程中會每隔 3 個 epoch 列印一次損失和準確率，並將損失和準確率
記錄下來，於是在訓練結束之後，可以得到訓練過程中驗證集的損失和
準確率變化，如圖 4-18 和圖 4-19 所示。

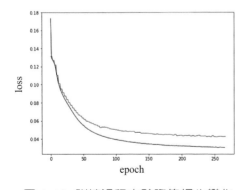 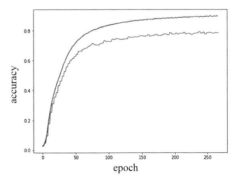

圖 4-18 訓練過程中驗證集損失變化　　圖 4-19 訓練過程中驗證集準確率變化

4. 驗證碼辨識

模型訓練完畢之後，就可以載入模型，用來辨識驗證碼了，這裡直接選擇使用驗證集中的驗證碼進行辨識。

辨識前別忘了將網路設定為 eval 模式，因為這個網路中包含了 BatchNorm 和 Dropout 這兩種在訓練和驗證過程中演算法不同的網路層。

模型的辨識程式如下：

```python
# chaptcha_demo.py
from chaptcha_model import net
from chaptcha_data import val_data, char_list
from chaptcha_train import device
import matplotlib.pyplot as plt
from torchvision import transforms
import torch

# 驗證模式
net.eval()
# 訓練集
img, label = val_data[12]
prediction = net(img.unsqueeze(0).to(device)).view(4, 36)
predict = torch.argmax(prediction, dim=1)
# 列印預測結果
print(
    "Predict Label: {}".format(
        "-".join([char_list[lab.int()] for lab in predict])
    )
)
plt.imshow(transforms.ToPILImage()(img))
plt.show()
```

辨識結果如下，結果如圖 4-20 所示：

```
Predict Label: y-g-i-s
```

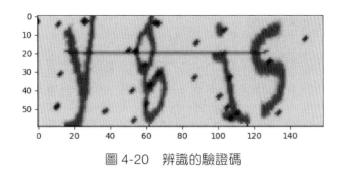

圖 4-20　辨識的驗證碼

從辨識結果中可以看出，模型已經可以極佳地辨識這種簡單驗證碼了。

≫ **4.2 卷積神經網路中的回歸問題**

上一節介紹了卷積神經網路中的分類問題，這一節將介紹卷積神經網路中的回歸問題。回歸方法最常見於物件辨識中的邊框回歸操作。因為在物件辨識任務中，需要準確地標記物件的位置，而物件位置是一個連續值，難以透過分類手段得到。

本節將介紹如何借助回歸方法，使用卷積神經網路建構一個簡單的邊框檢測網路，網路的基礎結構可以透過前面的分類網路修改而來，與前面學習的分類網路主要有以下區別。

- 分類網路的輸出節點數量為 10，分別代表圖片分屬於 10 個類別的可能性大小。回歸網路的輸出節點數量為 4，代表左上角座標和右下角座標的相對位置 (xmin,ymin,xmax,ymax)。
- 分類網路的損失函數為 CrossEntropyLoss。回歸網路的損失函數為 L1Loss 或 MSELoss。

4.2.1 生成資料集

關於邊框回歸的演示,沒有足夠小巧的資料集供我們學習,所以本節會教大家使用 CIFAR-10 資料集自製一個資料集,用於邊框檢測學習。

製作的方法很簡單,將 CIFAR-10 資料集中的圖片直接貼到一張灰色背景圖的隨機位置上,得到邊框檢測所需的訓練圖片。在生成邊框檢測圖片的同時,也要對生成這裡的圖片進行標注,也就是要生成對應的邊框標籤。圖片標籤從圖片類別變成了圖片邊框的左上角座標和右下角座標在整個背景圖中的相對位置 (xmin,ymin,xmax,ymax),當然你如果想使用其他座標標記法,比如使用中心點左邊加邊框的長寬 (center_x,center_y,w,h) 來標注圖片也是可以的。

下面的程式選擇了線上生成的方式,直接將圖片擴充方法寫入 Dataset 的 __getitem__ 方法中,這樣就可以在每次載入資料的時候對圖片進行處理,並生成對應的標籤。如果電腦性能不算太差,線上生成的速度並不會比離線生成慢多少,用於生成圖片的程式如下:

```python
# generate_data.py
import torch
from torch.utils.data import Dataset
from torchvision import transforms
from numpy import random
import numpy as np
import matplotlib.pyplot as plt
from PIL import Image, ImageDraw

from data import create_datasets
from config import data_folder

# 隨機將 CIFAR-10 中的圖片貼上到灰色背景中
def expand(img, background=(128, 128, 128), show=False):
```

```
topil = transforms.ToPILImage()
totensor = transforms.ToTensor()
# 輸入的 img 是按 NCHW 形式排列的 Tensor 類型，需要先進行轉化
img = np.array(topil(img)).astype(np.uint8)
# 隨機生成貼上位置
height, width, depth = img.shape
ratio = random.uniform(1, 2)
# 左邊界位置
left = random.uniform(0.3 * width, width * ratio - width)
# 右邊界位置
top = random.uniform(0.3 * width, width * ratio - width)

while int(left + width) > int(width * ratio) or int(top + height) > int(
    height * ratio
):
    ratio = random.uniform(1, 2)
    left = random.uniform(0.3 * width, width * ratio - width)
    top = random.uniform(0.3 * width, width * ratio - width)
# 建立白色背景圖片
expand_img = np.zeros(
    (int(height * ratio), int(width * ratio), depth), dtype=img.dtype
)
# 將背景填充成灰色
expand_img[:, :, :] = background
# 將圖片按之前生成的隨機位置貼上到背景中
expand_img[
    int(top) : int(top + height), int(left) : int(left + width)
] = img

# 展示圖片
if show:
    expand_img_ = Image.fromarray(expand_img)
    draw = ImageDraw.ImageDraw(expand_img_)
    # 使用 xmin、ymin、xmax、ymax 座標繪製邊界框
    draw.rectangle(
```

```
                [(int(left), int(top)), (int(left + width), int(top + height))],
                outline=(0, 255, 0),
                width=2,
            )
            # 保存圖片
            expand_img_.save("img/plane_bound_true.jpg")
            plt.subplot(121)
            plt.imshow(img)
            plt.subplot(122)
            plt.imshow(expand_img_)
            plt.savefig("img/expand_img.jpg")
            plt.show()

    # 記錄圖片位置 ( 相對位置 )
    xmin = left / (width * ratio)
    ymin = top / (height * ratio)
    xmax = (left + width) / (width * ratio)
    ymax = (top + height) / (height * ratio)
    # 處理完之後還需要進行尺寸變換
    expand_img = totensor(
        Image.fromarray(expand_img).resize((32, 32), Image.BILINEAR)
    )
    return expand_img, torch.Tensor([xmin, ymin, xmax, ymax])


# 將生成方法直接寫入 Dataset 中
class BoxData(Dataset):
    def __init__(self, dataset, show=False):
        super(BoxData, self).__init__()
        self.dataset = dataset
        # 用於展示
        self.show = show

    def __getitem__(self, index):
        img, label = self.dataset[index]
        # 使用線上生成的方式，將轉換函數加入 Dataset 中
```

```
        img, box = expand(img, show=self.show)
        return img, box

    def __len__(self):
        return len(self.dataset)

if __name__ == "__main__":
    transform = transforms.Compose([transforms.ToTensor()])
    train_loader, _ = create_datasets(data_folder, transform_
train=transform)
    data = BoxData(train_loader.dataset, show=True)
    print(data[0][0].shape, data[0][1].shape)
```

上述程式將 CIFAR-10 中的圖片以隨機的位置和大小貼上到了一個灰色的
背景圖片上，並使用 Dataset 和 DataLoader 對生成的圖片進行了封裝。

執行上述程式可以得到如圖 4-21 所示的圖片範例。

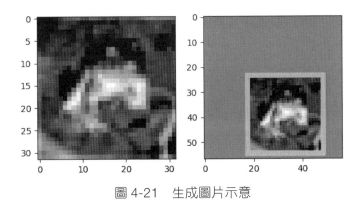

圖 4-21　生成圖片示意

可以看到圖 4-21 中的標注邊框與實際的圖片邊框完全吻合，說明生成的
邊框檢測圖片準確無誤，可以進行後續的訓練工作了。

這個資料集中的邊框座標採用的是相對座標形式，而預測目標的尺寸很
大程度上會對模型訓練的難度產生影響，使用相對座標，模型的 4 個預

測值可能是個位數，也有可能是兩位數或三位數，對於模型的參數更新
的步進值又相對固定，這就會導致模型難以收斂。

因此在回歸問題中，一般會將需要預測的連續型標籤值轉換成 0~1 之間
的數值，便於模型訓練。這裡選擇了相對座標來訓練。

4.2.2 模型訓練

本模型的目標就是預測圖片邊框的位置，需要把模型預測出來的座標點
與實際的座標點進行比較，計算誤差值。因為回歸模型的訓練模式和分
類模型的訓練模式非常相近，所以這裡可以直接呼叫上一節的分類模型
的 train_val 函數，程式如下：

```
# train_val_regression.py
import torch
from torch import nn, optim
from torch.utils.data import DataLoader
from tqdm import tqdm
from lr_find import lr_find
from model import resnet18
from data import create_datasets
from config import data_folder, batch_size, device, epochs
from generate_data import BoxData
from train_val import train_val


# 修改 ResNet 的最後一層的輸出
net = resnet18()
net.linear = nn.Linear(in_features=512, out_features=4, bias=True)
# 載入並封裝 CIFAR-10 資料
train_loader, val_loader = create_datasets(data_folder)
# 將模型遷移到 GPU
net.to(device)
# 將 CIFAR-10 資料轉換成邊框檢測資料
```

```
traindata = BoxData(train_loader.dataset)
trainloader = DataLoader(
    traindata, batch_size=batch_size, shuffle=True, num_workers=4
)
# 使用 L1Loss 作為損失函數
criteron = nn.L1Loss()
# 載入驗證資料
valdata = BoxData(val_loader.dataset)
valloader = DataLoader(
    valdata, batch_size=batch_size, shuffle=True, num_workers=4
)

# 可以預先進行學習率搜尋，根據曲線確定初始學習率
# best_lr = lr_find(net, optim.SGD, train_loader, criteron)
# print("best_lr", best_lr)

# 訓練模型
train_val(
    net, trainloader, valloader, criteron, epochs, device, model_name="reg"
)
```

這個回歸模型的訓練過程比之前的分類模型要慢一點，在上述訓練程式
中並沒有增加準確率指標，可以待模型的損失下降到一定程度之後，展
示一下模型效果。

4.2.3 模型展示

由於在生成資料時將邊框座標從絕對座標形式轉換成了相對座標形式，
所以在展示的時候需要先將座標形式轉換回絕對座標 。這個過程一般稱
為解碼，在檢測過程中幾乎是必不可少的工作：

```
# demo_regression.py
import torch
```

```python
from torch import nn
from torchvision.transforms import ToTensor
from PIL import Image, ImageDraw
from numpy import random
import numpy as np
import os.path as osp

from model import resnet18
from generate_data import expand
from config import checkpoint_folder


# 將圖片貼到背景中
def expand(img, background=(128, 128, 128), show=False):
    height, width, depth = img.shape
    # 隨機生成圖片位置
    ratio = random.uniform(1, 2)
    left = random.uniform(0.3 * width, width * ratio - width)
    top = random.uniform(0.3 * width, width * ratio - width)

    while int(left + width) > int(width * ratio) or int(top + height) > int(
        height * ratio
    ):
        ratio = random.uniform(1, 2)
        left = random.uniform(0.3 * width, width * ratio - width)
        top = random.uniform(0.3 * width, width * ratio - width)
    # 背景圖片
    expand_img = np.zeros(
        (int(height * ratio), int(width * ratio), depth), dtype=img.dtype
    )
    expand_img[:, :, :] = background
    # 貼上圖片
    expand_img[
        int(top) : int(top + height), int(left) : int(left + width)
    ] = img
    return expand_img
```

```python
if __name__ == "__main__":
    # 載入模型
    net = resnet18()
    net.linear = nn.Linear(in_features=512, out_features=4, bias=True)
    net.eval()
    totensor = ToTensor()
    net.load_state_dict(torch.load(osp.join(checkpoint_folder, "reg")))

    # 讀取圖片
    img_path = "img/plane.jpeg"
    img = Image.open(img_path)
    img = np.array(img)
    expand_img = expand(img)
    height, width = expand_img.shape[:2]

    # 對座標進行解碼
    inp = totensor(Image.fromarray((expand_img)).resize((32, 32))).
unsqueeze(0)
    out = net(inp)
    xmin, ymin, xmax, ymax = out.view(-1)
    xmin, ymin, xmax, ymax = (
        xmin * width,
        ymin * height,
        xmax * width,
        ymax * height,
    )

    # 繪製預測圖片
    expand_img = Image.fromarray(expand_img)
    draw = ImageDraw.ImageDraw(expand_img)
    draw.rectangle([(xmin, ymin), (xmax, ymax)], outline=(0, 255, 0), width=10)
    expand_img.save("img/plane_bound_pred.jpg")
    expand_img.show()
```

上述程式將輸入的圖片貼到了一張灰色的背景圖片上，然後將它輸入模型進行預測，檢測結果如圖 4-22 所示。從圖中可以看到，最終得到的檢測結果與真實結果之間大致上吻合，說明模型已經學習到了圖片中的邊框特徵。

圖 4-22　邊框檢測結果

4.3 小結

本章使用 PyTorch 架設了關於圖片分類與回歸的卷積神經網路，是深度學習中較為基礎的內容，在後面章節的實例中將經常使用到分類與回歸。

希望讀者閱讀本章後，能夠做到以下幾點。

■ 熟悉 PyTorch 的基本訓練流程。
■ 對分類任務的訓練細節有所了解。
■ 對回歸任務的訓練細節有所了解。
■ 對深度學習模型的參數調整有一定的概念。

物件辨識

物件辨識是一種基於圖片幾何和統計特徵的目標提取過程，它將目標分割和物件偵測合二為一。在複雜的應用場景中，需要同時對多個目標進行即時檢測，其準確性和即時性都是需要考慮的重要指標。

在傳統電腦視覺領域中，一般是按照區域選擇、提取人工特徵和分類回歸這三步走，這其中存在著兩個較難解決的問題。

- 透過滑窗實現區域選擇速度太慢。
- 人工特徵的泛化能力差，不能適應複雜的場景。

隨著深度學習技術的發展，演算法的應用場景在不斷擴充，解決問題的方式也在不斷細化。卷積神經網路在分類問題上「大顯神威」之後，越來越多的針對物件辨識的深度學習模型被開發出來，如今，物件辨識已經是深度學習視覺領域一個非常熱門的方向，物件辨識技術也在高速地發展。

本章將介紹如何在自建資料集上訓練一個物件辨識模型,專案目錄如下:

```
.
├── config.py           ----    設定檔
├── data.py             ----    資料載入
├── demo.py             ----    模型效果演示
├── generate_data.py    ----    資料生成
├── mark_data.py        ----    標記資料與建構損失函數
├── model.py            ----    模型架設與訓練
└── tools               ----    存放工具程式
    ├── show_grid.py     ----    展示格子匹配結果
    └── show_img.py      ----    展示生成的資料集中的圖片
```

5.1 深度學習物件辨識演算法

深度學習物件辨識演算法主要分成兩大類:以 R-CNN 為代表的兩段式檢測以及以 YOLO 系列和 SSD 系列為代表的一段式檢測。

5.1.1 兩段式檢測

兩段式檢測的兩段操作分別是:

- 生成可能區域並提取 CNN 特徵;
- 將特徵放入辨識模型進行分類並修正位置。

這個步驟與傳統的物件辨識方式有幾分相似,不過這兩步都是透過神經網路來實現的,無論是精度還是速度都超過了傳統的物件辨識演算法。

目前最常用的兩段式檢測網路是 Faster R-CNN 系列網路,這種網路結構在各種圖型辨識大賽中表現異常出彩,但是對硬體要求高,速度不如一段式檢測。

圖 5-1 列出了 Faster R-CNN 的工作原理。模型會將圖片輸入 VGG 網路得到特徵圖，然後將特徵圖輸入 RPN，得到第一步的檢測結果（預測出的可能有物件的檢測框），並使用這一步得到的檢測框對特徵圖進行截取，經過 ROI Pooling 取樣之後，再將特徵圖輸入分類回歸網路進行更細緻的類別劃分及邊框調整。

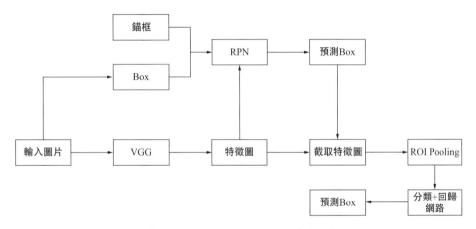

圖 5-1　Faster R-CNN 工作原理

下面對 Faster R-CNN 的各個子模組進行簡析。

1. 特徵提取

Faster R-CNN 論文中的特徵提取工作分別採用了 VGG-16 和 ResNet-101 進行，ResNet-101 的效果比 VGG-16 好很多。在實際的工業專案中，ResNet 的出現頻率比 VGG 高得多，不過具體選擇多少層的 ResNet，需要在速度和準確度之間找一個平衡點。

2. 錨框

錨框即 anchor box，有很多物件辨識演算法採取了預先生成錨框的訓練方式。在模型開始訓練之前，會在圖片中生成很多個錨框，這些錨框的屬性與圖片輸出的特徵圖矩陣中的資料一一對應。然後利用錨框與標注框之間的關係對錨框進行標注，最後在訓練過程中，不斷地最佳化輸出的特徵圖，使特徵圖與標注好的錨框之間的誤差越來越小。

生成的錨框通常會以圖 5-2 中的方式排列，即在同一位置會生成多個不同長寬比、不同面積的錨框，便於匹配不同尺寸、形狀的物件。

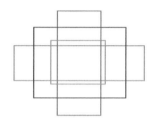

圖 5-2　錨框示意圖

一般通用的物件辨識模型會生成 1：1、1：2、1：3、2：1、3：1 這幾種不同比例的錨框。如果待檢測的物件形狀比較特殊，比如在文字行檢測專案中，可能會設定比例比較特別的錨框（如 1：7、1：15 等）。

如圖 5-3 所示，在訓練之前需要將錨框與標注框進行匹配，通常以錨框與標注框之間的重疊度（IOU，兩個框交集的面積除以聯集的面積）來決定是否匹配成功。大致的匹配步驟如下。

(1) 設定重疊度的設定值為 T，計算所有錨框與所有標注框之間的重疊度。

(2) 對於每個標注框，尋找與之重疊度最大的錨框（一般錨框會鋪滿全圖，不必擔心找不到合適的錨框），標記為該標記框所屬的類別。

(3) 對於剩下的每個未標記錨框，找到與該錨框重疊度最大的標注框，如果其重疊度大於 T，則將該錨框標記為標記框所屬的類別；如果其重疊度小於設定值 T，則錨框標記為無物件。

(4) 所有錨框標記完成之後，計算錨框與對應標注框之間的位置偏移，包括中心點偏移和長寬縮放比例。

圖 5-3 中粗體的兩個錨框與下面的標注框匹配成功，而另兩個錨框因為與標注框之間的重疊面積太小而匹配失敗。

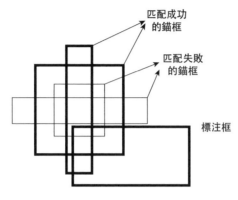

圖 5-3　錨框匹配示意圖

3. RPN

Faster R-CNN 中使用的 RPN 是一個全卷積網路，網路的輸出維度與 RPN 中生成的錨框一致，RPN 會對錨框的類別計算分類損失，對錨框的邊框位置計算回歸損失，將兩者按一定的權重組合，得到 RPN 網路的損失函數，用於參數更新。

4. ROI Pooling

ROI Pooling 與 Max Pooling 不同，無論輸入的特徵圖尺寸是多少，ROI Pooling 的輸出維度都是恆定的，這一特性結合 RPN 的全卷積網路結構，使得 Faster R-CNN 能夠處理任意形狀和尺寸的圖片。

ROI Pooling 的工作方式如圖 5-4 所示。圖中 3 塊形狀不同的區域，經過 ROI Pooling 計算之後都會變成 4×4 矩陣，然後拼接成一個 Tensor，便於後續神經網路的計算。

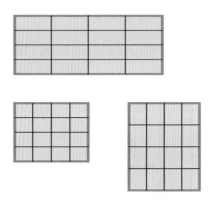

圖 5-4　ROI Pooling 示意圖

5.1.2　一段式檢測

一段式檢測與上一章中介紹的邊框檢測網路類似，可以直接預測物件的位置和類別。這種演算法雖然精度方面比兩段式檢測稍有遜色，但是因為對硬體要求低、速度快，所以在各種專案中應用更廣。

1. YOLO

YOLO 是較早提出的一段式檢測的演算法，它直接透過卷積神經網路進行檢測框的推理，結構簡單明了，能夠實現即時檢測。

YOLO 將一張圖片分成 $S \times S$ 個網格，如果一個物件的中心點落在某個網格的內部，那麼這個網格將負責預測這個物件，並同時預測 n 個檢測框和信賴區間，這個信賴區間使用檢測框與實際框的重疊度來表示（不包含物件的預測框信賴區間為 0）。因為每個網格只負責預測一個物件，所以最後每個網格會選出一個信賴區間最高的檢測框作為輸出。

因此，YOLO 的資料標注工作是進行網格與物件中心的匹配，匹配方法將在 5.4.1 節介紹。

對於每個邊界框，神經網路會預測 (x, y, w, h, c)（座標和信賴區間），其中 x 和 y 是檢測框中心相對於其所屬網格的左上角座標的偏移，w 和 h 是檢測框相對於整個圖片的相對寬和高，c 是信賴區間。

除了預測座標和信賴區間，還需要對每個檢測框進行分類。這樣每個網格需要預測 $n \times 5 + class$ 個值，共需要預測 $S \times S \times (n \times 5 + class)$ 個值，在最初提出 YOLO 的論文中，最終輸出的是一個 $7 \times 7 \times 30$ 的 Tensor，YOLO 的網路結構如圖 5-5 所示。

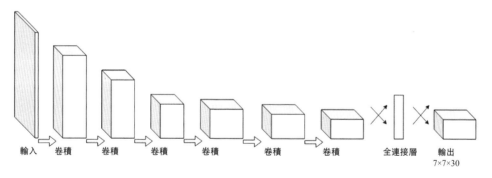

輸入　卷積　卷積　卷積　卷積　卷積　卷積　全連接層　輸出
$7 \times 7 \times 30$

圖 5-5　YOLO 網路結構示意圖

2. SSD

SSD 在 YOLO 之後出現，如圖 5-6 所示，它並沒有採用 YOLO 畫網格的方式，而是選擇了生成錨框，這種方式逐漸變成主流（除這種方式外，基於圖型分割的檢測演算法也比較常用）。

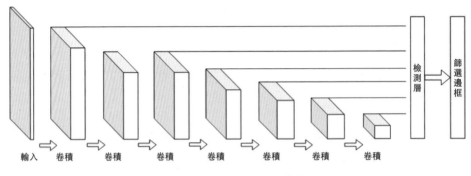

圖 5-6　SSD 網路示意圖

SSD 基本奠定了一段式檢測的基本想法。

- 設定錨框。SSD 借鏡了 Faster R-CNN 中的錨框設計，預先生成了形狀和尺度各異的諸多錨框，能夠以更小的代價去擬合實際檢測框。
- 多尺度檢測。SSD 在多個尺度上生成不同形狀的錨框，越淺的特徵圖生成的錨框越多且越小，越深的特徵圖生成的錨框越少且越大。SSD中生成的錨框非常密集，幾乎鋪滿了整張圖片。這樣可以使網路對大目標和小目標都有較好的辨識效果。
- 使用卷積層檢測。使用卷積層進行檢測比 YOLO 中使用全連接層進行檢測更加節省參數，減少資源消耗。

本章我們將參考 YOLO 的想法，把上一章中的邊框檢測網路和圖型分類網路結合起來，得到一個非常簡單的物件辨識網路。開始本章的實例講解前，需要先設定好實例中需要用到的參數：

```
# config.py
import torch
# 模型和參數存放裝置
device = torch.device("cuda" if torch.cuda.is_available() else "cpu")
# 物件路徑
object_path = "img/sun.png"
# 背景檔案路徑
```

```
background_folder = "/data/object_detection_segment/background/"
# 合成好的檔案路徑
target_folder = "/data/object_detection_segment/object_detection/"
# 模型儲存位置
checkpoint = "/data/chapter_two/net.pth"


# 圖片合成時，物件與背景的邊長比（在 2 個數中隨機選擇）
scale = [0.25, 0.4]
# 圖片合成時，圖片中的物件數量（在 3 個數中隨機選擇）
num = [1, 2, 3]
# 圖片大小
img_size = 300
# 批次處理數量
batch_size = 16
# 訓練分為兩個階段，分別使用兩個不同的學習率，如第一階段有 30 個 epoch，學習率為
0.01
epoch_lr = [(30, 0.01), (30, 0.001), (50, 0.0001)]
```

≫ 5.2 資料集建構

在物件辨識領域，最常見的通用資料集有 VOC 和 COCO。但是這兩個資料集對剛入門的新手來說規模略大，它們對算力的要求較高，簡單的模型在 VOC 和 COCO 中難以獲得比較好的效果。

所以在架設物件辨識模型之前，我們需要先建構一個適合新手練習的物件辨識資料集。這個資料有兩個特點：

■ 圖片中只有一種類別的物件；

■ 圖片的背景比較乾淨。

下面簡單介紹一下建構這個資料集的過程。

5.2.1 選擇目標物件圖片

我們可以自己繪製一張物件圖片，要求如下：

- 背景是純色（最好是黑色或白色）；
- 物件顏色與背景相差較大。

圖 5-7 是我畫的一張太陽的圖片，在後續的檢測任務和第 6 章的圖型分割任務中，都將把這個太陽作為辨識目標。

圖 5-7　物件圖片

5.2.2 背景圖片下載

為了使模型更容易擬合，儘量選擇與待檢測物件色差較大的背景圖片，可以自行拍攝一些風景圖片，或從網上下載一些天空、海洋之類的色彩較簡單的圖片作為背景。這裡準備了約 1500 張圖片，圖 5-8 是其中比較有代表性的一張。

圖 5-8　天空圖片

5.2.3 圖片合成

在圖片合成的過程中，我們需要將物件所在的位置記錄下來。(這裡為了方便下一章的圖型分割任務，在記錄物件邊框位置的同時，也記錄了物件輪廓。)

為了使合成的圖片看起來更加規範，圖片合成過程中有以下規則。

- 每張合成圖片中的物件數量控制在 1~3 個。
- 單物件與圖片總邊長的比為 0.25~0.4。
- 物件之間不能有重疊。

為了合成圖片的效果，將物件貼上到背景圖的時候不能帶有白色背景，所以要先將圖片中的物件摳出來，再貼上到背景圖片上。

1. 生成物件辨識標籤

物件辨識標籤就是包含物件的最小豎直矩形框的座標，格式為矩形中心點座標加上矩形的長寬，即 (cx, cy, w, h)。為了進一步簡化模型，這裡可以將檢測框設定為正方形，於是檢測框座標變成了 (cx,cy,w)。除了這種以中心點和長寬為標籤的方式外，把兩個對角頂點座標作為標籤也是一種可行的方案。

2. 生成圖型分割標籤

在製作物件辨識資料集的同時，可以順手把下一章要用到的圖型分割的標籤也一併生成了。圖型分割任務的標籤也是一張圖片，這種圖片中的每個像素只有兩個可選值，0 或 1，0 代表來源圖片中這個像素沒有落在物件上，1 代表來源圖片中這個像素落在物件上。相關程式如下：

```python
# generate_data.py
from PIL import Image
import matplotlib.pyplot as plt
import numpy as np
from glob import glob
import os.path as osp
import os
import re
from tqdm import tqdm
# 匯入設定參數
from config import (
    background_folder,
    object_path,
    scale,
    num,
    img_size,
    target_folder,
)


# 載入背景圖片
def get_background():
    background_paths = glob(osp.join(background_folder, "*.jpg"))
    return background_paths


# 提取物件輪廓
def extract_sun(sun):
    sun = np.array(sun)
    return np.where(np.mean(sun, axis=2) < 250)


# 合成圖片
def combine_img(background_path, sun):
    sun_num = np.random.choice(num)
    background = np.array(
        Image.open(background_path).convert("RGB").resize((300, 300))
    )
```

```
# 目標位置
location = []
# 目標所在像素
coordinates = []
for n in range(sun_num):
    located = False
    # 判斷是否定位成功
    while not located:
        s = np.random.random() * (scale[1] - scale[0]) + scale[0]
        sun_size = int(img_size * s)
        sun = sun.resize((sun_size, sun_size))
        single_sun = extract_sun(sun)
        # 生成物件中心點座標
        cx = np.random.random() * img_size
        cy = np.random.random() * img_size
        # 判斷目標位置是否超出邊界
        if (
            cx + sun_size / 2 >= img_size
            or cy + sun_size / 2 >= img_size
            or cx - sun_size / 2 < 0
            or cy - sun_size / 2 < 0
        ):
            continue
        # 判斷是否有重合
        overlap = False
        for loc in location:
            p_sun_size = loc[2]
            # 透過與之前圖片中的物件的邊框比較來判斷是否重疊
            p1x = loc[0] - p_sun_size / 2
            p1y = loc[1] - p_sun_size / 2
            p2x = loc[0] + p_sun_size / 2
            p2y = loc[1] + p_sun_size / 2
            p3x = cx - sun_size / 2
            p3y = cy - sun_size / 2
            p4x = cx + sun_size / 2
```

```
                    p4y = cy + sun_size / 2
                    if (p1y < p4y) and (p3y < p2y) and (p1x < p4x) and (p2x > p3x):
                        overlap = True
                        break
                # 如果出現了重合就重新生成定位座標
                if overlap:
                    continue
                located = True
                location.append((int(cx), int(cy), sun_size))


        # cy 對應列
        sun_coords_x = single_sun[0] + int(cy - sun_size / 2)
        # single_sun[0] += int(cy)
        # cx 對應行
        sun_coords_y = single_sun[1] + int(cx - sun_size / 2)
            # 物件的像素座標
        sun_coords = tuple((sun_coords_x, sun_coords_y))
        background[sun_coords] = np.array(sun)[single_sun]
        # 用於圖型分割
        coordinates.append(sun_coords)
    return background, location, coordinates


# 生成資料集
def generate_data():
    # 載入背景圖片
    background_paths = get_background()
    # 載入目標圖片
    sun = Image.open(object_path).convert("RGB")
    # 如果路徑不存在則建立路徑
    if not osp.exists(target_folder):
        os.makedirs(target_folder)
    # 分割檔案目錄
    segmentation_folder = re.sub(
        "object_detection\/$", "segmentation", target_folder
    )
```

```
# 如果路徑不存在則建立路徑
if not osp.exists(segmentation_folder):
    os.makedirs(segmentation_folder)
for i, item in tqdm(
    enumerate(background_paths), total=len(background_paths)
):
    # 合併圖片並生成對應的標籤
    combined_img, loc, coord = combine_img(item, sun)
    target_path = osp.join(target_folder, "{:0>3d}.jpg".format(i))
    plt.imsave(target_path, combined_img)
    # 保存邊框標記檔案
    with open(re.sub(".jpg", ".txt", target_path), "w") as f:
        f.write(str(loc))
    # 保存圖片隱藏
    mask = np.zeros((img_size, img_size, 3))
    for c in coord:
        mask[c] = 1
    segmentation_path = osp.join(
        segmentation_folder, "{:0>3d}.jpg".format(i)
    )
    plt.imsave(segmentation_path, mask)

if __name__ == "__main__":
    generate_data()
```

在上述程式中，首先將物件從原圖中分出，然後將多個隨機物件貼上到背景圖片的隨機位置，並保證物件之間不出現重疊。

生成的圖片如圖 5-9 所示。

圖 5-9　合成後的圖片

這時在圖片的同一目錄下，會生成了名稱相同的 .txt 檔案，就是圖片對應的標籤，其內容形式如下，分別對應三個物件的中心點座標和物件的邊長：

```
[(115, 132, 104), (215, 121, 81), (127, 233, 78)]
```

本專案中共生成了 1489 張訓練圖片和對應的標籤檔案，形式如圖 5-10 所示。

圖 5-10　生成的圖片和標注檔案

對應的分割檔案如圖 5-11 所示，我們可以看到清晰的物件輪廓，這一系列圖片將在下一章中被用到。

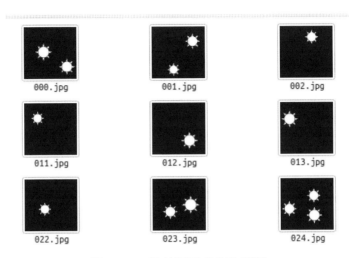

圖 5-11　用於圖型分割的隱藏

透過以下程式可以查看生成的圖型和對應的標籤情況，並檢測生成資料的正確性：

```
# tools/show_img.py
# 展示合併之後的圖片
# 在 tools 目錄下執行
from PIL import Image, ImageDraw
import matplotlib.pyplot as plt
import sys
# 將上一級目錄增加到系統目錄
sys.path.append("..")

from generate_data import get_background, combine_img
# 獲取背景
background_paths = get_background()
sun = Image.open("../img/sun.png").convert("RGB")
# 合成圖片
```

```
combined_img, box, _ = combine_img(background_paths[0], sun)
img = Image.fromarray(combined_img)
draw = ImageDraw.Draw(img)
# 繪製物件邊框
for b in box:
    cx, cy, w = b
    # 座標轉換
    xmin = cx - w / 2
    ymin = cy - w / 2
    xmax = cx + w / 2
    ymax = cy + w / 2
    draw.rectangle([(xmin, ymin), (xmax, ymax)], outline=(0, 0, 255),
width=5)
plt.imshow(img)
plt.savefig("../img/object.jpg")
plt.show()
```

上述程式使用圖片合成過程中產生的標記，在圖片中繪製了矩形框，以檢查標記是否正確。可以得到圖 5-12 所示的圖片。可以看到，物件被準確地包含在標注框中，在確認資料生成方式無誤後，可以進入下一步資料載入工作。

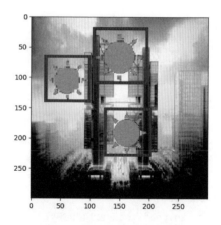

圖 5-12　物件辨識結果

≫ 5.3 資料載入

資料載入過程並不複雜，只需利用 PyTorch 中的 Dataset 工具依次讀取圖片以及與之對應的標籤檔案即可。

為了提高模型的泛化能力，可以增加一些資料增強手段。需要注意的是，物件辨識模型中的資料增強需要將圖片和標籤一起處理，才能保證標籤的正確性。

因為 torchvision.transforms 中的函數不支援同時處理標籤和圖片，所以這裡所有的資料增強方法都需要自己撰寫，撰寫過程參照了 torchvision.transforms 的處理邏輯。每一個處理方法都寫成了類別的形式，並定義了 __call__ 方法，便於將所有的方法打包加入 Compose 類別，實現管線式的資料增強。相關程式如下：

```python
# data.py
import torch
from torch.utils.data import Dataset
from torchvision.transforms import ToTensor, ToPILImage
from sklearn.model_selection import train_test_split
from glob import glob
import os.path as osp
from PIL import Image
import numpy as np
import re
import cv2

from config import target_folder

class DetectionData(Dataset):
    def __init__(self, folder=target_folder, subset="train",
transform=None):
```

```python
        image_paths = sorted(glob(osp.join(folder, "*.jpg")))
        # 標籤檔案路徑
        annotation_paths = [
            re.sub(".jpg", ".txt", path) for path in image_paths
        ]
        # 分割驗證集和訓練集
        image_paths_train, image_paths_test, annotation_paths_train, \
annotation_paths_test = train_test_split(
            image_paths, annotation_paths, test_size=0.2, random_state=20
        )
        # 訓練集
        if subset == "train":
            self.image_paths = image_paths_train
            self.annotation_paths = annotation_paths_train
        # 驗證集
        else:
            self.image_paths = image_paths_test
            self.annotation_paths = annotation_paths_test

        # 可以適當增加資料增強手段來最佳化模型效果
        if transform is None:
            self.transform = ToTensor()
        else:
            self.transform = transform

    def __getitem__(self, index):
        image = Image.open(self.image_paths[index])
        # 載入與圖片對應的標注檔案
        annotation_path = self.annotation_paths[index]
        with open(annotation_path, "r") as f:
            annotations = eval(f.read())
        annos = []
        # 將每個物件的資訊加入串列
        for item in annotations:
            anno = np.array(item)
```

```
            annos.append(anno)
        annos = np.array(annos)
        if self.transform:
            image, annos = self.transform(image, annos)
        return image, annos

    def __len__(self):
        return len(self.image_paths)

# 資料增強
class Compose:
    def __init__(self, transform_list):
        self.transform_list = transform_list

    def __call__(self, img, box):
        # 一個一個執行包含在內的影像處理方法
        for transform in self.transform_list:
            img, box = transform(img, box)
        return img, box

# 將 PIL.Image 格式的圖片轉化為 array
class ToArray:
    def __call__(self, img, boxes):
        img = np.array(img)
        return img, boxes

# 將相對座標轉化為絕對座標
class ToAbsoluteCoordinate:
    def __call__(self, img, boxes):
        # 圖片和標注框都是正方形
        width = img.shape[0]
        boxes = boxes * width
        return img, boxes

# 將絕對座標轉化成相對座標
```

```python
class ToPercentCoordinate:
    def __call__(self, img, boxes):
        # 圖片和標注都是正方形
        width = img.shape[0]
        boxes = boxes / width
        return img, boxes


# 將圖片和標注框轉化成 Tensor
class ToTensorDetection:
    def __call__(self, img, boxes):
        img = ToTensor()(Image.fromarray(img.astype(np.uint8)))
        boxes = torch.Tensor(boxes)
        return img, boxes


# 調整尺寸
class Resize:
    def __init__(self, size=300):
        self.size = size

    def __call__(self, img, boxes):
        # 在相對座標下執行
        img = cv2.resize(img, (self.size, self.size))
        return img, boxes


# 擴充邊框
class Expand:
    def __call__(self, img, boxes):
        # 在絕對座標下執行
        expand_img = img
        if np.random.randint(2):
            width, _, channels = img.shape
            ratio = np.random.uniform()
            expand_img = np.zeros(
                (int(width * (1 + ratio)), int(width * (1 + ratio)), channels)
            )
```

```
            left = np.random.uniform(0, width * ratio)
            top = np.random.uniform(0, width * ratio)
            left = int(left)
            top = int(top)
            expand_img[top : top + width, left : left + width, :] = img
            boxes[:, 0] += left
            boxes[:, 1] += top
        return expand_img, boxes


# 映像檔翻轉
class Mirror:
    def __call__(self, img, boxes):
        # 在絕對座標下執行
        if np.random.randint(2):
            width = img.shape[0]
            img = img[:, ::-1]
            boxes[:, 0] = width - boxes[:, 0]
        return img, boxes


# 訓練集中的資料增強方式
class TrainTransform:
    def __init__(self, size=300):
        self.size = size
        # 將資料增強方法合併成串列
        self.augment = Compose(
            [
                ToArray(),
                Mirror(),
                Expand(),
                ToPercentCoordinate(),
                Resize(self.size),
                ToAbsoluteCoordinate(),
                ToTensorDetection(),
            ]
        )
```

```python
    def __call__(self, img, boxes):
        # 同時處理圖片和標注框
        img, boxes = self.augment(img, boxes)
        return img, boxes

# 測試集中的資料增強方式
class TestTransform:
    def __init__(self, size=300):
        self.size = size
        # 驗證集中不需要圖型變換，只使用以下轉換
        self.augment = Compose(
            [
                ToArray(),
                ToPercentCoordinate(),
                Resize(self.size),
                ToAbsoluteCoordinate(),
                ToTensorDetection(),
            ]
        )

    def __call__(self, img, boxes):
        # 同時處理圖片和標注框
        img, boxes = self.augment(img, boxes)
        return img, boxes

if __name__ == "__main__":
    # 查看變換之後的資料
    from PIL import ImageDraw

    data = DetectionData(subset="train", transform=TrainTransform())
    topil = ToPILImage()
    img, boxes = data[11]
    # 轉換成圖片
    img = topil(img)
    # img = topil(data[11][0])
    # boxes = data[11][1]
```

```
draw = ImageDraw.Draw(img)
# 繪製檢測框
for box in boxes:
    cx, cy, w = box
    # 座標轉換
    xmin = cx - w / 2
    ymin = cy - w / 2
    xmax = cx + w / 2
    ymax = cy + w / 2
    draw.rectangle(
        [(xmin, ymin), (xmax, ymax)], outline=(0, 255, 0), width=3
    )
img.save("img/sample_data.jpg")
img.show()
```

上述程式實現了映像檔翻轉和擴充圖片兩種資料增強方法，同時實現了
尺寸調整、圖型轉 ndarray、ndarray 轉 Tensor、相對座標與絕對座標互轉
等資料前置處理方法。

增強後的圖片如圖 5-13 所示。

圖 5-13　資料增強後的樣本

從圖 5-13 中可以看出,雖然圖型經過了縮放、擴充和映像檔操作,圖片中的檢測框仍然能夠接近物件,保證了圖片標籤的正確性。説明前面定義的圖型增強手段是有效的。

▶ 5.4 資料標記與損失函數建構

物件辨識網路是分類網路和檢測網路的結合,但是如果只是簡單地將第 4 章的分類網路和回歸網路拼接起來,就會發現:網路一次只能檢測一個目標。

卷積神經網路只能預測固定長度的目標,而圖片中的物件數量卻是不固定的。因此,我們需要預先設定好一個足夠大的待檢測物件數量,也就是確定好圖片中物件數量的上限,增加網路輸出層的分類節點和回歸節點,然後在訓練過程中對輸出層的分類節點和回歸節點進行篩選,得到最終的檢測結果。

有了足夠大的物件數量之後,還需要解決「哪個輸出預測是哪個物件」的問題,否則在訓練過程中,這些輸出節點必定會出現混亂,不能各司其職。

5.4.1 資料標記

為了讓結果更加準確,在將物件座標進行編碼時,可以將物件映射到圖片中的特定格子區域,減小座標值的波動範圍和訓練難度。

這裡採取了九宮格的形式,將圖片中物件的位置與九宮格建立對應關係,對應規則如下。

- 包含物件中心點的格子標籤為 1，不包含任何物件中心點的格子標籤為 0。
- 物件中心點座標用它與對應格子右下角座標之比表示。
- 物件邊長用它與整個圖片的邊長之比表示。
- 如果格子中包含物件，則該格子的信度為格子與檢測框的重疊度，如果格子不包含物件，則該格子的信度為 0（在這種方法下，其實可以不比較背景，單獨設立一個標籤）。

如圖 5-14 所示，3 個物件中心所在的網格為匹配成功的網格，被標記為 1，其餘網格匹配失敗，被標記為 0。

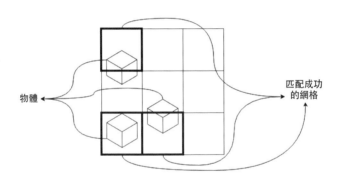

圖 5-14　YOLO 的資料標注過程

5.4.2 損失函數

因為這個是一個分類與回歸相結合的問題，所以可以將整個模型的損失定義為分類損失 + 回歸損失。其中分類損失函數為 CrossEntropyLoss，回歸損失函數為 L1Loss，將兩者相加得到最終損失。

另外，由於設定了 9 個格子，而實際物件只有 1 到 3 個，所以每個圖片會產生 1~3 個正樣本，6~8 個負樣本，這就造成了正負樣本的不均衡，這

種情況對模型訓練是不利的,為了解決這個問題,可以分別對回歸損失
和分類損失進行以下處理。

- 負樣本的回歸損失不計入總損失,可以透過隱藏來實現。
- 為分類樣本中正負樣本賦以不同權重,緩解不平衡現象。

網格標記和損失函數的計算程式如下:

```python
# mark_data.py
import torch
from torch.nn import CrossEntropyLoss, L1Loss

from config import img_size, device

# 標記圖片
def mark_data(boxes):
    label_matrix = torch.zeros((3, 3)).to(device)
    offset_matrix = torch.ones((3, 3, 3)).to(device)
    confidences = torch.zeros((3, 3)).to(device)
    # 格子尺寸
    grid_w = grid_h = img_size / 3
    # 格子座標
    grids = torch.Tensor(
        [
            [100, 100, 100],
            [200, 100, 100],
            [300, 100, 100],
            [100, 200, 100],
            [200, 200, 100],
            [300, 200, 100],
            [100, 300, 100],
            [200, 300, 100],
            [300, 300, 100],
        ]
    )
```

```
for box in boxes:
    cx, cy, w = box
    h = w
    # 物件所在格子的編號
    grid_x = int(cx / grid_w)
    grid_y = int(cy / grid_h)
    label_matrix[grid_y, grid_x] = 1
    # cx 和 cy 均以格子右下角座標計算 offset
    # w 以整個圖片計算 offset，以保證所有數值都在 0 和 1 之間
    offset_matrix[grid_y, grid_x] = torch.Tensor(
        [
            cx / ((grid_x * grid_w + grid_w)),
            cy / ((grid_y * grid_h + grid_h)),
            w / (img_size),
        ]
    )
    # 標注框與網格的重疊度
    grid_box = grids[grid_x + 3 * grid_y]
    confidences[grid_y, grid_x] = iou(box, grid_box)

return (
    label_matrix.view(-1, 9),
    offset_matrix.view(-1, 9, 3),
    confidences.view(-1, 9),
)


# 損失函數
class multi_box_loss(torch.nn.Module):
    def forward(
        self,
        label_prediction,
        offset_prediction,
        confidence_prediction,
        boxes_list,
    ):
```

```
    """
    label_prediction: 預測的標籤
    offset_prediction: 預測的偏移值
    confidence_prediction: 預測的信賴區間
    boxes_list: 標籤框串列
    """
    # boxes_list 多張圖片中的 boxes 串列
    reg_criteron = L1Loss()
    label_tensor = []
    offset_tensor = []
    confidence_tensor = []
    # 邊框標注
    for boxes in boxes_list:
        label, offset, confidence = mark_data(boxes)
        label_tensor.append(label)
        offset_tensor.append(offset)
        confidence_tensor.append(confidence)
    label_tensor = torch.cat(label_tensor, dim=0).long()
    offset_tensor = torch.cat(offset_tensor, dim=0)
    confidence_tensor = torch.cat(confidence_tensor, dim=0)
    # 增加隱藏，負例不加入回歸計算
    mask = label_tensor == 1
    mask = mask.unsqueeze(2).float()
    # 預測標籤
    label_prediction = label_prediction.permute(0, 2, 1)
    # 增加交叉熵權重
    weight = torch.Tensor([0.5, 1.5]).to(device)
    cls_criteron = CrossEntropyLoss(weight=weight.float())
    # 邊框分類損失
    cls_loss = cls_criteron(label_prediction, label_tensor)
    offset_prediction = offset_prediction.view(-1, 9, 3)
    # 邊框回歸損失
    reg_loss = reg_criteron(offset_prediction * mask, offset_tensor * mask)
    # 轉換 mask 維度，以便與 confidence 相乘
    mask = mask.squeeze(2)
```

```
        confidence_loss = reg_criteron(
            confidence_prediction * mask, confidence_tensor * mask
        )
        return cls_loss + reg_loss + confidence_loss

# 計算兩個長方形之間的重疊度
def iou(box1, box2):
    # box: cx,cy,w 正方形
    # box1
    cx_1, cy_1, w_1 = box1[:3]
    # 座標轉換
    xmin_1 = cx_1 - w_1 / 2
    ymin_1 = cy_1 - w_1 / 2
    xmax_1 = cx_1 + w_1 / 2
    ymax_1 = cy_1 + w_1 / 2
    # box2
    cx_2, cy_2, w_2 = box2[:3]
    # 座標轉換
    xmin_2 = cx_2 - w_2 / 2
    ymin_2 = cy_2 - w_2 / 2
    xmax_2 = cx_2 + w_2 / 2
    ymax_2 = cy_2 + w_2 / 2

    # 沒有重疊則重疊度為 0
    if (
        ymax_1 <= ymin_2
        or ymax_2 <= ymin_1
        or xmax_2 <= xmin_1
        or xmax_1 <= xmin_2
    ):
        return 0.0
    # 計算重疊區域的定點座標
    inter_x_min = max(xmin_1, xmin_2)
    inter_y_min = max(ymin_1, ymin_2)
    inter_x_max = min(xmax_1, xmax_2)
```

```
    inter_y_max = min(ymax_1, ymax_2)
    # 計算重疊區域面積
    intersection = (inter_y_max - inter_y_min) * (inter_x_max - inter_x_min)
    # 計算重疊度
    return intersection / (w_1 * w_1 + w_2 * w_2)
```

在開始訓練之前有必要驗證一下標記方法的正確性，可以使用以下程式
進行驗證：

```python
# show_grid.py
# 展示九宮格的標記情況
from torchvision import transforms
from PIL import Image, ImageDraw
import sys

# 將上級目錄加入系統目錄
sys.path.append("..")
from data import DetectionData, TrainTransform
from mark_data import mark_data

data = DetectionData(subset="train", transform=TrainTransform())
# 選擇一張展示效果較好的圖片
img, boxes = data[11]
topil = transforms.ToPILImage()
labels, _, _ = mark_data(boxes)
img = topil(img)
# 寬和高相等
width, height = img.size
for i in range(9):
    # 座標轉換
    xmin = (i % 3) * (width // 3)
    ymin = (i // 3) * (height // 3)
    xmax = xmin + (width // 3)
    ymax = ymin + (height // 3)
    # 繪製邊界框
```

```
draw = ImageDraw.Draw(img)
if labels[0, i].item() == 1:
    draw.rectangle([[(xmin, ymin), (xmax, ymax)]], outline=(0, 0, 255),
width=6)
else:
    draw.rectangle([[(xmin, ymin), (xmax, ymax)]], outline=(255, 0, 0),
width=2)
for box in boxes:
    cx, cy, w = box
    # 座標轉換
    xmin = cx - w / 2
    ymin = cy - w / 2
    xmax = cx + w / 2
    ymax = cy + w / 2
    draw.rectangle([[(xmin, ymin), (xmax, ymax)]], outline=(0, 255, 0), width=3)
img.save("../img/grids.jpg")
img.show()
```

上述程式將圖片分成了 9 個格子，包含物件的格子用粗框畫出，不包含物件的格子用細框畫出，得到的標注後的圖片檔案如圖 5-15 所示。可以看出，物件中心所在的格子被標記成了正例，不包含任何物件中心的格子被標記成了負例。

圖 5-15　九宮格匹配結果

≫ 5.5 模型架設與訓練

因為檢測模型要同時完成分類和回歸兩大任務，所以需要將輸出節點進行分配，一部分分配給分類任務，一部分分配給回歸任務。

本章檢測模型的輸出節點有 45 個，其中前 18 個為分類節點，分別對應 9 個格子的標籤（每個格子有包含物件和不包含物件兩種標籤）；後面 27 個為回歸節點，分別對應 9 個格子的座標偏移值。

物件辨識模型的相關程式如下：

```python
# model.py
from torchvision.models import resnet18
from torch.nn import CrossEntropyLoss, L1Loss
from torch import optim, nn
from torch.utils.data import DataLoader
import torch
from tqdm import tqdm
import os.path as osp
from torch.utils.tensorboard import SummaryWriter

from data import DetectionData, TrainTransform, TestTransform
from config import batch_size, epoch_lr, device, checkpoint
from mark_data import multi_box_loss

def to_object_detection_model(net):
    # 9×2 個標籤，9×3 個座標，共 45 個輸出值
    # 再加上 9×1 個 confidence，共 54 個輸出值
    # net.fc = nn.Linear(512, 45)
    net.fc = nn.Linear(512, 54)
    return net

# 整合資料
def collate_fn(batch):
```

```
    img_list = []
    boxes_list = []
    # 遍歷批次
    for b in batch:
        img_list.append(b[0].unsqueeze(0))
        boxes_list.append(b[1])
    # 整合圖片
    img_batch = torch.cat(img_list, dim=0)
    # 圖片以 Tensor 形式返回，box 以 list 形式返回
    return img_batch, boxes_list


def train():
    # 載入預訓練的 ResNet-18
    net = resnet18(pretrained=True)
    # 修改最後的輸出節點數量
    net = to_object_detection_model(net).to(device)
    # 如果模型檔案存在，則載入模型繼續訓練
    if osp.exists(checkpoint):
        net.load_state_dict(torch.load(checkpoint))
        print("checkpoint loaded ...")
    # 訓練集
    train_set = DetectionData(subset="train", transform=TrainTransform())
    train_loader = DataLoader(
        train_set,
        batch_size=batch_size,
        shuffle=True,
        num_workers=4,
        collate_fn=collate_fn,
    )
    # 測試集
    test_set = DetectionData(subset="test", transform=TestTransform())
    test_loader = DataLoader(
        test_set,
        batch_size=batch_size,
        shuffle=True,
```

```python
        num_workers=4,
        collate_fn=collate_fn,
    )
    # 損失函數
    criteron = multi_box_loss()
    # 定義 writer
    writer = SummaryWriter()

    for n, (num_epoch, lr) in enumerate(epoch_lr):
        # 隨著訓練處理程序的推進會多次改變學習率
        optimizer = optim.SGD(
            net.parameters(), lr=lr, momentum=0.9, weight_decay=5e-4
        )
        for epoch in range(num_epoch):
            epoch_loss = 0.0
            net.train()
            for i, (img, boxes) in tqdm(
                enumerate(train_loader), total=len(train_loader)
            ):
                img = img.to(device)
                prediction = net(img)
                # 整理模型輸出
                predict_label = prediction[:, :18].view(-1, 9, 2)
                predict_offset = prediction[:, 18:45]
                predict_confidence = prediction[:, 45:]
                # 計算模型損失
                loss = criteron(
                    predict_label, predict_offset, predict_confidence, boxes
                )
                optimizer.zero_grad()
                loss.backward()
                optimizer.step()
                # 累計損失
                epoch_loss += loss.item()
            # 列印損失
```

```
print(
    "Epoch: {} , Epoch Loss : {}".format(
        sum([e[0] for e in epoch_lr[:n]]) + epoch,
        epoch_loss / len(train_loader.dataset),
    )
)
# 將損失計入 TensorBoard
writer.add_scalar(
    "Epoch_loss",
    epoch_loss / len(train_loader.dataset),
    sum([e[0] for e in epoch_lr[:n]]) + epoch,
)

# 驗證模型
net.eval()
# 無梯度模式快速驗證
with torch.no_grad():
    test_loss = 0.0
    for j, (img, boxes) in tqdm(enumerate(test_loader)):
        img = img.to(device)
        prediction = net(img)
        # 整理輸出
        predict_label = prediction[:, :18].view(-1, 9, 2)
        predict_offset = prediction[:, 18:45]
        predict_confidence = prediction[:, 45:]
        # 計算損失
        loss = criteron(
            predict_label, predict_offset, predict_confidence, boxes
        )
        # 累計損失
        test_loss += loss.item()
    # 列印損失
    print(
        "Epoch: {} , Test Loss : {}".format(
            sum([e[0] for e in epoch_lr[:n]]) + epoch,
```

```
                    test_loss / len(test_loader.dataset),
                )
            )
            # 將損失計入 TensorBoard
            writer.add_scalar(
                "Test_loss",
                test_loss / len(test_loader.dataset),
                sum([e[0] for e in epoch_lr[:n]]) + epoch,
            )
        torch.save(net.state_dict(), checkpoint)
    writer.close()


if __name__ == "__main__":
    train()
```

物件辨識模型的輸出較為複雜，得到輸出之後需要進行節點劃分和轉換才能將其輸入損失函數進行計算。因為每張圖片中的物件數量不同，所以標籤數量 box 不同，所以在資料封裝成 DataLoader 的過程中，會因為 box 的維度不統一而顯示出錯。所以，在上述程式中，為 DataLoader 加入了一個 collate_fn，將 box 合併成一個串列，避免使用 PyTorch 預設的 collate_fn 時，出現維度不匹配的錯誤。

訓練的損失曲線如圖 5-16 所示。

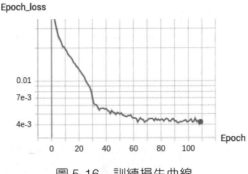

圖 5-16　訓練損失曲線

在驗證集上的損失曲線如圖 5-17 所示。

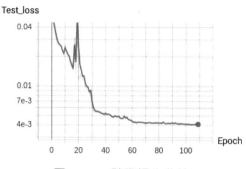

圖 5-17　驗證損失曲線

從上述兩張圖中可以看到，雖然驗證集上的效果出現過較大波動，但是最終模型在驗證集上的表現與訓練集相當，說明模型已經學習到了很好的特徵。

≫ 5.6　模型預測

模型訓練完成之後，可以載入 checkpoint 中的參數進行模型演示。在演示過程中，需要對預測得到的座標值進行解碼，也就是把座標的偏置根據對應的九宮格的座標進行轉換，變成真實座標之後再進行展示。相關程式如下：

```
# demo.py
import torch
from torch import nn
import torchvision
from torchvision.transforms import ToPILImage
from torchvision.models import resnet18
import matplotlib.pyplot as plt
from PIL import ImageDraw
```

```python
import numpy as np

from data import DetectionData, TestTransform
from config import checkpoint

# 非極大值抑制
def py_cpu_nms(boxes, scores, thresh):
    x1 = boxes[:, 0]
    y1 = boxes[:, 1]
    x2 = boxes[:, 2]
    y2 = boxes[:, 3]
    # 計算面積
    areas = (x2 - x1 + 1) * (y2 - y1 + 1)
    # 按分數排序
    order = scores.argsort()[::-1]
    keep = []
    while order.size > 0:
        # 保留分數最高的 box
        i = order[0]
        keep.append(i)
        # 計算 box 之間的重疊度
        xx1 = np.maximum(x1[i], x1[order[1:]])
        yy1 = np.maximum(y1[i], y1[order[1:]])
        xx2 = np.minimum(x2[i], x2[order[1:]])
        yy2 = np.minimum(y2[i], y2[order[1:]])
        w = np.maximum(0.0, xx2 - xx1 + 1)
        h = np.maximum(0.0, yy2 - yy1 + 1)
        inter = w * h
        # 計算重疊度
        ovr = inter / (areas[i] + areas[order[1:]] - inter)
        # 保留與高分 box 重疊度低於設定值的 box
        inds = np.where(ovr <= thresh)[0]
        # ovr 中的 index 比 order 中小 1
        order = order[inds + 1]
    return keep
```

```
# 要求 torchvision 是 0.2.2 版本
# 因為 0.2.2 中的 ResNet-18 最後的池化層是 AdaptiveAvgPool，可以適應尺寸變化，免
去尺寸不匹配的煩惱
dataset = DetectionData(subset="test", transform=TestTransform())
# 任取一個樣本進行展示
img, boxes = dataset[6]   # 此圖片出現重疊視窗

net = resnet18()
net.fc = nn.Linear(512, 54)
net.load_state_dict(torch.load(checkpoint))
net.eval()

# 預測並劃分輸出結果
out = net(img.unsqueeze(0))
out_label = out[:, :18].view(-1, 9, 2)
out_offset = out[:, 18:45]
out_score = out[:, 45:]
# 預測九宮格標籤
predict_label = torch.argmax(out_label, dim=2)
# 預測的九宮格座標和尺寸偏移量
predict_offset = out_offset.view(-1, 9, 3)
# 九宮格座標和尺寸
anchors = torch.Tensor(
    [
        [100, 100, 300],
        [200, 100, 300],
        [300, 100, 300],
        [100, 200, 300],
        [200, 200, 300],
        [300, 200, 300],
        [100, 300, 300],
        [200, 300, 300],
        [300, 300, 300],
    ]
)
```

```
# 解碼
predict_box = predict_offset * anchors
# 轉換回圖片
topil = ToPILImage()
img_pil = topil(img)
img_pil_nms = img_pil.copy()
draw = ImageDraw.Draw(img_pil)
positive_boxes = []
positive_scores = []
# 繪製標籤為 1 的檢測框
for i, b in enumerate(predict_box[0]):
    if predict_label[0][i] == 1:
        # 座標轉換
        xmin = b[0] - b[2] / 2
        ymin = b[1] - b[2] / 2
        xmax = b[0] + b[2] / 2
        ymax = b[1] + b[2] / 2
        # 繪製檢測框
        draw.rectangle([(xmin, ymin), (xmax, ymax)], outline=(0, 255, 0))
        # 增加 score 文字
        draw.text((xmin, ymin), "{}".format(out_score[:, i].item()))
        # 包含物件的檢測框
        positive_boxes.append(
            [xmin.item(), ymin.item(), xmax.item(), ymax.item()]
        )
        # 記錄標籤為 1 的檢測框的分數
        positive_scores.append(out_score[:, i].item())
plt.figure(figsize=(5, 5))
plt.imshow(img_pil)
plt.savefig("img/sun_detect.jpg")

# 繪製 nms 之後的圖片
draw_nms = ImageDraw.Draw(img_pil_nms)
boxes = np.array(positive_boxes)
scores = np.array(positive_scores)
```

```python
# 保留的預測框 ID
keep_idx = py_cpu_nms(boxes, scores, 0.4)
keep_box = boxes[keep_idx]
# 繪製 nms 之後的預測框
for i, b in enumerate(keep_box):
    xmin, ymin, xmax, ymax = b
    # 繪製邊框
    draw_nms.rectangle([(xmin, ymin), (xmax, ymax)], outline=(0, 255, 0))
    draw_nms.text((xmin, ymin), "{}".format(scores[i].item()))
plt.figure(figsize=(5, 5))
plt.imshow(img_pil_nms)
plt.savefig("img/sun_detect_nms.jpg")
plt.show()
```

在上述程式的預測過程中，只選擇了標籤為 1 的檢測框，這些檢測框原本對應著圖片中的九宮格，在訓練過程中，其座標會發生變化，逐漸趨近於圖片中的物件座標。

使用預測結果繪製得到的檢測結果如圖 5-18 所示，顯然，出現了檢測框的重疊。

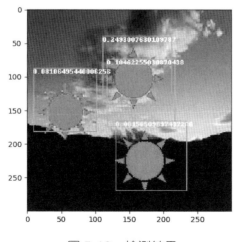

圖 5-18　檢測結果

在實際檢測的時候，返回兩個檢測框是沒有辦法用的，而取平均也會影響到檢測結果的精確度。從圖 5-18 中可以看到，中間靠上的兩個框中，有一個框是很準的，另一個框卻不太準，所以我們只需要把不太準的檢測框刪除即可。

如何區分檢測框是否準確呢？就需要用到模型中預測的分數 score 了，使用 NMS 演算法可以保留最好的檢測框，其工作流程如圖 5-19 所示。

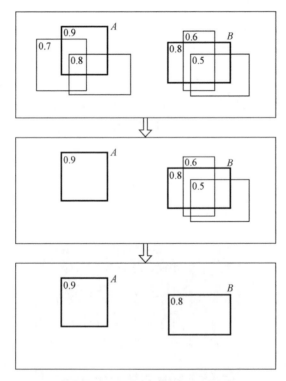

圖 5-19　NMS 原理示意圖

(1) 找到圖片中分數最高（0.9）的檢測框 *A*，計算其餘檢測框與 *A* 的重疊度。

(2) 刪掉重疊度大於設定值（設定值根據實際情況設定）的檢測框。

(3) 找到除 A 以外的分數最高（0.8）的檢測框 B，重複 (1)~(2) 步，直到沒有分數更小的檢測框。

對圖片中的檢測框進行 NMS 處理即可得到如圖 5-20 所示的圖片。

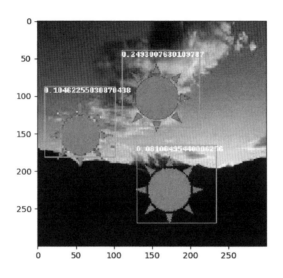

圖 5-20　NMS 處理之後的檢測結果

可以看到，經過 NMS 篩選後，分數為 0.10 的檢測框被刪除了，分數為 0.24 的檢測框準確度更高，被保留了下來。至此，整個物件辨識演算法的流程就全部結束了。

❯ 5.7 小結

本章的物件辨識模型相當於上一章的兩種模型的融合，在融合的基礎上又做了一定的修改，模型的訓練物件不再是圖片，而是圖片中預先設定好的一塊塊的區域。

閱讀本章後，希望讀者能夠熟悉以下幾個基礎知識：

- 一段式檢測和兩段式檢測的區別；
- 物件辨識中錨框的匹配原理；
- 一段式檢測演算法的流程。

相信閱讀本章後，能夠為讀者學習工業級檢測模型提供一些想法。

圖型分割

圖型分割是指根據圖片的灰階、顏色、結構和紋理等特徵,將圖片劃分成多個子區域的過程,常用於檢測圖片中物件的輪廓。正常的圖型分割演算法有基於設定值的分割、基於邊緣檢測的分割、區域生長演算法、GrabCut 和分水嶺演算法等。

在深度學習中,圖型分割是一種點對點的像素級分類任務,就是指定一張圖片,對圖片上的每一個像素分類,可以按照分類模型的想法來做,不同的是,分割模型的輸出是一張分割圖。

在深度學習中,圖型分割的主流方法是將分割轉變成一個像素級的分類問題。按圖型分割的目的由粗到細來區分,圖型分割有以下 3 種類型。

- 普通分割。將圖片中的目標物件與其他像素區域分開,如前景和背景的分割,本章中的圖型分割就是這種類型。

- 語義分割。在普通分割的基礎上，分類出每一塊區域的語義（即這塊區域是什麼物件）。
- 實例分割。在語義分割的基礎上給每個物件編號，如分割出圖片中的所有人物並給人臉編號。

與分類問題不同的是，語義分割需要根據圖片的每個像素的類別進行精確分割。圖型語義分割是像素等級的任務，但是由於 CNN 在進行卷積和池化的過程中遺失了圖片細節，即特徵圖逐漸變小，所以不能極佳地指出物件的具體輪廓，以及每個像素具體屬於哪個物件，所以在圖型分割網路中，一般都會有以下兩種功能。

- 下取樣 + 上取樣的結構，保證最終輸出特徵圖不能太小。
- 多尺度的特徵融合，特徵圖相加或拼接。

適合圖型分割的網路有很多，下面介紹其中比較熱門的 3 種。

1. FCN

FCN 是最早提出的用於圖型分割的神經網路，它將傳統卷積網路中的全連接層替換成了卷積網路，使得網路可以接受任意大小的圖片，並輸出和原圖一樣大小的分割圖，以便對每個像素進行分類。其結構示意圖如圖 6-1 所示。

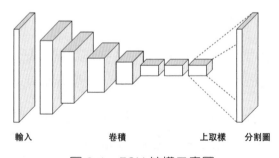

輸入　　　　　卷積　　　　上取樣　分割圖

圖 6-1　FCN 結構示意圖

此外，FCN 中率先使用了反卷積層進行上取樣。分類神經網路的特徵圖一般只有原圖的幾十分之一大小。想要映射回原圖大小，必須對特徵圖進行上取樣，這就是反卷積層的作用。

實際上，因為只用最後一層輸出進行上取樣的效果比較差，所以 FCN 會綜合倒數幾層的上取樣結果。

2. Mask R-CNN

Mask R-CNN 演變自物件辨識網路 Faster R-CNN，Mask R-CNN 的改造主要有兩個方面。

- 在 Faster R-CNN 的基礎上增加了一個全卷積網路用於圖型分割。
- 把 Faster R-CNN 中的 ROIPooling 替換成了 ROIAlign，ROIAlign 處理後的特徵圖與原始圖片中的像素是按比例對應的，更適合精細的圖型分割任務。

Mask R-CNN 的結構如圖 6-2 所示。

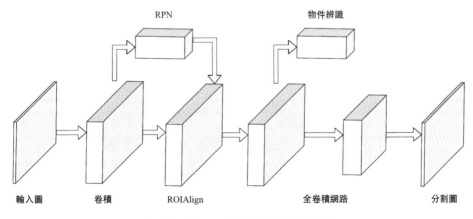

圖 6-2　Mask R-CNN 結構示意圖

Mask R-CNN 的運算流程如下。

(1) 將圖片輸入卷積層之後，得到特徵圖。

(2) 將特徵圖輸入 RPN 網路，得到包含物件的區域範圍（ROI）。

(3) 根據生成的區域範圍在特徵圖上進行 ROIAlign 操作，獲取包含物件的區域的特徵圖。

(4) 將特徵圖輸入全卷積網路進行圖型分割。

3. UNet

UNet 模型就像它的名字一樣，是一個 U 形的結構，如圖 6-3 所示。該模型分為兩個部分：編碼器（encoder）和解碼器（decoder）。

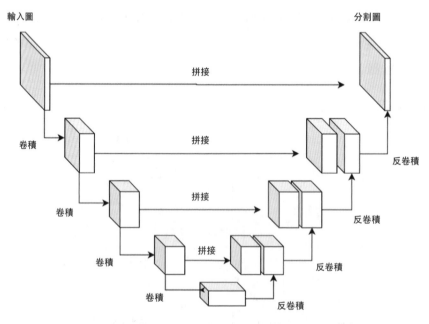

圖 6-3　UNet 結構示意圖

編碼器的結構與分類網路的特徵提取部分類似。在編碼器的運算過程中，圖型特徵圖逐漸縮小,並將中間結果記錄下來。然後將縮小的特徵輸入解碼器,進行反卷積或上取樣操作,將圖型特徵圖的尺寸逐步增大,形成一張與輸入圖片尺寸相同或呈一定比例的圖片。

編碼器和解碼器的各個單元之間還有 skip connection,用於將編碼器的中間結果和解碼器的中間結果拼接起來。與 ResNet 類似,這種結果能夠減少網路訓練過程中的梯度彌散現象。

在本章中,我們將選用 UNet 架設一個圖型分割網路,從上一章的合成圖片中找出物件的輪廓。

本章的專案結構如下:

```
.
├── config.py                      ----    設定檔
├── damu.py                        ----    彈幕實例
├── data.py                        ----    載入分割資料
├── demo.py                        ----    展示分割效果
├── model.py                       ----    分割模型
├── super_resolution_data.py       ----    載入超解析度重建資料
├── super_resolution_demo.py       ----    展示超解析度重建效果
├── super_resolution_train.py      ----    訓練超解析度重建模型
├── tools                          ----    存放工具程式
│       └── show_sample_data.py    ----    展示超解析度重建圖片範例
├── train_val.py                   ----    訓練分割模型
└── transform.py                   ----    圖型增強
```

▶ 6.1 資料載入

我們在上一章中已經生成了用於圖型分割的資料集,因此資料載入工作只需從資料檔案夾中讀取生成的圖片和對應的 mask 圖片即可。

載入圖片之前，先設定好必要的參數：

```
# config.py
import torch
# 定義資料存放裝置
device = torch.device("cuda" if torch.cuda.is_available() else "cpu")
# mask 目錄
mask_folder = "/data/object_detection_segment/segmentation"
# 圖片目錄
data_folder = "/data/object_detection_segment/object_detection"
# 定義學習率隨 epoch 變化的規律
epoch_lr = [(20,0.01),(10,0.001),(10,0.0001)
# 批次大小
batch_size = 8
# 模型保存路徑
checkpoint = "/data/chapter_three/net.pth"
```

利用這些參數，我們可以很方便地建構並修改後續的程式。

下面是建構 Dataset 的過程，圖型分割模型訓練時使用的 x 和 y 分別是圖片和圖片的隱藏，現在只需將圖片和隱藏分別讀取，然後組合成對即可。

與物件辨識類似，圖型分割任務也需要自訂圖型增強方法。在定義資料載入方法前，需要先設計好圖型增強方法。下面是圖型增強方法的定義程式：

```
# transform.py
# 圖型到圖型模型的資料增強
import torch
import numpy as np
import cv2

# 用於合併所有的圖型增強方法
class Compose:
    def __init__(self, transform_list):
```

```
        self.transform_list = transform_list

    def __call__(self, img, mask):
        # 遍歷圖型增強方法
        for transform in self.transform_list:
            # 同時處理圖片和隱藏
            img, mask = transform(img, mask)
        return img, mask


# 將 PIL.Image 物件轉換成 Numpy.ndarray 矩陣
class ToArraySegment:
    def __call__(self, img, mask):
        img = np.array(img)
        mask = np.array(mask)
        return img, mask


# 將 Numpy.ndarray 轉換成 torch.Tensor 並進行歸一化
class ToTensorSegment:
    def __call__(self, img, mask):
        return (
            torch.from_numpy(img).permute(2, 0, 1).float() / 255.0,
            torch.from_numpy(mask).float() / 255.0,
        )


# 調整尺寸
class Resize:
    def __init__(self, size=300):
        self.size = size

    def __call__(self, img, mask):
        img = cv2.resize(img, (self.size, self.size))
        mask = cv2.resize(mask, (self.size, self.size))
        return img, mask


# 邊框擴充
```

```python
class Expand:
    def __call__(self, img, mask):
        if np.random.randint(2):
            width, _, channels = img.shape
            ratio = np.random.uniform()
            # 定義背景圖片
            expand_img = np.zeros(
                (int(width * (1 + ratio)), int(width * (1 + ratio)), channels)
            )
            # 定義背景 mask
            expand_mask = np.zeros(
                (int(width * (1 + ratio)), int(width * (1 + ratio)))
            )
            # 隨機生成圖片位置
            left = np.random.uniform(0, width * ratio)
            top = np.random.uniform(0, width * ratio)
            left = int(left)
            top = int(top)
            # 貼上背景圖片
            expand_img[top : top + width, left : left + width, :] = img
            # 貼上隱藏
            expand_mask[top : top + width, left : left + width] = mask
            return expand_img, expand_mask
        else:
            return img, mask


# 映像檔翻轉
class Mirror:
    def __call__(self, img, mask):
        # 在絕對座標下執行
        if np.random.randint(2):
            width = img.shape[0]
            img = img[:, ::-1]
            mask = mask[:, ::-1]
        return img, mask
```

```python
# 訓練模式的資料增強方法
class TrainTransform:
    def __init__(self, size=224):
        self.size = size
        self.augment = Compose(
            [
                ToArraySegment(),
                Mirror(),
                Expand(),
                Resize(self.size),
                ToTensorSegment(),
            ]
        )
        # self.augment = Compose([ToArraySegment(), ToTensorSegment()])

    def __call__(self, img, mask):
        img, mask = self.augment(img, mask)
        return img, mask


# 驗證模式的資料增強方法
class TestTransform:
    def __init__(self, size=224):
        self.size = size
        # 驗證集只需要以下的轉換方法
        self.augment = Compose(
            [ToArraySegment(), Resize(self.size), ToTensorSegment()]
        )

    def __call__(self, img, boxes):
        img, mask = self.augment(img, mask)
        return img, mask
```

在上述程式中，實現了尺寸調整、圖片翻轉和邊框擴充這 3 種不同的圖型增強方法，以及相對座標、絕對座標之間的轉換方法。然後使用一個自訂的 Compose 類別將上述方法合併，便於批次處理。最後對訓練和測

試過程分別定義了兩套不同的圖型增強方法，因為在測試過程中不需要
對圖片的內容進行變換。

所有會修改圖片內容的操作都必須同時作用於圖片和隱藏，保證了圖片
中的物件前後景與隱藏中的前後景像素完全對應。

在資料載入類別中，要實現的就是將圖片和隱藏配對，並應用 transform
中的圖型增強方法：

```python
# data.py
from torch.utils.data import Dataset
from torchvision.transforms import ToTensor

from PIL import Image
from glob import glob
import os.path as osp
import re
from sklearn.model_selection import train_test_split

from transform import TrainTransform, TestTransform
from config import data_folder, mask_folder

class SegmentationData(Dataset):
    def __init__(
        self,
        data_folder=data_folder,
        mask_folder=mask_folder,
        subset="train",
        transform=None,
    ):
        image_paths = sorted(glob(osp.join(data_folder, "*.jpg")))
        mask_paths = sorted(glob(osp.join(mask_folder, "*.jpg")))
        # 檢查圖片和隱藏是否一致
        for i in range(len(image_paths)):
```

```
            assert osp.basename(image_paths[i]) == osp.basename(mask_paths[i])
        # 劃分訓練集和驗證集
        image_paths_train, image_paths_test, mask_paths_train, mask_paths_
test = train_test_split(
            image_paths, mask_paths, test_size=0.2, random_state=20
        )
        # 訓練集
        if subset == "train":
            self.image_paths = image_paths_train
            self.mask_paths = mask_paths_train
        # 測試集
        else:
            self.image_paths = image_paths_test
            self.mask_paths = mask_paths_test

        self.transform = transform

    def __getitem__(self, index):
        # 根據 index 取圖片和對應的隱藏
        image = Image.open(self.image_paths[index]).resize((224, 224))
        mask_path = self.mask_paths[index]
        # 隱藏轉成黑白圖片
        mask = Image.open(mask_path).resize((224, 224)).convert("L")
        # 資料增強
        if self.transform:
            image, mask = self.transform(image, mask)
        # 如果沒有定義 transform 手段，就直接使用 ToTensor
        else:
            image, mask = ToTensor()(image), ToTensor()(mask)
        return image, mask

    def __len__(self):
        return len(self.image_paths)

if __name__ == "__main__":
```

```
from torchvision.transforms import ToPILImage

topil = ToPILImage()
data = SegmentationData(transform=TrainTransform())
image, mask = data[11]
image, mask = topil(image), topil(mask)
image.save("img/sample.jpg")
mask.save("img/sample_mask.jpg")
image.show()
mask.show()
```

上述程式定義了用於資料分割的資料集,在 __init__ 方法中讀取了所有的原始圖片和隱藏的路徑;在 __getitem__ 方法中加入了對圖片和隱藏進行圖型增強的操作。直接執行程式,可以看到資料集中生成了一對圖型和隱藏。

經過資料增強的圖片和隱藏如圖 6-4 和圖 6-5 所示,其中隱藏中只有黑色和白色,其實是只有 0 和 1 兩個值,1 的位置對應著原圖中物件所在的位置。

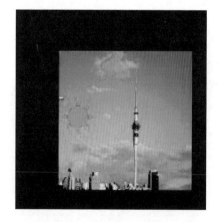

圖 6-4　增強後的圖片　　　　圖 6-5　圖型增強後的隱藏

≫ 6.2 模型架設

圖型分割任務中的輸入和輸出都是類似圖片形式的矩陣（長寬有可能相同，也有可能不同），輸出矩陣的通道數量決定圖片中物件的種類數量。在上一節的例子中，輸入圖片是之前生成的 3 個通道的圖片，輸出圖片是有兩個通道（對應 0 和 1）的圖片。這裡如果使用 BCELoss 作為損失函數的話，可以只使用一個通道的輸出。

下面架設基於 ResNet-18 的 UNet 網路。編碼器選擇的是 torchvision. models 中的 ResNet-18，因為這次的圖片尺寸較大，不便再使用前面為 CIFAR 建構的 ResNet 了。在這裡，我們可以將 ResNet-18 中的 pretrained 參數設定為 True 來獲取 ImageNet 的預訓練參數，以加快訓練速度。解碼器選擇利用 nn.ConvTranspose2d 架設一個「卷積＋反卷積＋卷積」結構的解碼區塊，然後與編碼器中的各個層對應拼接起來。相關程式如下：

```python
# model.py
import torch
from torch import nn
from torchvision.models import resnet18


# 解碼模組
class DecoderBlock(nn.Module):
    def __init__(self, in_channels, out_channels, kernel_size):
        """
        in_channels: 輸入通道
        out_channels: 輸出通道
        kernel_size: 卷積核心大小
        """
        super(DecoderBlock, self).__init__()

        self.conv1 = nn.Conv2d(
            in_channels, in_channels // 4, kernel_size, padding=1, bias=False
```

```
        )
        self.bn1 = nn.BatchNorm2d(in_channels // 4)
        self.relu1 = nn.ReLU(inplace=True)
        # 反卷積
        self.deconv = nn.ConvTranspose2d(
            in_channels // 4,
            in_channels // 4,
            kernel_size=3,
            stride=2,
            padding=1,
            output_padding=1,
            bias=False,
        )
        self.bn2 = nn.BatchNorm2d(in_channels // 4)
        self.relu2 = nn.ReLU(inplace=True)

        self.conv3 = nn.Conv2d(
            in_channels // 4,
            out_channels,
            kernel_size=kernel_size,
            padding=1,
            bias=False,
        )
        self.bn3 = nn.BatchNorm2d(out_channels)
        self.relu3 = nn.ReLU(inplace=True)

    def forward(self, x):
        x = self.relu1(self.bn1(self.conv1(x)))
        x = self.relu2(self.bn2(self.deconv(x)))
        x = self.relu3(self.bn3(self.conv3(x)))
        return x

class ResNet18Unet(nn.Module):
    def __init__(self, num_classes=2, pretrained=True):
        super(ResNet18Unet, self).__init__()
```

```
# base 沒有作為類別屬性，這樣可以避免保存模型時保存過多無用參數
base = resnet18(pretrained=pretrained)
# 將 ResNet 的前幾層複製到 ResNet18Unet 中
self.firstconv = base.conv1
self.firstbn = base.bn1
self.firstrelu = base.relu
self.firstmaxpool = base.maxpool
# 將 ResNet 中的 layer 作為編碼器
self.encoder1 = base.layer1
self.encoder2 = base.layer2
self.encoder3 = base.layer3
self.encoder4 = base.layer4
# 解碼器的輸出通道數量
out_channels = [64, 128, 256, 512]
# 使用 DecoderBlock 定義解碼器
self.center = DecoderBlock(
    in_channels=out_channels[3],
    out_channels=out_channels[3],
    kernel_size=3,
)
self.decoder4 = DecoderBlock(
    in_channels=out_channels[3] + out_channels[2],
    out_channels=out_channels[2],
    kernel_size=3,
)
self.decoder3 = DecoderBlock(
    in_channels=out_channels[2] + out_channels[1],
    out_channels=out_channels[1],
    kernel_size=3,
)
self.decoder2 = DecoderBlock(
    in_channels=out_channels[1] + out_channels[0],
    out_channels=out_channels[0],
    kernel_size=3,
)
```

```python
        self.decoder1 = DecoderBlock(
            in_channels=out_channels[0] + out_channels[0],
            out_channels=out_channels[0],
            kernel_size=3,
        )
        # 最後增加一個卷積層將特徵圖維度整理成圖片對應的尺寸
        self.finalconv = nn.Sequential(
            nn.Conv2d(out_channels[0], 32, 3, padding=1, bias=False),
            nn.BatchNorm2d(32),
            nn.ReLU(),
            nn.Dropout2d(0.1, False),
            nn.Conv2d(32, num_classes, 1),
        )


    def forward(self, x):
        # 前置處理
        x = self.firstconv(x)
        x = self.firstbn(x)
        x = self.firstrelu(x)
        x_ = self.firstmaxpool(x)

        # 編碼器的下取樣過程
        e1 = self.encoder1(x_)
        e2 = self.encoder2(e1)
        e3 = self.encoder3(e2)
        e4 = self.encoder4(e3)

        # 解碼器的上取樣過程
        center = self.center(e4)
        d4 = self.decoder4(torch.cat([center, e3], 1))
        d3 = self.decoder3(torch.cat([d4, e2], 1))
        d2 = self.decoder2(torch.cat([d3, e1], 1))
        d1 = self.decoder1(torch.cat([d2, x], 1))
        # 輸出圖片
        f = self.finalconv(d1)
        return f
```

```
if __name__ == "__main__":
    net = ResNet18Unet(pretrained=False)
    img = torch.rand(1, 3, 320, 320)
    out = net(img)
    print(out.shape)
```

上述程式使用 ResNet-18 中的特徵提取部分充當編碼器，使用自訂的解碼模組充當解碼器，然後將編碼器和解碼器都加入 UNet 網路中。先計算編碼器，保存編碼器每一個模組的計算結果，並將最終的計算結果輸入解碼模組，逐步進行解碼器運算，將每次運算的結果輸入與之前保存的編碼器中間結果進行拼接，再輸入下一個解碼模組進行計算，最終得到分割圖片。

≫ 6.3 模型訓練

模型的訓練過程與分類網路較為相似，不過因為本任務中的物件與背景之間的像素數量差距較大，所以正負樣本不均衡。在分類學習演算法中，不同類別樣本的比例相差懸殊會對演算法的學習過程造成重大干擾，所以需要為 CrossEntropyLoss 增加一個合適的權重，以縮小負樣本數量對模型訓練的影響。下面是圖型分割網路的訓練程式：

```
# train_val.py
import torch
from torch import nn, optim
from torch.utils.data import DataLoader
from torch.utils.tensorboard import SummaryWriter
from tqdm import tqdm
import os.path as osp
```

```python
from data import SegmentationData
from transform import TrainTransform, TestTransform
from model import ResNet18Unet
from config import device, checkpoint, batch_size, epoch_lr


def train():
    net = ResNet18Unet().to(device)
    # 載入資料集
    trainset = SegmentationData(subset="train", transfrom=TrainTransform())
    testset = SegmentationData(subset="test", transform=TestTransform())
    # 載入 DataLoader
    trainloader = DataLoader(
        trainset, batch_size=batch_size, shuffle=True, num_workers=4
    )
    testloader = DataLoader(
        testset, batch_size=batch_size, shuffle=True, num_workers=4
    )
    # 損失函數
    criteron = nn.CrossEntropyLoss(weight=torch.Tensor([0.3, 1.0]).
to(device))
    # 最佳損失，用於篩選最佳模型
    best_loss = 1e9
    # 如果有現成的模型，則載入模型，繼續訓練
    if osp.exists(checkpoint):
        ckpt = torch.load(checkpoint)
        best_loss = ckpt["loss"]
        net.load_state_dict(ckpt["params"])
        print("checkpoint loaded ...")
    # TensorBoard 記錄器
    writer = SummaryWriter("log")
    for n, (num_epochs, lr) in enumerate(epoch_lr):
        optimizer = optim.SGD(
            net.parameters(), lr=lr, momentum=0.9, weight_decay=5e-3
        )
        for epoch in range(num_epochs):
```

```
net.train()
# 使用 pbar 可以在進度指示器旁邊動態顯示損失
pbar = tqdm(enumerate(trainloader), total=len(trainloader))
epoch_loss = 0.0
for i, (img, mask) in pbar:
    out = net(img.to(device))
    loss = criteron(out, mask.to(device).long().squeeze(1))
    optimizer.zero_grad()
    loss.backward()
    optimizer.step()
    if i % 10 == 0:
        pbar.set_description("loss: {}".format(loss))
    epoch_loss += loss.item()
# 列印當前 epoch 的損失
print("Epoch_loss:{}".format(epoch_loss / len(trainloader.dataset)))
# 將 epoch 的損失加入 TensorBoard
writer.add_scalar(
    "seg_epoch_loss",
    epoch_loss / len(trainloader.dataset),
    sum([e[0] for e in epoch_lr[:n]]) + epoch,
)
# 無梯度模式下快速驗證
with torch.no_grad():
    # 驗證模式
    net.eval()
    test_loss = 0.0
    for i, (img, mask) in tqdm(
        enumerate(testloader), total=len(testloader)
    ):
        out = net(img.to(device))
        loss = criteron(out, mask.to(device).long().squeeze(1))
        # 累計損失
        test_loss += loss.item()
    # 列印損失
    print(
```

```
                    "Test_loss:{}".format(test_loss / len(testloader.dataset))
                )
                # 將損失加入 TensorBoard
                writer.add_scalar(
                    "seg_test_loss",
                    test_loss / len(testloader.dataset),
                    sum([e[0] for e in epoch_lr[:n]]) + epoch,
                )
            if test_loss < best_loss:
                best_loss = test_loss
                torch.save(
                    {"params": net.state_dict(), "loss": test_loss}, checkpoint
                )
    writer.close()


if __name__ == "__main__":
    train()
```

在上述程式中，我們使用了 torch.nn.CrossEntropyLoss 作為損失函數，因
為這個專案是二分類任務。當然，也可以使用 torch.nn.functional.binary_
cross_entropy 作為損失函數，不同的是需要將 ResNet18Unet 中的 n_
classes 參數設定為 1。

圖型分割模型的訓練曲線如圖 6-6 和圖 6-7 所示。

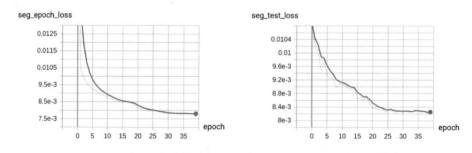

圖 6-6　圖型分割模型訓練集損失曲線　圖 6-7　圖型分割模型驗證集損失曲線

從訓練集和驗證集的損失曲線可以看出，模型訓練良好，基本已進入平穩期，可以繼續進行模型展示了。

≫ 6.4 模型展示

模型訓練完畢後，可以透過以下方式進行結果展示：

```python
# demo.py
import torch
from torchvision.transforms import ToPILImage
import matplotlib.pyplot as plt

from model import ResNet18Unet
from data import SegmentationData
from config import checkpoint, device
# 定義模型
net = ResNet18Unet().to(device)
# 載入參數
net.load_state_dict(torch.load(checkpoint)["params"])
net.eval()
# 測試集
test_data = SegmentationData(subset="test")
img, _ = test_data[10]
# 模型推理
mask = net(img.unsqueeze(0).to(device))
topil = ToPILImage()
# 選取 dim=1 維度中機率最大的值，得到最終的預測隱藏
mask_img = torch.argmax(mask, dim=1).squeeze(0).squeeze(0)
plt.subplot(121)
plt.imshow(topil(img))
plt.subplot(122)
plt.imshow(mask_img.data.cpu().numpy())
```

```
plt.show()
plt.savefig("img/result.jpg")
```

上述程式將之前訓練好的模型參數載入到模型中,然後在測試集中挑選
了一張圖片進行模型預測。因為輸出的預測隱藏有兩個通道(分別表示
圖片中的每個像素上有物件和無物件的機率),而我們需要的隱藏圖型只
有一個通道,所以需要對預測隱藏取機率最大的通道。此時會得到如圖
6-8 所示的預測結果,可以看到這個模型已經具備了從圖片中把目標物件
分割出來的能力。

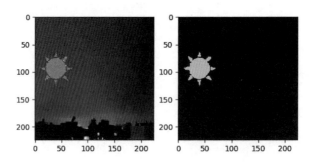

圖 6-8　模型預測結果

≫ 6.5　智慧彈幕

經常逛 B 站的讀者可能會發現,2019 年,B 站的視訊彈幕增加了過濾視
訊中人物的功能,這樣無論彈幕多密集,都不會擋住人臉。

顯然,這個功能是透過圖型分割技術實現的,有了圖型分割模型,就可
以很輕鬆地實現智慧彈幕功能。下面這段程式的想法就是根據分割後的
隱藏將原圖中的物件複製到帶有彈幕的畫面上,這個功能的實現程式如
下:

```python
# danmu.py
# 演示如何製作能夠過濾前景的彈幕
import torch
from PIL import ImageDraw, ImageFont, Image
from data import SegmentationData
from model import ResNet18Unet
from torchvision import transforms
from config import device, checkpoint
import numpy as np

# 載入模型
net = ResNet18Unet().to(device)
net.load_state_dict(torch.load(checkpoint)["params"])

# 從驗證集中取圖片
test_data = SegmentationData(subset="test")
img, _ = test_data[10]
# 模型推理
mask = net(img.unsqueeze(0).to(device))
topil = transforms.ToPILImage()
mask_img = torch.argmax(mask, dim=1).squeeze(0).squeeze(0)


im = topil(img)
# 圖片備份
imcopy = im.copy()
font = ImageFont.truetype("simsun.ttf", size=15)
draw = ImageDraw.Draw(im)
mask = mask_img.cpu().data.numpy()
# 繪製彈幕
for j in range(10):
    draw.text((20, 20 * j), u" 這是一個金色的太陽 ", font=font, fill=(0, 0, 0))
im.save("img/danmu1.jpg")
im_array = np.array(im)
# 把備份圖片轉成 array，便於貼上
im_copy_array = np.array(imcopy)
```

```
im_array[mask == 1] = im_copy_array[mask == 1]
im = Image.fromarray(im_array)
im.show()
im.save("img/danmu2.jpg")
```

上述程式在借助圖型分割模型預測出了圖片的分割隱藏圖之後，複製獲得了一張備份圖 imgcopy。然後在原圖中繪製了密集的文字，再根據隱藏圖，從無文字的備份圖片 imgcopy 中將包含物件的像素貼上到目標圖中。得到的結果如圖 6-9 和圖 6-10 所示。

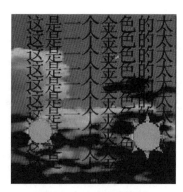

圖 6-9　普通彈幕　　　　　　　　圖 6-10　智慧彈幕

經過分割模型處理之後，可以將彈幕隱藏在物件之後，獲得更好的視覺觀感。

▷ 6.6 像素級回歸問題：超解析度重建

在深度學習中，像 UNet 這種「編碼器＋解碼器」結構並且輸入和輸出均為圖片的網路有非常廣的應用範圍。在本章尾端，我們將再為大家介紹 UNet 的另一個應用：超解析度重建。

6.6.1 超解析度重建演算法的發展

超解析度重建指的是將一張低解析度的圖片進行處理，恢復出高解析度圖片的一種影像處理技術。這種技術可以改善圖片的視覺效果，也能對圖片辨識和處理有幫助。目前，基於深度學習的超解析度重建演算法已經成為該領域的研究熱點。下面介紹幾種經典的深度學習超解析度重建演算法。

1. SRCNN

SRCNN 是最早的超解析度重建演算法，先使用雙線性內插將圖片縮放到期望的大小，然後使用非線性網路進行特徵提取和重建。這個過程只用到了兩個卷積層，如圖 6-11 所示，可見超解析度重建問題對網路結構的要求並不高，這種簡單到極致的網路都可以輕鬆完成任務。

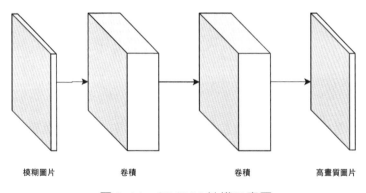

模糊圖片　　　　　卷積　　　　　卷積　　　　高畫質圖片

圖 6-11　SRCNN 結構示意圖

2. FSRCNN

FSRCNN 是對 SRCNN 的改進，它的創新點如下。

- 採用反卷積來放大圖片，這樣在進行不同比例的超解析度重建時，只需訓練反卷積部分的參數即可，其餘層的參數保持不變。

- 使用 1×1 卷積進行降維，減少了計算量。
- 使用更小的卷積核心和更多的卷積層。

圖 6-12 是 FSRCNN 的結構示意圖，從圖中可以看出，模糊圖片經過多層卷積之後得到一個特徵圖，然後使用反卷積和 1×1 卷積將特徵圖放大和降維，就可以得到最終的高畫質圖片。我們只需訓練反卷積部分，就可以實現多種不同比例的超解析度重建模型了。

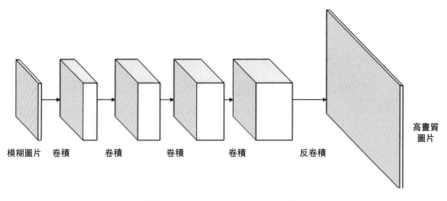

高畫質圖片

模糊圖片　卷積　　卷積　　卷積　　卷積　　反卷積

圖 6-12　FSRCNN 示意圖

3. VDSR

VDSR 在分割網路中使用了殘差網路，也就是將訓練目標從高畫質圖片轉化成了高畫質圖片與模糊圖片之間的像素差值。這個演算法的創新點如下。

- 使用了殘差結構，並在訓練中增加了梯度裁剪操作，防止梯度爆炸。
- 將網路加深到 20 層，使模型具備了更大的感受野。
- 將不同縮放比例的圖片混合在一起訓練，這樣模型能夠解決不同倍數的高解析度重建。

VDSR 的網路結構如圖 6-13 所示，VDSR 使卷積網路變得更深，圖片經過多層卷積之後得到的計算結果會與原圖相加，得到最終的高畫質圖

片。在這種結構下，模型擬合的是高畫質圖片和模糊圖片之間的殘差，
比直接擬合高畫質圖片更加容易。

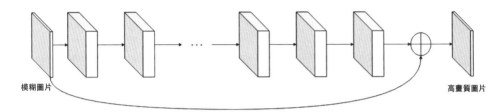

模糊圖片　　　　　　　　　　　　　　　　　　　　　　　　　　高畫質圖片

圖 6-13　　VDSR 示意圖

6.6.2 資料載入

資料生成很簡單：把搜集來的任意圖片集作為標籤，借助 OpenCV 或 PIL
等工具將圖片進行模糊化，即可得到訓練資料。

為了讓模型擬合更快，可以選擇某一類圖片來訓練，比如可以選擇蝴蝶
圖片來進行訓練。圖片下載方式也很簡單，搜尋「蝴蝶特寫」之類的關
鍵字，可以很容易搜到如圖 6-14 所示的圖片。

圖 6-14　　蝴蝶圖片範例

本專案共使用了 1381 張蝴蝶圖片，其中大部分圖片只包含了一隻蝴蝶的
特寫，且背景相對簡單。

1. 資料載入

在資料前置處理及載入的過程中，我們對圖片進行了通道格式轉換和通
道取出，並選擇 PIL 函數庫中的 ImageFilter.BLUR 函數進行了線上模糊
化處理，程式如下：

```python
# super_resolution_data.py
from torch.utils.data import Dataset
from torchvision import transforms

from glob import glob
import os.path as osp
from PIL import Image, ImageFilter
from sklearn.model_selection import train_test_split

from config import sr_data_folder

class SuperResolutionData(Dataset):
    def __init__(
        self,
        data_folder=sr_data_folder,
        subset="train",
        transform=None,
        demo=False,
    ):
        """
        data_folder: 資料檔案夾
        subset: 訓練集或測試集
        transform: 資料增強方法
        demo: demo 模式（資料增強方法不同）
        """
```

```
        self.img_paths = sorted(glob(osp.join(sr_data_folder, "*.jpg")))
        train_paths, test_paths = train_test_split(
            self.img_paths, test_size=0.2, random_state=10
        )
        # 訓練集
        if subset == "train":
            self.img_paths = train_paths
        # 測試集
        else:
            self.img_paths = test_paths
        self.subset = subset
        # demo 模式
        self.demo = demo
        # 如果沒有定義 tranform，則使用預設 transform
        if transform is None:
            self.transform = transforms.ToTensor()
        else:
            self.transform = transform


    def __getitem__(self, index):
        # 將高畫質圖片轉換成 YCbCr
        high = (
            Image.open(self.img_paths[index])
            .resize((256, 256))
            .convert("YCbCr")
        )
        # 劃分通道
        high_y, high_cb, high_cr = high.split()
        # 模糊化
        low = high.filter(ImageFilter.BLUR())
        # 劃分通道
        low_y, low_cb, low_cr = low.split()
        # 訓練集
        if self.subset == "train":
            # demo 模式下，返回各個通道
```

```
            if self.demo:
                return (
                    self.transform(low_y),
                    self.transform(high_y),
                    (high_cb, high_cr, low_cb, low_cr),
                )
            else:
                return self.transform(low_y), self.transform(high_y)
        # 測試集
        else:
            totensor = transforms.ToTensor()
            if self.demo:
                return (
                    totensor(low_y),
                    totensor(high_y),
                    (high_cb, high_cr, low_cb, low_cr),
                )
            else:
                return totensor(low_y), totensor(high_y)

    def __len__(self):
        return len(self.img_paths)
```

上述程式實現了建構超分辨重建資料集，在 __init__ 方法中，我們載入了所有圖片的路徑並劃分了訓練集和驗證集。在 __getitem__ 方法中，我們將圖片從 RGB 格式轉換成了 YCbCr 格式，並進行了通道分割，然後設定了演示模式。在演示模式下，會返回模糊圖片和高畫質圖片的所有通道資料；在非演示模式下，只返回模糊圖片和高畫質圖片的 Y 通道資料。

2. 圖片比對

透過以下程式，可以查看原始圖片和模糊化之後的圖片：

```
# tools/show_sample_data.py
# 在 tools 目錄下執行
import torch
from torch import nn
from torchvision.transforms import ToPILImage

import matplotlib.pyplot as plt
from PIL import Image
import sys
# 將上級目錄加入系統目錄
sys.path.append("..")
from super_resolution_data import SuperResolutionData
# 從測試集中找圖片進行演示
test_data = SuperResolutionData(subset="test", demo=True)
low, high, (high_cb, high_cr, low_cb, low_cr) = test_data[0]
topil = ToPILImage()
plt.subplot(121)
plt.title("low")
# 合併通道才能得到一張完整圖片
low_rgb = Image.merge("YCbCr", [topil(low), low_cb, low_cr]).convert("RGB")
plt.imshow(low_rgb)
plt.subplot(122)
plt.title("high")
# 合併通道才能得到一張完整圖片
high_rgb = Image.merge("YCbCr", [topil(high), high_cb, high_cr]).
convert("RGB")
plt.imshow(high_rgb)
plt.savefig("../img/sr_sample.jpg")
plt.show()
```

上述程式載入了測試集，並在從訓練集中獲取模糊圖片和高畫質圖片的 3
個通道之後，將 3 個通道合併得到完整的模糊圖片和高畫質圖片，最後
將兩張圖片繪製出來。模糊圖片與高畫質圖片如圖 6-15 所示。

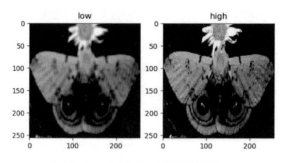

圖 6-15　模糊圖片與高畫質圖片

6.6.3 模型架設與訓練

我們可以直接使用在圖型分割任務中架設的 ResNet18Unet 來完成這個任務。本節以回歸的想法架設這個超解析度重建模型，直接生成高畫質圖片中的 Y 通道，然後再與原圖中的 CbCr 通道合併，得到最終的高畫質圖片，最後根據 MSELoss 這一回歸損失函數來最佳化模型。因為輸出通道的數量為 1，所以模型最後的輸出類別數量也需要設定為 1。

在超解析度重建模型的訓練過程中，我們使用了兩個技巧。

- 將圖片轉化成 YCbCr 通道格式，只訓練亮度通道 Y。
- 不直接訓練圖片，而是訓練高畫質圖片和模糊圖片之間的殘差，這樣能減小回歸問題的訓練難度。

下面是超解析度重建模型的訓練程式：

```
# super_resolution_train.py
import torch
from torch import nn, optim
from torch.utils.data import DataLoader

from tqdm import tqdm
import os.path as osp
```

```python
from super_resolution_data import SuperResolutionData, transform
from model import ResNet18Unet
from config import device, sr_checkpoint, batch_size, epoch_lr
from torch.utils.tensorboard import SummaryWriter
from transform import TrainTransform, TestTransform

def train():
    # 建立模型
    net = ResNet18Unet(num_classes=1)
    # 只訓練 Y 通道
    net.firstconv = nn.Conv2d(
        1, 64, kernel_size=7, stride=2, padding=3, bias=False
    )
    # 將模型轉入 GPU
    net = net.to(device)
    # 載入資料集
    trainset = SuperResolutionData(subset="train", transform=TrainTransform)
    testset = SuperResolutionData(subset="test", transform=TestTransform)
    # 載入 DataLoader
    trainloader = DataLoader(
        trainset, batch_size=batch_size, shuffle=True, num_workers=4
    )
    testloader = DataLoader(
        testset, batch_size=batch_size, shuffle=True, num_workers=4
    )
    # 損失函數
    criteron = nn.MSELoss()
    # 最佳損失，用於篩選最佳模型
    best_loss = 1e9

    if osp.exists(sr_checkpoint):
        ckpt = torch.load(sr_checkpoint)
        best_loss = ckpt["loss"]
        net.load_state_dict(ckpt["params"])
        print("checkpoint loaded ...")
```

```python
writer = SummaryWriter("super_log")
for n, (num_epochs, lr) in enumerate(epoch_lr):
    optimizer = optim.SGD(
        net.parameters(), lr=lr, momentum=0.9, weight_decay=5e-3
    )
    for epoch in range(num_epochs):
        net.train()
        pbar = tqdm(enumerate(trainloader), total=len(trainloader))
        epoch_loss = 0.0
        for i, (img, mask) in pbar:
            img = img.to(device)
            mask = mask.to(device)
            out = net(img)
            # 只訓練樣本與標籤之間的殘差
            loss = criteron(out + img, mask)
            optimizer.zero_grad()
            loss.backward()
            optimizer.step()
            if i % 10 == 0:
                pbar.set_description("loss: {}".format(loss))
            epoch_loss += loss.item()
        print("Epoch_loss:{}".format(epoch_loss / len(trainloader.dataset)))
        writer.add_scalar(
            "super_epoch_loss",
            epoch_loss / len(trainloader.dataset),
            sum([e[0] for e in epoch_lr[:n]]) + epoch,
        )
        # 無梯度模式下快速驗證
        with torch.no_grad():
            # 驗證模式
            net.eval()
            test_loss = 0.0
            for i, (img, mask) in tqdm(
                enumerate(testloader), total=len(testloader)
```

```
        ):
            img = img.to(device)
            mask = mask.to(device)
            out = net(img)
            loss = criteron(out + img, mask)
            # 累計損失
            test_loss += loss.item()
        print(
            "Test_loss:{}".format(test_loss / len(testloader.dataset))
        )
        # 將損失加入 TensorBoard
        writer.add_scalar(
            "super_test_loss",
            test_loss / len(testloader.dataset),
            sum([e[0] for e in epoch_lr[:n]]) + epoch,
        )
    # 如果模型效果比當前最好的模型都好，則保存模型參數
    if test_loss < best_loss:
        best_loss = test_loss
        torch.save(
            {"params": net.state_dict(), "loss": test_loss},
            sr_checkpoint,
        )
    writer.close()


if __name__ == "__main__":
    train()
```

上述程式實現了超解析度重建模型的訓練過程，先使用訓練集訓練模型，然後在驗證集上測試模型效果，如果在驗證模型時發現模型的損失獲得了改善，則將改善後的模型保存下來，這樣能夠避免過擬合之後的模型覆蓋掉最佳模型。在計算損失時，將模型的預測值 out 與模型輸入值 img 相加後再與 mask 計算損失，使用這種方式能獲得更好的效果。

訓練過程中模型的損失變化如圖 6-16 和圖 6-17 所示，可以看出，模型在訓練集和驗證集上的損失較為接近，且在 20 個 epoch 之後曲線變得平緩，可以認為模型已經訓練到了較理想的狀態。

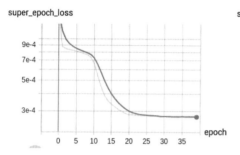

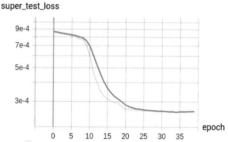

圖 6-16 超解析度重建訓練集損失曲線　　圖 6-17 超解析度重建測試集損失曲線

6.6.4 模型展示

訓練完成之後，可以把生成的圖片與樣本中的兩張圖片做一個比對：

```python
# super_solution_demo.py
import torch
from torch import nn
from torchvision.transforms import ToPILImage
import matplotlib.pyplot as plt
from PIL import Image

from model import ResNet18Unet
from super_resolution_data import SuperResolutionData
from config import sr_checkpoint, device

net = ResNet18Unet(num_classes=1)
# 只處理 Y 通道
net.firstconv = nn.Conv2d(1, 64, kernel_size=7, stride=2, padding=3,
bias=False)
net = net.to(device)
```

```
net.load_state_dict(torch.load(sr_checkpoint)["params"])
# 從測試集中找圖片驗證
test_data = SuperResolutionData(subset="test", demo=True)
low, high, (high_cb, high_cr, low_cb, low_cr) = test_data[0]
mask = net(low.unsqueeze(0).to(device)).squeeze(0).data.cpu()
topil = ToPILImage()
plt.subplot(131)
plt.title("low")
# 合併通道
low_rgb = Image.merge("YCbCr", [topil(low), low_cb, low_cr]).convert("RGB")
plt.imshow(low_rgb)
plt.subplot(132)
plt.title("rebuilt")
# 殘差累加，還原預測結果
rebuilt = mask + low
# 通道合併
rebuilt_rgb = Image.merge("YCbCr", [topil(rebuilt), low_cb, low_cr]).
convert(
    "RGB"
)
plt.imshow(rebuilt_rgb)
plt.subplot(133)
plt.title("high")
high_rgb = Image.merge("YCbCr", [topil(high), high_cb, high_cr]).
convert("RGB")
plt.imshow(high_rgb)
plt.savefig("img/sr_result.jpg")
plt.show()
```

上述程式實現了超解析度重建模型的預測過程，分為 4 個步驟。

(1) 建立一個 ResNet18Unet 模型，將模型的輸入通道（修改第一個卷積
層的輸入通道數量）和輸出通道（修改最終的輸出類別數）都修改成
1，載入預訓練模型參數。

(2) 拆分原圖的通道,並將 Y 通道輸入模型進行前向傳播,得到預測結果。

(3) 將預測結果與原圖中的兩個通道進行合併,得到預測圖片。

(4) 繪製模糊圖片、預測圖片和高畫質圖片的比較圖。

預測得到的效果如圖 6-18 所示,從中可以看到,圖片的清晰度有了很大的提升。這說明我們的超解析度重建模型已經學習到了模糊圖片和清晰圖片之間的像素映射關係。

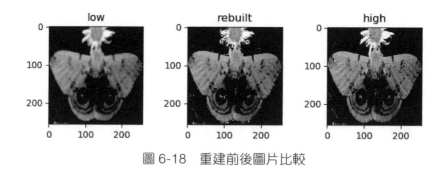

圖 6-18　重建前後圖片比較

》 **6.7 小結**

本章首先介紹了如何使用 UNet 進行像素級的分類任務和像素級的回歸任務,然後介紹了 UNet 網路的架設過程,我希望讀者在學過本章內容之後,能夠做到以下幾點。

■ 對圖型分割和超解析度重建的基本邏輯有一定了解。

■ 學會架設類似 UNet 結構的神經網路。

■ 熟悉像素級的分類與回歸建模方式。

圖型搜尋

利用圖型辨識技術，根據原始圖片的顏色分佈、幾何形狀和紋理等視覺特徵，可以搜尋資料庫中的相似圖片。搜尋的主要依據是圖片之間的相似度。

圖型搜尋有兩個常用的應用場景，一個是人臉的 $1：N$ 辨識，另一個是以圖搜圖。與文字搜尋不同的是，圖片中包含的資訊量非常大，如果使用完整的圖片資訊進行搜尋，那麼需要大量比對相關的運算，現有的電腦性能難以在短時間內完成，因此這種圖型搜尋任務都有一個共同的想法，就是先得到圖片的特徵資訊，再透過比較特徵的相似度來比較圖片的相似度。

本章將以人臉辨識為例，講解如何使用卷積神經網路實現圖型搜尋功能。

本章的專案目錄如下：

```
.
├── check_data.py        ----    檢查下載的圖片是否有效
├── classification.py    ----    建構並訓練人臉分類模型
├── cluster.py           ----    圖型聚類
├── compare.py           ----    圖片比對
├── config.py            ----    參數設定檔
├── cosface.py           ----    CosFace 層
├── data.py              ----    載入 AutoEncoder 資料
├── download_data.py     ----    下載資料集
├── extract_face.py      ----    提取人臉
└── search.py            ----    圖型搜尋
```

再開始本章的實例講解之前，先設定實例中需要用到的參數：

```python
# config.py
import torch
# 模型和資料儲存位置
device = torch.device("cuda:0" if torch.cuda.is_available() else "cpu")
# 圖片尺寸
SIZE = 128
# 批次處理數量大小
BATCH_SIZE = 16
# 訓練分為兩個階段，分別使用兩個不同的學習率，如第一階段有 30 個 epoch，學習率
0.01
EPOCH_LR = [(30,0.01),(30,0.001)]
# 模型儲存位置
CHECKPOINT = "/data/image_search"
# 資料儲存位置
DATA_FOLDER = "/data/pubfig_faces"
```

》 7.1 分類網路的特徵

分類網路的特徵提取可以了解成如圖 7-1 所示的形式，其中輸入層將資料轉化成神經網路能夠處理的矩陣形式，特徵提取層會對圖片進行特徵提取，輸出層會將特徵轉化成與分類類別數相等的維度，便於進行分類的損失計算。

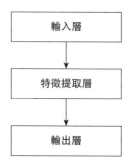

圖 7-1　分類網路的特徵提取功能

因此，要利用分類網路進行特徵提取，只需要將輸出層去掉即可。

利用分類網路來提取特徵的方法比較簡單，對於精度要求不高的圖片搜尋，甚至可以直接使用在 ImageNet 上訓練好的模型（比如 VGG、ResNet 等）進行特徵提取，再利用特徵比對得到最佳匹配結果。

這種方法在人臉辨識領域十分普及。在人臉辨識場景中，每個人都是一個類別，不可能將全世界所有人的人臉資訊都納入模型中進行訓練，所以人臉辨識模型必須具備處理模型外類別的能力才能夠有實際應用價值。

7.2 深度學習人臉辨識技術

一直以來,人臉辨識都是電腦視覺領域被研究最多的課題之一,目前基於深度學習的人臉辨識方法已經取代了傳統方法成為主流。

一般人臉辨識都採取特徵比對的方法,借助分類模型得到的特徵進行比對搜尋。這種方法能適應更廣闊的人群,但是對訓練精度和訓練資料的要求更高。它要求模型能夠精準地提取圖片中的臉部特徵,所以現在的人臉辨識模型的損失函數變得越來越複雜,訓練難度也越來越大,如 ArcFace、CosFace 等都是在不同空間上最大化分類介面。

7.2.1 FaceNet

FaceNet 將圖片經過深度網路處理之後進行 L2 正則化,得到 128 維的特徵向量,然後再對這 128 維的特徵向量計算三元組誤差。

三元組誤差的訓練過程如圖 7-2 所示,在訓練時,模型會不斷縮小同類人臉特徵向量之間的距離,增大不同人臉特徵向量之間的距離。

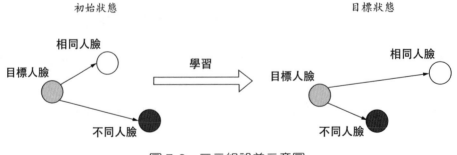

圖 7-2　三元組誤差示意圖

7.2.2 CosFace 和 ArcFace

CosFace 和 ArcFace 都是從傳統的 Softmax 餘弦損失運算式演化而來的，前者是在餘弦值後面增加了一個常數 m 以增大其在餘弦空間上的分類介面，也就是在當前分類的餘弦值的基礎上減去常數 m 仍然屬於這個分類，這樣操作無疑增大了不同類別之間的差距，使模型的分類性能更強：

$$L = \frac{1}{N} \sum_i - \ln \left(\frac{e^{s(\cos(\theta_{y_i,i}) - m)}}{e^{s(\cos(\theta_{y_i,i}) - m)} + \sum_{j \neq y_i} e^{s \cos(\theta_{j,i})}} \right)$$

而後者是在角度值後面加上一個常數 m，以增大其在角度空間上的分類介面：

$$L = \frac{1}{N} \sum_i - \ln \left(\frac{e^{s(\cos(\theta_{y_i,i} + m))}}{e^{s(\cos(\theta_{y_i,i} + m))} + \sum_{j \neq y_i} e^{s \cos(\theta_{j,i})}} \right)$$

上述兩個演算法都由 Softmax 餘弦損失運算式修改而得，其中 s 是為了避免特徵向量的模長太小造成訓練困難而增加的對權重和特徵的縮放比例，m 是為了擴大分隔介面增加的常數。

Softmax 及這兩種演算法在角度空間上的分隔面比較如圖 7-3 所示。

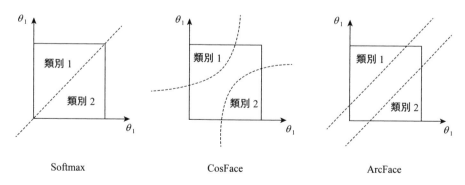

圖 7-3　Softmax、CosFace 和 ArcFace 分類介面比較

分隔面的增大會導致模型訓練困難，需要更大的資料集，這一點在本章
後面的訓練過程中可以看出來。

》 7.3 資料處理

在人臉辨識領域，有兩個比較著名的小類型資料集，一個是 lfw，一個
是 pubfig。二者的主要區別是 lfw 包含的人物較多（也就是人臉種類較
多），但是平均每人的照片數少；而 pubfig 包含的人物較少，但平均每人
的照片數較多，所以 pubfig 比 lfw 更加適合進行小規模的人臉辨識訓練。

7.3.1 資料下載

pubfig 官網只提供了圖片的 URL 清單，需要自己下載，讀者可以用
Python 寫一個多執行緒下載程式。下面提供一個範例，其中用到了
requests 函數庫，這個函數庫常用於網路爬蟲的請求模擬，下面是下載資
料的程式：

```python
# download.py
# 可以將兩個資料集放在一起訓練
# path = "D:\\datasets\\dev_urls.txt"
path = "D:\\datasets\\eval_urls.txt"
folder = "D:\\datasets\\pubfig_eval"

import pandas as pd
import os
from urllib.request import urlretrieve
from sklearn.utils import shuffle
from tqdm import tqdm
from time import ctime, time
import requests
```

```
# 因為 URL 檔案的第一行是註釋，第二行標題前面有個 # 號
# 所以在使用 pd.read_table 讀取時，需要透過 header=1 參數略過第一行 # 透過修改
df.columns 剔除掉 # 號
df = pd.read_table(path, header=1)
cols = df.columns[1:]
# md5sum 編碼在此用處不大
df = df.drop(["md5sum"], axis=1)
df.columns = cols


def download(i, df):
    print("thread {} started in {}".format(i, ctime()))
    # 打亂 df，便於多處理程序執行
    df = shuffle(df)
    for i, row in tqdm(df.iterrows(), total=df.shape[0]):
        url = row["url"]
        # 目的檔案夾
        target_folder = os.path.join(folder, row["person"])
        # 如果目的檔案夾不存在，則建立資料夾
        if not os.path.exists(target_folder):
            os.mkdir(target_folder)
        target_path = os.path.join(
            target_folder, row["person"] + str(row["imagenum"]) + ".jpg"
        )
        if os.path.exists(target_path):
            continue
        # 先建立空檔案，這樣下載失敗之後，其他處理程序（或執行緒）便不會再重複
嘗試
        with open(target_path, "wb") as f:
            try:
                # 發送 get 請求，設定逾時時間為 3 秒，回應時間超過 3 秒則放棄
                r = requests.get(url, timeout=3)
                f.write(r.content)
            except Exception as e:
                pass
```

```
import threading
# 增加執行緒
threads = []
for i in range(4):
    t = threading.Thread(target=download, args=(i, df))
    threads.append(t)

if __name__ == "__main__":
    MULTI_THREAD = True
    # 多執行緒模式
    if MULTI_THREAD:
        for t in threads:
            t.start()
        print("Done")
    # 單執行緒模式
    else:
        download(0, df)
```

上述程式使用 pandas 函數庫讀取 URL 檔案，然後使用 requests 函數庫逐
一存取 URL 位址，接著將得到的返回資訊以二進位形式保存到檔案中，
即可得到圖片。

程式的最後實現了多執行緒下載，能夠加速圖片下載過程，如果多執行
緒的速度還不能滿足需求，可以採取多處理程序執行的方式。最簡單的
多處理程序實現方式就是多開幾個命令列，每個命令列中分別執行一次
以下命令：

```
python download.py
```

7.3.2 資料檢查

由於大多數圖片位於國外的網站，所以會有不少圖片下載失敗或已經故
障，需要進一步篩選。篩選條件有兩個：

- 圖片能正常打開；
- 圖片中能夠檢測到人臉。

檢測人臉的工作可以使用 dlib 函數庫來完成。dlib 是一個包含機器學習演算法的 C++ 開放原始碼工具套件，其中包含了很多機器學習及影像處理相關的演算法，可以在不方便使用深度學習演算法的時候使用，比如這裡的人臉檢測演算法。為了清洗一下資料而重新訓練一個檢測模型，顯然是不划算的，這時就可以直接使用 dlib 中的人臉檢測演算法，清洗圖片的程式如下：

```python
# check_data.py
# 使用 dlib 函數庫驗證圖片是否正常，清理不正常的圖片
# 如果 dlib 下載失敗，可以嘗試直接下載 dlib 的 whl 檔案進行安裝
# dlib 需要 cmake

from glob import glob
from PIL import Image
import numpy as np
import dlib
import os
from tqdm import tqdm

# 刪除檔案
def remove(path):
    try:
        os.remove(path)
    except:
        pass

# 資料目錄
folder = "D:\\datasets\\pubfig"
image_paths = glob(os.path.join(folder, "*\\*.jpg"))
# 定義檢測器
face_detector = dlib.get_frontal_face_detector()
```

```
for path in tqdm(image_paths):
    # 檢查圖片是否能打開,打不開就刪除
    try:
        img = np.array(Image.open(path))
    except:
        remove(path)
        continue
    # 檢查是否能正常檢測圖片,不能就刪除
    try:
        face_rects = face_detector(img)
    except:
        f.write(path + "\n")
        remove(path)
        continue
    # 刪除沒有人臉的圖片
    if len(face_rects) == 0:
        remove(path)
        continue

f.close()
```

上述程式首先嘗試了圖片能否正常打開（有些圖片可能在下載過程中損壞），然後嘗試了圖片能否正常被檢測（圖片的格式可能不符合檢測要求），最後檢查了檢測到的人臉個數是否大於 0（圖片中可能並不包含人臉）。在這 3 個步驟中，任何一步沒有通過的圖片都直接刪除。

篩選完圖片之後，便可以利用 dev_urls.txt 中提供的人臉座標來截取圖片中的人臉了。

7.3.3 資料提取

人臉座標儲存在 dev_urls.txt 中，人臉座標是以 (xmin,ymin,xmax,ymax) 的格式儲存的，我們可以直接使用檔案中的座標來截取圖片中的人臉。

需要注意的是，很多圖片中不止一個人臉。當 dlib 檢測到多個人臉時，
無法判斷哪個人臉才是資料夾所對應的那個人臉，所以提取人臉這一步
不能直接使用 dlib 檢測，只能透過原始的標注檔案的座標來提取，相關
程式如下：

```python
# extract_face.py
import pandas as pd
import os
import numpy as np
import re
import time
import cv2
from tqdm import tqdm

# dev 資料集共有 60 個人
path = "/data/pubfig/dev_urls.txt"
# eval 資料集共有 140 個人
# path = "/data/pubfig/eval_urls.txt"
folder = "/data/pubfig"
# 第一行是註釋，第二行標題前面有個 # 號
df = pd.read_table(path, header=1)
cols = df.columns[1:]
df = df.drop(["md5sum"], axis=1)
df.columns = cols
print(df.head())
for i, row in tqdm(df.iterrows(), total=df.shape[0]):
    src_folder = os.path.join(folder, row["person"])
    src_path = os.path.join(
        src_folder, row["person"] + str(row["imagenum"]) + ".jpg"
    )
    # 替換上級資料夾名稱
    target_folder = re.sub("pubfig", "pubfig_faces", src_folder)
    target_path = re.sub("pubfig", "pubfig_faces", src_path)
    # 如果原始檔案存在，則在目的檔案夾中存入圖片
```

```
if os.path.exists(src_path):
    img = cv2.imread(src_path)
    # 檢測框
    rect = row["rect"]
    rect = [int(r) for r in rect.split(",")]
    # 截取人臉
    face = img[rect[1] : rect[3], rect[0] : rect[2], :]
    if not os.path.exists(target_folder):
        os.makedirs(target_folder)
    cv2.imwrite(target_path, face)
```

上述程式使用了標注檔案中的檢測框座標直接對圖片中的人臉進行截取，因為標注檔案中的座標是人工標注，所以這樣的處理結果比直接使用 dlib 函數庫進行檢測更加準確。但是還是有少數圖片中的人臉標注錯誤，可以人工篩選或在截取人臉之後再用 dlib 函數庫檢查一次。

至此，圖片前置處理工作便全部完成。

》 7.4 模型訓練

在訓練過程中，我們將嘗試兩種想法，第一種就是按普通分類模型進行訓練，將 ResNet-18 的最後一層輸出固定為 512 維：

```
net.fc = nn.Linear(512,512)
```

然後在模型計算結束後，增加一個分類層（人臉類別為 200）：

```
classifier = nn.Linear(512,200)
```

第二種想法是在 512 維的輸出之後增加一個 CosFace 層。

7.4.1 普通分類模型

接下來，訓練人臉分類模型的步驟就很簡單了，按照訓練 CIFAR-10 的方式訓練即可。可以在一個檔案中寫全部程式，下面是建立並訓練分類模型的程式：

```python
# classification.py
from torch.utils.data import DataLoader, Dataset
from torchvision.models import resnet18
from torch import nn, optim
from torchvision import transforms
from config import DATA_FOLDER, BATCH_SIZE, device, CHECKPOINT, EPOCH_LR
import torch
import os
from glob import glob
from PIL import Image
from sklearn.model_selection import train_test_split
from torch.utils.tensorboard import SummaryWriter
from tqdm import tqdm
from cosface import MarginCosineProduct


class FaceData(Dataset):
    def __init__(self, root=DATA_FOLDER, transform=None, subset="train"):
        # 對 glob 結果進行排序，避免出現標籤混亂的情況
        label_list = sorted(glob(os.path.join(root, "*")))
        # 標籤與 id 對照表
        self.label2index = {
            k.split("/")[-1]: v for v, k in enumerate(label_list)
        }
        # 載入所有圖片路徑
        img_paths = glob(os.path.join(root, "*/*.jpg"))
        self.train_paths, self.test_paths = train_test_split(
            img_paths, test_size=0.15, random_state=10
        )
```

```
        # 訓練集
        if subset == "train":
            self.img_paths = self.train_paths
        # 測試集
        else:
            self.img_paths = self.test_paths
        # 所有標籤
        self.labels = [
            self.label2index[path.split("/")[-2]] for path in self.img_paths
        ]
        # 將所有圖片的尺寸變換為 128x128
        if transform is None:
            self.transform = transforms.Compose(
                [transforms.Resize((128, 128)), transforms.ToTensor()]
            )

    def __getitem__(self, index):
        # 按 index 取圖片和標籤
        img = self.transform(Image.open(self.img_paths[index]))
        label = self.labels[index]
        return img, label

    def __len__(self):
        return len(self.img_paths)


def train(cos=False):
    # 載入資料
    train_data = FaceData(subset="train")
    val_data = FaceData(subset="val")
    train_loader = DataLoader(train_data, batch_size=BATCH_SIZE, shuffle=True)
    val_loader = DataLoader(val_data, batch_size=BATCH_SIZE * 2)
    # 定義並修改模型
    net = resnet18(pretrained=True)
    net.fc = nn.Linear(512, 512)
    net.to(device)
```

```python
# 是否使用 CosFace
if cos:
    classifier = MarginCosineProduct(512, 200).to(device)
else:
    classifier = nn.Linear(512, 200).to(device)
criteron = nn.CrossEntropyLoss()
writer = SummaryWriter("log")
# 模型保存路徑
ckpt = os.path.join(CHECKPOINT, "face_cos_{}.pth".format(cos))
# 查看是否有預訓練模型
if os.path.exists(ckpt):
    net.load_state_dict(torch.load(ckpt))


for n, (num_epoch, lr) in enumerate(EPOCH_LR):
    optimizer = optim.Adam(net.parameters(), lr=0.001)
    for epoch in range(num_epoch):
        epoch_loss = 0.0
        epoch_acc = 0.0
        for img, label in tqdm(train_loader, total=len(train_loader)):
            optimizer.zero_grad()
            img, label = img.to(device), label.to(device)
            out = net(img)
            # CosFace 和普通分類模型有不同的 classifier
            if cos:
                out = classifier(out, label)
            else:
                out = classifier(out)
            loss = criteron(out, label)
            # 計算 label
            pred = torch.argmax(out, dim=1)
            # 累計準確率
            epoch_acc += torch.sum(pred == label).item()
            loss.backward()
            optimizer.step()
            epoch_loss += loss.item()
```

```
print(
    "epoch_loss : {} acc : {}".format(
        epoch_loss / len(train_loader), epoch_acc / len(train_data)
    )
)
# 將損失加入 TensorBoard
writer.add_scalar(
    "epoch_acc : cos {}".format(cos),
    epoch_acc / len(train_data),
    sum([e[0] for e in EPOCH_LR[:n]]) + epoch,
)
# 無梯度模式快速驗證
with torch.no_grad():
    val_loss = 0.0
    val_acc = 0.0
    for i, (img, label) in tqdm(
        enumerate(val_loader), total=len(val_loader)
    ):
        img, label = img.to(device), label.to(device)
        out = net(img)
        # 是否使用 CosFace
        if cos:
            out = classifier(out, label)
        else:
            out = classifier(out)
        pred = torch.argmax(out, dim=1)
        val_acc += torch.sum(pred == label).item()
        loss = criteron(out, label)
        val_loss += loss.item()
    print(
        "val: {} val_loss {} val_acc : {}".format(
            sum([e[0] for e in EPOCH_LR[:n]]) + epoch,
            val_loss / len(val_loader),
            val_acc / len(val_data),
        )
```

```
    )
    # 將損失加入 TensorBoard
    writer.add_scalar(
        "val_acc : cos {}".format(cos),
        val_acc / len(val_data),
        sum([e[0] for e in EPOCH_LR[:n]]) + epoch,
    )
    # 保存模型
    torch.save(net.state_dict(), ckpt)

if __name__ == "__main__":
    train()
```

上述程式把 ResNet-18 的 fc 層的輸出修改為 512 維作為人臉圖片的特徵層，並在 fc 後面增加了一個分類層（增加一個分類層是為了便於模型拓展，如果資料集中增加了更多人的照片，特徵維度可以保持不變，只需修改最後的分類層節點數，這樣能減少模型升級的成本）進行人臉分類。除此之外，上述訓練過程與普通分類模型無異。

訓練過程中的準確率被增加到 TensorBoard 中進行展示，訓練過程中的準確率曲線如圖 7-4 和圖 7-5 所示。

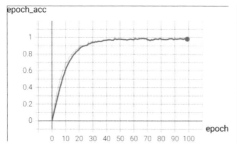
圖 7-4　分類模型訓練準確率曲線

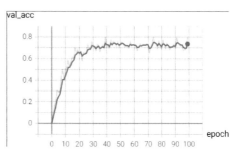
圖 7-5　分類模型驗證準確率曲線

從曲線中可以看出，模型在訓練集上的準確率達到了 90% 以上，但是在驗證集上的準確率停留在 74%~78%，說明模型的能力還不夠強，可能跟資料量不足有關。不過分類模型中提取到的特徵品質比較高，訓練到這個程度就可以進行簡單的搜尋實驗了。

7.4.2 CosFace

要將普通分類模型修改成 CosFace 模型，只需將輸出層修改成以下形式即可，相關程式參照 7.2 節中的 CosFace 公式實現即可，實現 CosFace 層的程式如下：

```python
import torch
import torch.nn as nn
import torch.nn.functional as F
from torch.nn import Parameter
import math

# 計算公式中的 cos θ
def cosine_sim(x1, x2, dim=1, eps=1e-8):
    ip = torch.mm(x1, x2.t())
    w1 = torch.norm(x1, 2, dim)
    w2 = torch.norm(x2, 2, dim)
    return ip / torch.ger(w1,w2).clamp(min=eps)

# 計算 CosFace 損失
class MarginCosineProduct(nn.Module):
    def __init__(self, in_features, out_features, s=30.0, m=0.40):
        super(MarginCosineProduct, self).__init__()
        self.in_features = in_features
        self.out_features = out_features
        self.s = s
        self.m = m
```

```
    self.weight = Parameter(torch.Tensor(out_features, in_features))
def forward(self, input, label):
    cosine = cosine_sim(input, self.weight)
    # 建立 one_hot 矩陣
    one_hot = torch.zeros_like(cosine)
    one_hot.scatter_(1, label.view(-1, 1), 1.0)
    # m 為餘弦間隔
    output = self.s * (cosine - one_hot * self.m)
    return output
```

上述程式使用 Parameter 函數定義了 CosFace 層中的參數，得到上述計算結果之後，會將其繼續輸入 CrossEntropyLoss 函數中計算預測值和真實標籤之間的損失。

訓練之後的準確率曲線如圖 7-6 和圖 7-7 所示。

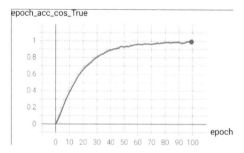

圖 7-6　CosFace 訓練準確率曲線

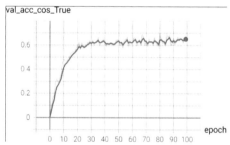

圖 7-7　CosFace 驗證準確率曲線

從準確率曲線中可見，因為增加的 CosFace 層增加了模型的訓練難度，所以模型在驗證集上的表現變得更差了一點，為了獲得更好的驗證集表現，讀者可以自行增加更多的開放原始碼人臉辨識資料集。

》 7.5 圖型搜尋

圖型搜尋即從許多圖片中搜尋與目標圖片最相似的圖片,在提取到圖片特徵之後,這個問題就變成了在特徵空間中尋找與目標圖片距離最接近的圖片。在特徵空間維度不高或圖片庫中圖片數量不多的情況下,可以使用兩兩比對的方式;當圖片數量或特徵維度高到一定程度時,就需要借助一些特殊的演算法來加速搜尋過程。

7.5.1 圖型比對

在獲取圖片特徵之後,便可以實現更高效的圖型比對計算。圖型比對的目的是計算圖片之間的相似度,相似度可以用圖片特徵之間的餘弦距離表示。兩個向量的餘弦相似度可以透過歐幾里德點積公式得到,假設向量 A 和 B 的夾角為 θ,則點積公式為:

$$A \cdot B = \|A\| \times \|B\| \times \cos(\theta)$$

其中的 $\cos(\theta)$ 即為餘弦相似度,公式如下:

$$\text{Similarity} = \cos(\theta) = \frac{A \cdot B}{\|A\| \times \|B\|}$$

在實際運算時,可以先將每個向量歸一化(除以其模長),然後再計算點積。

下面我們分別用分類模型和自編碼器進行人臉比對,相關程式如下:

```
# 選擇 3 張照片
img_path1 = "/data/pubfig_faces/Anderson Cooper/Anderson Cooper77.jpg"
img_path2 = "/data/pubfig_faces/Anderson Cooper/Anderson Cooper104.jpg"
img_path3 = "/data/pubfig_faces/Hugh Laurie/Hugh Laurie205.jpg"
```

```python
# 分類模型
from torchvision.models import resnet18
from torchvision import transforms
from PIL import Image
import os
import torch
import torch.nn.functional as F

from config import CHECKPOINT, device, SIZE
from auto_encoder import AutoEncoder

cls_ckpt = os.path.join(CHECKPOINT, "face.pth")
cls_net = resnet18().to(device)
cls_net.load_state_dict(torch.load(cls_ckpt))
cls_net.eval()

def extract_feature_cls(net, img_tensor):
    feature = net(img_tensor)

    return feature

def compare(img1, img2):
    transform = transforms.Compose(
        [transforms.Resize((SIZE, SIZE)), transforms.ToTensor()]
    )
    img_tensor1 = transform(img1).unsqueeze(0).to(device)
    img_tensor2 = transform(img2).unsqueeze(0).to(device)
    feature1 = F.normalize(
            extract_feature_cls(cls_net, img_tensor1).view(1, -1)
        )
    feature2 = F.normalize(
            extract_feature_cls(cls_net, img_tensor2).view(1, -1)
        )

    # 餘弦相似度
```

```
    similarity = feature1.mm(feature2.t())
# 歐式距離
    # similarity = torch.sqrt(torch.sum((feature1 - feature2) ** 2))
    return similarity

if __name__ == "__main__":

    img1 = Image.open(img_path1)
    img2 = Image.open(img_path2)
    img3 = Image.open(img_path3)
    similarity_cls_1 = compare(img1, img2)
    similarity_cls_2 = compare(img1, img3)
    print("Similarity between {} and {} is {}".format(os.path.basename(img_
path1),os.path.
basename(img_path2),similarity_cls_1")
    print("Similarity between {} and {} is {}".format(os.path.basename(img_
path1),os.path.
basename(img_path3),similarity_cls_1")
```

上述程式使用訓練好的特徵提取模型提取了 3 張人臉圖片的特徵，接著
計算了圖片兩兩之間的餘弦相似度。這個過程有兩點需要注意。

- 特徵提取不需要用到模型最後的分類層 (classification.py 中的 classifier)。
- 圖片輸入特徵提取網路前需要進行尺寸變換。

得到的比對結果如下：

```
"Similarity between Anderson Cooper77.jpg and Anderson Cooper104.jpg is 86.07"
"Similarity between Anderson Cooper77.jpg and Hugh Laurie205.jpg is 51.64"
```

前兩張圖片來自同一個人，計算出來的相似度為 86.07%，最後一張圖片
來自另外一個人，與最左邊的圖相似度為 51.64%。可見，分類模型能夠
透過特徵相似度較好地區分不同人臉。

7.5.2 KD-Tree 搜尋

無論是以圖搜圖還是人臉辨識,都是在非常大的圖像資料庫中搜尋結果,所以不可能再使用循序搜尋的方式。我們選擇的工具是 sklearn 中的 KD-Tree 演算法。

KD-Tree 是一種對多維歐式空間進行分割,從而建構二叉搜尋樹的演算法。二叉搜尋樹指的是對於二元樹中的任意節點,有以下性質:

■ 若左子樹不為空,則左子樹上所有節點的值均小於根節點的值;
■ 若右子樹不為空,則右子樹上所有節點的值均大於根節點的值;
■ 左子樹和右子樹都是二叉搜尋樹。

KD-Tree 的建構方法與決策樹有點類似,具體過程如下。

(1) 找到資料集中方差最大的特徵維度 d。
(2) 找到這個維度上資料的中位數 m,根據 m 將資料分為兩個子集 D_1 和 D_2。
(3) 對子集 D_1 和 D_2 重複進行第 (1) 步和第 (2) 步操作,並將新劃分出的子集加入上一次劃分的左右子樹中。
(4) 遞迴第 (1) 步 ~ 第 (3) 步,直到不能再劃分。將對應的資料保存至最後的節點中,這些最後的節點也就是葉子節點,非葉子節點中保存的是劃分的維度和該維度的中位數。

二維空間上的劃分過程如圖 7-8 所示,透過一個個點將空間劃分成多個子區域,在搜尋過程中就可以直接根據目標點所在的區域迅速返回與之相近的樣本。

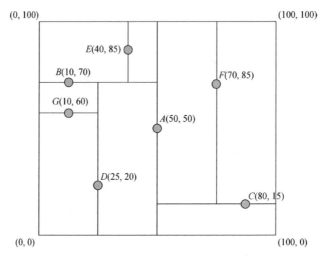

圖 7-8　KD-Tree 示意圖

這裡使用 sklearn 中的 KD-Tree 進行搜尋，分兩步進行。

(1) 使用 sklearn.neighbors.KDTree 建構搜尋樹，輸入參數為所有圖片的
特徵向量組成的矩陣，可以指定葉子節點的資料個數。

(2) 輸入待搜尋的特徵向量，可以指定返回的最相似圖片個數。

建立特徵樹並進行人臉搜尋的程式如下：

```
# search.py

from PIL import Image
from sklearn.neighbors import KDTree
from torchvision import transforms
from glob import glob
from tqdm import tqdm
import numpy as np
import os

from classification import resnet18
from compare import cls_net, enc_net, extract_feature_cls
```

```
from config import CHECKPOINT, DATA_FOLDER, device

img_path = "/data/pubfig_faces/Ali Landry/Ali Landry67.jpg"

transform = transforms.Compose(
    [transforms.Resize((128, 128)), transforms.ToTensor()]
)

def extract_feature(img_path):
    img = Image.open(img_path)
    feature = extract_feature_cls(cls_net, img_tensor)
    return feature.view(-1)

if __name__ == "__main__":
    img_paths = glob(os.path.join(DATA_FOLDER, "*/*.jpg"))

    x = []
    for path in tqdm(img_paths):
        x.append(extract_feature(path).cpu().data.numpy())
    tree = KDTree(np.array(x), leaf_size=2)
    v = extract_feature(img_path).unsqueeze(0).cpu().data.numpy()
    # 返回相似圖片的 ID 和到目標圖片的距離
    dist, ind = tree.query(v, k=9)
    for i in ind.reshape(-1):
        print(img_paths[i])
```

上述程式利用訓練好的特徵提取模型，提取了模型的所有人臉特徵，並將這些特徵合併成一個矩陣，利用 sklearn 中的 KD-Tree 模型架設了搜尋樹，然後在搜尋樹中搜尋與目標圖片最相似的圖片的前 9 張圖片。

模型的搜尋結果如下：

```
AliLandry67.jpg
AliLandry25.jpg
AliLandry20.jpg
```

```
AliLandry14.jpg
RosarioDawson91.jpg
AliLandry31.jpg
AliLandry140.jpg
MichelleTrachtenberg48.jpg
MonicaBellucci26.jpg
```

上述是與 AliLandry67.jpg 這張圖片最相似的 9 張圖片，前 4 張均為本人
照片。可見，透過分類網路得到的圖片特徵非常有效，可以直接借助這
種特徵之間的餘弦相似度來比對人臉圖片之間的相似度，大大降低了圖
型搜尋的運算量。

≫ 7.6 小結

本章介紹了如何使用分類模型進行圖型特徵提取，以及如何利用提取到
的特徵進行圖型聚類和圖型搜尋。我希望讀者學完本章內容後，能夠做
到以下幾點。

- 熟悉圖型特徵提取方法。
- 了解圖型聚類的基本想法。
- 對 KD-Tree 的工作原理有所認識。
- 對人臉辨識技術的原理有初步認知。

圖型壓縮

圖型壓縮是一種去除圖片中容錯資訊以減小圖片大小的技術，我們日常生活中使用的 JPEG、PNG 格式的圖片就是經過壓縮的圖片。圖片壓縮技術分為無失真壓縮和失真壓縮，無失真壓縮就是說圖片壓縮之後還可以完全恢復成未壓縮的狀態；而失真壓縮後的圖片解壓後只能近似恢復成未壓縮的狀態。這兩種技術都很常用，因為我們用肉眼很難看出它們之間的差別。

本章介紹的圖片壓縮技術屬於失真壓縮方法，使用的主要演算法是 AutoEncoder（自編碼器）。本章的專案目錄如下：

```
.
├── auto_encoder.py          ----     架設 AutoEncoder 模型
├── auto_encoder_gan.py      ----     將 AutoEncoder 和 GAN 結合訓練
├── config.py                ----     設定檔
├── config_dcgan.py          ----     DCGAN 設定檔
```

```
├── data.py              ----    資料載入
├── demo.py              ----    DCGAN 效果展示
├── evaluate.py          ----    展示 AutoEncoder 效果
├── fix_data.py          ----    載入圖型修復資料
├── model_dcgan.py       ----    DCGAN 模型架設
├── train_val.py         ----    訓練 AutoEncoder
└── train_val_dcgan.py   ----    訓練 DCGAN
```

在開始講解實例前,先設定好實例中需要用到的參數:

```
# config.py
import torch
# 模型和參數存放裝置
device = torch.device("cuda:0" if torch.cuda.is_available() else "cpu")
# 圖片尺寸
SIZE = 128
# 批次處理數量大小
BATCH_SIZE = 16
# 模型訓練分為 3 個階段,分別使用不同的學習率,如第一階段 30 個 epoch,學習率 0.01
EPOCH_LR = [(30, 0.01), (30, 0.001), (50, 0.001)]
# 模型儲存資料夾
CHECKPOINT = "/data/image_compress"
# 資料儲存資料夾
DATA_FOLDER = "/data/pubfig_faces"
```

≫ 8.1 AutoEncoder

AutoEncoder 是一種在半監督學習和非監督學習中使用的神經網路結構,它以輸入資訊作為訓練標籤,對輸入資訊進行學習。

8.1.1 AutoEncoder 的原理

AutoEncoder 是一種有效的基於深度學習的資料降維網路和特徵提取方法，網路分為編碼器和解碼器兩個部分，其中編碼器可以將圖片壓縮成一個小的向量（或一個小的特徵圖），解碼器可以將向量（或特徵圖）還原成圖片，其結構如圖 8-1 所示。因此這種中間向量（特徵）便可以代表這張圖片，相似的圖片計算出來的中間向量也會比較相似。但是AutoEncoder 要學習到有效的特徵，一般需要具備比分類模型更多且更優質的資料。

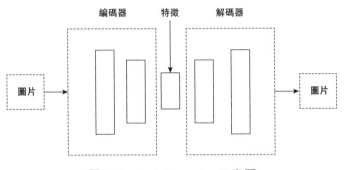

圖 8-1　AutoEncoder 示意圖

8.1.2 AutoEncoder 模型架設

AutoEncoder 網路與圖型分割中使用的 UNet 網路有點相似，將圖型分割任務中使用的 UNet 模型中間的短接切斷，就變成了一個 AutoEncoder 模型。

架設 AutoEncoder 模型的程式如下：

```
# autoencoder.py
from torch import nn
import torch
```

```python
from torchvision.models import resnet18

from config import device

# 解碼器部分可以借用 UNet 的解碼區塊
# 解碼區塊
class DecoderBlock(nn.Module):
    def __init__(self, in_channels, out_channels, kernel_size):
        super(DecoderBlock, self).__init__()
        # 第一層是卷積
        self.conv1 = nn.Conv2d(
            in_channels, in_channels // 4, kernel_size, padding=1, bias=False
        )
        self.bn1 = nn.BatchNorm2d(in_channels // 4)
        self.relu1 = nn.ReLU(inplace=True)
        # 第二層是反卷積
        self.deconv = nn.ConvTranspose2d(
            in_channels // 4,
            in_channels // 4,
            kernel_size=3,
            stride=2,
            padding=1,
            output_padding=1,
            bias=False,
        )
        self.bn2 = nn.BatchNorm2d(in_channels // 4)
        self.relu2 = nn.ReLU(inplace=True)
        # 第三層又是卷積
        self.conv3 = nn.Conv2d(
            in_channels // 4,
            out_channels,
            kernel_size=kernel_size,
            padding=1,
            bias=False,
        )
```

```python
        self.bn3 = nn.BatchNorm2d(out_channels)
        self.relu3 = nn.ReLU(inplace=True)

    def forward(self, x):
        x = self.relu1(self.bn1(self.conv1(x)))
        x = self.relu2(self.bn2(self.deconv(x)))
        x = self.relu3(self.bn3(self.conv3(x)))
        return x

# 定義 AutoEncoder
class AutoEncoder(nn.Module):
    def __init__(self, num_classes=1, pretrained=True):
        super(AutoEncoder, self).__init__()
        # 以 torchvision 中的 ResNet-18 為基礎
        base = resnet18(pretrained=pretrained)
        # 因為是黑白圖片，只有一個通道，所以需要重新定義第一層
        # self.firstconv = base.conv1
        self.firstconv = nn.Conv2d(
            1, 64, kernel_size=7, stride=2, padding=3, bias=False
        )
        self.firstbn = base.bn1
        self.firstrelu = base.relu
        self.firstmaxpool = base.maxpool
        self.encoder1 = base.layer1
        self.encoder2 = base.layer2
        self.encoder3 = base.layer3
        self.encoder4 = base.layer4
        # 解碼器輸出通道數量
        out_channels = [64, 128, 256, 512]
        # 建立解碼區塊
        self.center = DecoderBlock(
            in_channels=out_channels[3],
            out_channels=out_channels[3],
            kernel_size=3,
        )
```

```python
        self.decoder4 = DecoderBlock(
            in_channels=out_channels[3],
            out_channels=out_channels[2],
            kernel_size=3,
        )
        self.decoder3 = DecoderBlock(
            in_channels=out_channels[2],
            out_channels=out_channels[1],
            kernel_size=3,
        )
        self.decoder2 = DecoderBlock(
            in_channels=out_channels[1],
            out_channels=out_channels[0],
            kernel_size=3,
        )
        self.decoder1 = DecoderBlock(
            in_channels=out_channels[0],
            out_channels=out_channels[0],
            kernel_size=3,
        )
        # 透過最後兩層卷積來將輸出整理成圖片對應的尺寸
        self.finalconv = nn.Sequential(
            nn.Conv2d(out_channels[0], 32, 3, padding=1, bias=False),
            nn.BatchNorm2d(32),
            nn.ReLU(),
            nn.Dropout2d(0.1, False),
            nn.Conv2d(32, num_classes, 1),
        )

    def forward(self, x, extract_feature=False):
        x = self.firstconv(x)
        x = self.firstbn(x)
        x = self.firstrelu(x)
        x = self.firstmaxpool(x)
```

```
        # 編碼器
        x = self.encoder1(x)
        x = self.encoder2(x)
        x = self.encoder3(x)
        x = self.encoder4(x)

        # 在執行壓縮的時候可以直接將 extract_feature 設定為 True
        # 就可以得到壓縮後的圖片矩陣了
        if extract_feature:
            return x
        # 解碼器
        x = self.center(x)
        x = self.decoder4(x)
        x = self.decoder3(x)
        x = self.decoder2(x)
        x = self.decoder1(x)
        # 整理輸出
        f = self.finalconv(x)
        return f

if __name__ == "__main__":
    from torchsummary import summary

    inp = torch.ones((1, 3, 128, 128)).to(device)
    net = AutoEncoder().to(device)
    out = net(inp, extract_feature=False)
    print(out.shape)
    # summary(net, (3, 224, 224))
```

上述程式由圖型分割中使用的 UNet 模型程式修改而得，其中的
DecoderBlock 完全相同，AutoEncoder 和 ResNet18Unet 的主要區別在模
型的 forward 方法，AutoEncoder 在 forward 中對編碼器和解碼器進行了
順序推理，而 ResNet18Unet 在 forward 方法中進行了跨層的特徵拼接，
讀者可以比較一下。

8.1.3 資料載入

AutoEncoder 的資料和超解析度重建一樣無須標注，屬於無監督學習演算法，只需訓練一個從圖片自身到自身的映射。所以建構的資料集只需返回圖片自身。

下面是載入 AutoEncoder 的資料集的程式：

```python
# data.py
from torch.utils.data import DataLoader, Dataset
from torchvision.datasets import ImageFolder
from sklearn.model_selection import train_test_split
from config import DATA_FOLDER, BATCH_SIZE, SIZE
from glob import glob
import os.path as osp
from PIL import Image
from torchvision import transforms


# 定義 AutoEncoder 中的 Dataset
class Data(Dataset):
    def __init__(self, folder=DATA_FOLDER, subset="train", transform=None):
        img_paths = glob(osp.join(DATA_FOLDER, "*/*.jpg"))
        train_paths, test_paths = train_test_split(
            img_paths, test_size=0.2, random_state=10
        )
        # 訓練集
        if subset == "train":
            self.img_paths = train_paths
        # 測試集
        else:
            self.img_paths = test_paths
        # 如果沒有定義 transform，則使用預設的 transform
        if transform is None:
            self.transform = transforms.Compose(
                [transforms.Resize((SIZE, SIZE)), transforms.ToTensor()]
```

```
            )
        else:
            self.transform = transform

    def __getitem__(self, index):
        # 圖片需要轉為黑白
        img = Image.open(self.img_paths[index]).convert("L")
        img = self.transform(img)
        return img, img

    def __len__(self):
        return len(self.img_paths)

transform = transforms.Compose(
    [

        transforms.Resize((SIZE, SIZE)),
        transforms.ToTensor(),
    ]
)


train_data = Data(subset="train", transform=transform)
val_data = Data(subset="test")
train_loader = DataLoader(train_data, batch_size=BATCH_SIZE, shuffle=True)
val_loader = DataLoader(val_data, batch_size=BATCH_SIZE * 2, shuffle=True)
```

上述程式對資料進行了封裝，如果讀者發現模型訓練結果不夠理想，可以增加資料增強方法，但是需要保證原圖片和目標圖片的轉換方法完全相同。

8.1.4 模型訓練

訓練模型的程式如下，訓練過程中使用 L1Loss 或 MSELoss 都可以，下面是訓練 AutoEncoder 模型的程式：

```python
# train_val.py
from torch import nn, optim
import torch
import os.path as osp
from tqdm import tqdm
from torch.utils.tensorboard import SummaryWriter

from data import train_loader, val_loader
from auto_encoder import AutoEncoder
from config import BATCH_SIZE, EPOCH_LR, device, CHECKPOINT


def train():
    # 定義模型並轉入 GPU
    net = AutoEncoder(pretrained=True).to(device)
    criteron = nn.L1Loss()
    # 模型保存位置
    ckpt = osp.join(CHECKPOINT, "net.pth")
    writer = SummaryWriter("log")
    # 檢查是否有可用模型，有則載入模型
    if osp.exists(ckpt):
        net.load_state_dict(torch.load(ckpt))
    for n, (num_epoch, lr) in enumerate(EPOCH_LR):
        optimizer = optim.Adam(net.parameters(), lr=lr)
        for epoch in range(num_epoch):
            epoch_loss = 0.0
            for i, (src, target) in tqdm(
                enumerate(train_loader), total=len(train_loader)
            ):
                optimizer.zero_grad()
                # 雖然這個圖型壓縮的 AutoEncoder 中的 src 和 target 是一樣的圖片
                # 但是為了適用更多的任務，這裡將 src 和 target 進行了區分
                src, target = src.to(device), target.to(device)
                out = net(src)
                loss = criteron(out, target)
                loss.backward()
```

```
        optimizer.step()
        epoch_loss += loss.item()
print(
    "epoch: {} epoch_loss {}".format(
        sum([e[0] for e in EPOCH_LR[:n]]) + epoch,
        epoch_loss / len(train_loader),
    )
)
# 將損失加入 TensorBoard
writer.add_scalar(
    "epoch_loss",
    epoch_loss / len(train_loader),
    sum([e[0] for e in EPOCH_LR[:n]]) + epoch,
)
# 無梯度模式快速驗證
with torch.no_grad():
    val_loss = 0.0
    for i, (src, target) in tqdm(
        enumerate(val_loader), total=len(val_loader)
    ):
        src, target = src.to(device), target.to(device)
        out = net(src)
        loss = criteron(out, target)
        val_loss += loss.item()
print(
    "val: {} val_loss {}".format(
        sum([e[0] for e in EPOCH_LR[:n]]) + epoch,
        val_loss / len(val_loader),
    )
)
# 將 loss 加入 TensorBoard
writer.add_scalar(
    "val_loss",
    val_loss / len(val_loader),
    sum([e[0] for e in EPOCH_LR[:n]]) + epoch,
```

```
        )
        # 保存模型到預設的路徑中
        torch.save(net.state_dict(), ckpt)
    # 訓練結束後需要關閉 writer
    writer.close()

if __name__ == "__main__":
    train()
```

在上述程式中，原始圖片輸入 AutoEncoder 後，會得到一張生成圖片。將生成圖片與原始圖片中的各個像素進行比對，即可得到模型的損失，再根據損失調整模型參數。模型參數更新後分別在訓練集和驗證集上計算了損失，將損失增加到 TensorBoard 中就可以看見訓練過程中損失的變化曲線了。

訓練誤差變化如圖 8-2 所示，驗證誤差變化如圖 8-3 所示。

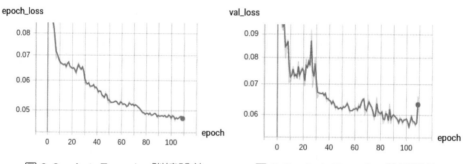

圖 8-2　AutoEncoder 訓練誤差　　圖 8-3　AutoEncoder 驗證誤差

從曲線圖中可以看出，訓練到 100 個 epoch 之後，模型在驗證集上的損失出現振盪及小幅上升的趨勢，説明模型即將過擬合，在此時停止模型訓練是比較合適的。

8.1.5　結果展示

訓練完成之後，可以透過以下程式查看訓練效果：

```python
# evaluate.py
from auto_encoder import AutoEncoder
from config import CHECKPOINT
from fix_data import val_data, train_data
import torch
import os.path as osp
from torchvision import transforms
from PIL import Image
import matplotlib.pyplot as plt

net = AutoEncoder()
# net.pth 是普通 AutoEncoder
# G.pth 是增加了 GAN 的 AutoEncoder
# G_fix 是圖型修復的 AutoEncoder
# ckpt = osp.join(CHECKPOINT, "net.pth")
# ckpt = osp.join(CHECKPOINT, "G.pth")
ckpt = osp.join(CHECKPOINT, "G_fix.pth")
# 載入模型
net.load_state_dict(torch.load(ckpt))
net.eval()
for i in range(6):
    src, _ = val_data[i]
    img = transforms.ToPILImage()(src)
    print(i)
    plt.subplot(3, 4, (i + 1) * 2 - 1)
    plt.title("src_img")
    plt.imshow(img, cmap="gray")
    out = net(src.unsqueeze(0)).squeeze(0)
    out_img = transforms.ToPILImage()(out)
    plt.subplot(3, 4, (i + 1) * 2)
    plt.title("out_img")
```

```
    plt.imshow(out_img, cmap="gray")
    plt.savefig("img/auto_encoder_face.jpg")
plt.show()
```

上述程式呼叫了訓練好的 AutoEncoder 模型進行預測，也就是先對原始圖片進行壓縮，然後再還原成一張圖片，最後把得到的圖片按網格排列，得到的訓練效果如圖 8-4 所示。

圖 8-4　AutoEncoder 訓練效果

圖片的人臉已經具備了基本的人臉輪廓，但不是很清晰，這個結果與 AutoEncoder 選擇的損失函數有關，選擇 L1Loss 或 MSELoss，有以下 3 個缺點。

- 在介紹 PyTorch 的損失函數時曾提到過，這兩個損失函數的曲線比較平坦，損失下降速度慢。
- 在 AutoEncoder 任務中，這兩個損失函數會考慮整體的誤差值，而對線條輪廓缺乏敏感度。

■ 在最佳化過程中，這兩個損失函數都會傾向於接近平均值，導致圖型
　變得模糊。

為了解決損失函數的問題，可以考慮引入一個能夠自主學習的損失函數。

這裡可以借助架設生成對抗網路模型的方式來解決這個問題。

≫ 8.2 GAN

GAN（generative adversarial network，生成對抗網路）的概念最早在
2014 年由 Ian Goodfellow 提出。GAN 中包含一個生成網路 G 和一個判別
網路 D，兩者是相互博弈的關係。

8.2.1 GAN 原理

在訓練過程中，生成網路 G 的任務就是生成足以亂真的圖片，而判別網
路 D 的任務是學習如何辨別生成的圖片和真圖片。兩者既是相互對抗
的，也是相輔相成的：更好的判別網路 D 能夠督促生成網路 G 生成更真
實的圖片；而生成網路 G 生成的圖片越真實，判別網路 D 的訓練效果也
會更好。

GAN 的損失函數分為兩個部分，一個是生成器損失，一個是判別器損失。

生成器損失的計算過程如下。

(1) 生成器生成一張圖片 img_fake。
(2) 將 img_fake 標記為真圖片，然後將其輸入判別器 D。
(3) 計算損失，並更新生成器參數（注意此步不更新判別器）。

判別器損失的計算過程如下。

(1) 從生成器中獲取一張圖片 img_fake，標記為假圖片。

(2) 計算損失 loss_fake。

(3) 獲取一張真圖片，標記為真圖片。

(4) 計算損失 loss_real。

(5) 將兩個損失值相加之後反向傳播，更新判別器參數。

8.2.2 GAN 訓練流程

GAN 的訓練流程如下。

(1) 將 img 輸入 AutoEncoder，生成 fake_img。

(2) 將 img 和 fake_img 輸入 ResNet-18 進行分類訓練（計算損失，反向傳播，更新 resnet18 參數），並記錄下每個網路模組輸出的特徵圖。

(3) 計算 fake_img 和 img 得到的每個特徵圖的差距，加上 AutoEncoder 的最終輸出損失，即為生成網路 AutoEncoder 的損失，然後反向傳播，更新 AutoEncoder 參數。

(4) 重複上面 3 個步驟。

8.2.3 GAN 隨機生成人臉圖片

在介紹如何使用 GAN 處理圖型壓縮任務之前，先用一個基於 DCGAN 演算法的小例子演示 GAN 的正常用法。

1. DCGAN 原理

DCGAN 的全稱是 deep convolutional generative adversarial networks，從名字可以看出，這個網路就是在經典的 GAN 模型下增加了深度卷積網路結構。

DCGAN 生成器的結構如圖 8-5 所示,模型的輸入是一個向量,這個向量經過一系列的反卷積操作,其尺寸得到擴張、通道逐步壓縮,最後生成一張圖片,即為 DCGAN 生成的假圖片。

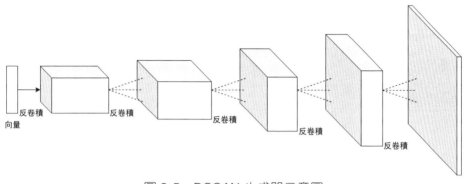

圖 8-5　DCGAN 生成器示意圖

2. DCGAN 架設

DCGAN 由生成器 G 和判別器 D 組成,兩個網路的拼接方式相當於一個倒過來的 AutoEncoder。生成器 G 負責將一段隨機初始化的向量逐步擴充為一張圖片,而判別器 D 是一個分類器,會逐步將生成的圖片壓縮成特徵向量,透過特徵向量進行分類。

下面是 DCGAN 的模型程式:

```
# dcgan_model.py
import torch
from torch import nn
import torch.nn.functional as F

# 初始化參數
def normal_init(m, mean, std):
    if isinstance(m, nn.ConvTranspose2d) or isinstance(m, nn.Conv2d):
        m.weight.data.normal_(mean, std)
```

```
        m.bias.data.zero_()

# 生成器
class generator(nn.Module):
    def __init__(self, d=128):
        super(generator, self).__init__()
        self.deconv1 = nn.ConvTranspose2d(100, d * 8, 4, 1, 0)
        self.deconv1_bn = nn.BatchNorm2d(d * 8)
        self.deconv2 = nn.ConvTranspose2d(d * 8, d * 4, 4, 2, 1)
        self.deconv2_bn = nn.BatchNorm2d(d * 4)
        self.deconv3 = nn.ConvTranspose2d(d * 4, d * 2, 4, 2, 1)
        self.deconv3_bn = nn.BatchNorm2d(d * 2)
        self.deconv4 = nn.ConvTranspose2d(d * 2, d, 4, 2, 1)
        self.deconv4_bn = nn.BatchNorm2d(d)
        # self.deconv5 = nn.ConvTranspose2d(d, 3, 4, 2, 1)
        self.deconv5 = nn.ConvTranspose2d(d, 1, 4, 2, 1)

    # 參數初始化
    def weight_init(self, mean, std):
        for m in self._modules:
            normal_init(self._modules[m], mean, std)

    def forward(self, input):
        x = F.relu(self.deconv1_bn(self.deconv1(input)))
        x = F.relu(self.deconv2_bn(self.deconv2(x)))
        x = F.relu(self.deconv3_bn(self.deconv3(x)))
        x = F.relu(self.deconv4_bn(self.deconv4(x)))
        # 最後使用 Tanh 啟動函數
        x = torch.tanh(self.deconv5(x))
        return x

# 判別器，判斷是真圖片還是假圖片
class discriminator(nn.Module):
    def __init__(self, d=128):
        super(discriminator, self).__init__()
```

```python
        # self.conv1 = nn.Conv2d(3, d, 4, 2, 1)
        # 黑白圖片使用一個通道，彩色圖片使用 3 個通道
        self.conv1 = nn.Conv2d(1, d, 4, 2, 1)
        self.conv2 = nn.Conv2d(d, d * 2, 4, 2, 1)
        self.conv2_bn = nn.BatchNorm2d(d * 2)
        self.conv3 = nn.Conv2d(d * 2, d * 4, 4, 2, 1)
        self.conv3_bn = nn.BatchNorm2d(d * 4)
        self.conv4 = nn.Conv2d(d * 4, d * 8, 4, 2, 1)
        self.conv4_bn = nn.BatchNorm2d(d * 8)
        self.conv5 = nn.Conv2d(d * 8, 1, 4, 1, 0)

    # 參數初始化
    def weight_init(self, mean, std):
        for m in self._modules:
            normal_init(self._modules[m], mean, std)

    def forward(self, input):
        x = F.leaky_relu(self.conv1(input), 0.2)
        x = F.leaky_relu(self.conv2_bn(self.conv2(x)), 0.2)
        x = F.leaky_relu(self.conv3_bn(self.conv3(x)), 0.2)
        x = F.leaky_relu(self.conv4_bn(self.conv4(x)), 0.2)
        # 二分類常使用 Sigmoid 啟動函數
        x = torch.sigmoid(self.conv5(x))
        return x

if __name__ == "__main__":
    inp = torch.randn(1, 100, 1, 1)
    net = generator()
    out = net(inp)
    print(out.shape)
```

上述程式建立了兩個模型：生成模型 generator 和判別模型 discriminator。其中生成模型的作用是將一個向量逐步擴張成一張圖片，由多個反卷積層和 BatchNorm 層組成，啟動函數選擇的是 relu。而判

別模型就是一個普通的圖型二分類模型，只使用了卷積層和 BatchNorm 層，啟動函數選擇了 leaky_relu，因為是一個二分類（判斷圖片真偽）模型，所以輸出層的啟動函數選擇了 sigmoid。

3. DCGAN 訓練

訓練過程中選擇了 BCELoss 作為損失函數。BCELoss 的全稱為 binary cross entropy，即二分類交叉熵，其輸入格式的要求與 CrossEntropyLoss 不同，因為只有兩個類別，所以資料無須整理成 One-Hot 編碼，其使用方法如下：

```
>>> m = nn.Sigmoid()
>>> loss = nn.BCELoss()
>>> input = torch.randn(3, requires_grad=True)
>>> target = torch.empty(3).random_(2)
>>> output = loss(m(input), target)
>>> output.backward()
```

下面是 DCGAN 的訓練程式：

```
# dcgan_train.py
from model import generator, discriminator
from config import (
    lr,
    num_epoch,
    batch_size,
    noise_length,
    device,
    checkpoint_D,
    checkpoint_G,
)

from data import train_loader, val_loader

from torch import optim, nn
```

```python
import torch
from torch.utils.data import DataLoader
from tqdm import tqdm

# 模型保存路徑
resume_path_G = checkpoint_G
resume_path_D = checkpoint_D


G = generator(128).to(device)
D = discriminator(128).to(device)
# 載入預訓練模型
if resume_path_D:
    D.load_state_dict(torch.load(resume_path_D))
    print("loaded model D")
if resume_path_G:
    G.load_state_dict(torch.load(resume_path_G))
    print("loaded model G")
# 模型參數初始化
G.weight_init(mean=0.0, std=0.02)
D.weight_init(mean=0.0, std=0.02)


# Binary Cross Entropy loss
BCE_loss = nn.BCELoss()


# 兩個 optimizer 需要分開定義
G_optimizer = optim.Adam(G.parameters(), lr=lr, betas=(0.5, 0.999))
D_optimizer = optim.Adam(D.parameters(), lr=lr, betas=(0.5, 0.999))


def train():
    for epoch in range(num_epoch):
        D.train()
        G.train()
        for i, (img, _) in tqdm(
            enumerate(train_loader), total=len(train_loader)
        ):
```

```
# 訓練判別器
D_optimizer.zero_grad()
mini_batch = img.size()[0]
# 真假圖片的對應標籤
y_real = torch.ones(mini_batch)
y_fake = torch.zeros(mini_batch)
# 將所有資料傳入 GPU
img, y_real, y_fake = (
    img.to(device),
    y_real.to(device),
    y_fake.to(device),
)
# 真圖片輸入 D
D_result = D(img).squeeze()
# 計算真圖片的損失
D_real_loss = BCE_loss(D_result, y_real)
# 新建一個隨機變數
noise = (
    torch.randn((mini_batch, noise_length))
    .view((-1, noise_length, 1, 1))
    .to(device)
)
# 生成一張假圖片
img_fake = G(noise)
# 將假圖片輸入判別器 D
D_result = D(img_fake).squeeze()
# 計算假圖片的損失
D_fake_loss = BCE_loss(D_result, y_fake)
# 真假圖片的判別器損失相加之和反向傳播
D_train_loss = D_real_loss + D_fake_loss
D_train_loss.backward()
D_optimizer.step()

# 訓練生成器
# 清空生成器梯度
```

```
        G_optimizer.zero_grad()
        # 建立隨機變數
        noise = (
            torch.randn((mini_batch, noise_length))
            .view((-1, 100, 1, 1))
            .to(device)
        )
        # 生成一張假圖片
        img_fake = G(noise)
        # 輸入判別器 D 計算損失
        D_result = D(img_fake).squeeze()
        # 給假圖片打上真標籤，計算損失
        G_train_loss = BCE_loss(D_result, y_real)
        # 生成器反向傳播
        G_train_loss.backward()
        G_optimizer.step()

print(
    "D train loss : {} , G train loss : {}".format(
        D_train_loss, G_train_loss
    )
)
# 無梯度模式
with torch.no_grad():
    D.eval()
    G.eval()
    for i, (img, _) in tqdm(
        enumerate(val_loader), total=len(val_loader)
    ):
        mini_batch = img.size()[0]
        # 真假圖片標籤
        y_real = torch.ones(mini_batch)
        y_fake = torch.zeros(mini_batch)
        # 資料傳入 GPU
        img, y_real, y_fake = (
```

```
            img.to(device),
            y_real.to(device),
            y_fake.to(device),
        )
        # 計算真圖片損失
        D_result = D(img).squeeze()
        D_real_loss = BCE_loss(D_result, y_real)
        # 新建隨機變數
        noise = (
            torch.randn((mini_batch, noise_length))
            .view((-1, noise_length, 1, 1))
            .to(device)
        )
        # 計算假圖片損失
        img_fake = G(noise)
        D_result = D(img_fake).squeeze()
        D_fake_loss = BCE_loss(D_result, y_fake)
        D_test_loss = D_real_loss + D_fake_loss

        # 訓練生成器
        G_optimizer.zero_grad()
        # 新建隨機變數
        noise = (
            torch.randn((mini_batch, noise_length))
            .view((-1, 100, 1, 1))
            .to(device)
        )
        # 生成假圖片
        img_fake = G(noise)
        D_result = D(img_fake).squeeze()
        # 計算假圖片打上真標籤之後的損失
        G_test_loss = BCE_loss(D_result, y_real)
print(
    "D test loss : {} , G test loss : {}".format(
        D_test_loss, G_test_loss
```

```
        )
    )

    torch.save(G.state_dict(), checkpoint_G)
    torch.save(D.state_dict(), checkpoint_D)

if __name__ == "__main__":
    train()
```

上述程式的訓練過程分為兩個步驟。

(1) 將真圖片和生成的假圖片（由隨機向量經過生成器計算得到）分別標注成 1 和 0（1 代表真圖片，0 代表生成的假圖片），然後將它們輸入判別模型，計算判別器損失，更新判別模型參數，以便將判別模型訓練成能正確分辨真假圖片的模型。

(2) 將生成的假圖片標注成 1（真圖片）輸入判別模型，計算損失，更新生成模型參數，以便將生成模型訓練成能生成比較真實的圖片的模型。

DCGAN 在訓練過程中，很難透過損失值判斷模型的訓練效果，所以需要每隔一段時間查看一下訓練結果，保證模型在向正確的方向最佳化。

4. DCGAN 效果展示

在進行效果展示時，只需要載入生成器 G 即可。在 GAN 中，判別器 D 是為生成器 G 服務的，並不參與最終預測。模型預測程式如下：

```
# dcgan_demo.py
import torch
from torchvision import transforms
from model import generator
import matplotlib.pyplot as plt
from config import checkpoint_G
```

```
import os.path as osp

topil = transforms.ToPILImage()
# 實例化生成器
net = generator()
# 載入生成器模型參數
if osp.exists(checkpoint_G):
    net.load_state_dict(torch.load(checkpoint_G))
    print("model loaded")
# 一次生成 9 張人臉
for i in range(9):
    input_array = torch.randn(1, 100, 1, 1)
    out_tensor = net(input_array).squeeze(0)
    out_img = topil(out_tensor)
    plt.subplot(330 + i + 1)
    plt.imshow(out_img,cmap = "gray")
plt.show()
```

上述程式生成了 9 個隨機向量，分別把這 9 個隨機向量輸入生成器，計算得到 9 張人臉圖片，最後將 9 張人臉圖片以九宮格的排列方式繪製出來，結果如圖 8-6 所示。

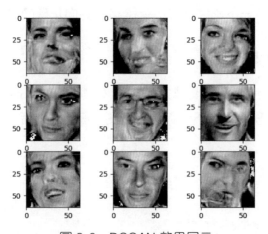

圖 8-6　DCGAN 效果展示

從圖 8-6 中可以看到，DCGAN 生成的人臉已經具備了基本的五官，但是有一點扭曲。下面我們將把 DCGAN 與 AutoEncoder 結合起來，生成更加逼真的人臉。

8.2.4 GAN 與 AutoEncoder 的結合

本節將要介紹如何使用 GAN 實現圖型搜尋中的圖型壓縮功能。實現這項功能需要將 GAN 和 AutoEncoder 結合起來，將 AutoEncoder 作為 GAN 中的生成網路 G，然後增加一個分類網路作為 GAN 中的判別網路 D，這裡可以選擇 ResNet-18 作為判別網路。

這個 AutoEncoder-GAN 模型的損失函數由三部分組成。

- 判別器的分類損失。
- AutoEncoder 損失。
- 生成圖片和真圖片輸入判別器後的中間特徵圖的損失。

損失函數的公式如下：

$$J_G(x) = \|x - \hat{x}\|^2 + \beta \sum_{i=1}^{n} \|D_i(x) - D_i(\hat{x})\|^2$$

其中 x 是真圖片；$\hat{x}$ 是生成器 G 生成的圖片；β 是調節係數，本章中的調節係數設為 1；$D_i(x)$ 是真圖片在判別器 D 中第 i 層計算得到的特徵圖；$D_i(\hat{x})$ 是生成器 G 生成的圖片在判別器 D 中第 i 層計算得到的特徵圖。

因為本章直接呼叫了 torchvision 中的預設 ResNet，不便於調取每一層輸出的特徵圖，所以第二部分的損失使用了 ResNet 的每一個模組得到特徵圖（共 5 張特徵圖）進行計算。下面是將 AutoEncoder 和 GAN 結合起來訓練的程式：

```python
from torch import nn, optim
from auto_encoder import AutoEncoder
from config import device, EPOCH_LR, CHECKPOINT

# from data import train_loader, val_loader
from fix_data import train_loader, val_loader

from torchvision.models import resnet18
from tqdm import tqdm
import os
import torch
from torch.utils.tensorboard import SummaryWriter

# 計算特徵圖損失
def feature_map_loss(D, fake_img, img):
    fm_criteron = nn.MSELoss()
    # 初始化損失
    fm_loss = 0.0
    # ResNet-18 前幾層得到的特徵圖
    f1 = D.maxpool(D.relu(D.bn1(D.conv1(img))))
    f1_fake = D.maxpool(D.relu(D.bn1(D.conv1(fake_img))))
    fm_loss += fm_criteron(f1_fake, f1)
    # ResNet-18 layer1 得到的特徵圖
    f2 = D.layer1(f1)
    f2_fake = D.layer1(f1_fake)
    fm_loss += fm_criteron(f2_fake, f2)
    # ResNet-18 layer2 得到的特徵圖
    f3 = D.layer2(f2)
    f3_fake = D.layer2(f2_fake)
    fm_loss += fm_criteron(f3_fake, f3)
    # ResNet-18 layer3 得到的特徵圖
    f4 = D.layer3(f3)
    f4_fake = D.layer3(f3_fake)
    fm_loss += fm_criteron(f4_fake, f4)
    # ResNet-18 layer4 得到的特徵圖
```

```
    f5 = D.layer4(f4)
    f5_fake = D.layer4(f4_fake)
    fm_loss += fm_criteron(f5_fake, f5)
    return fm_loss


# 生成器
G = AutoEncoder().to(device)
# 判別器
D = resnet18(num_classes=1)
# 黑白圖片一個通道
D.conv1 = torch.nn.Conv2d(1, 64, kernel_size=7, stride=2, padding=3,
bias=False)
D = D.to(device)


# 圖型壓縮
checkpoint_G = os.path.join(CHECKPOINT, "G.pth")
checkpoint_D = os.path.join(CHECKPOINT, "D.pth")
# 圖型修復
# checkpoint_G = os.path.join(CHECKPOINT, "G_fix.pth")
# checkpoint_D = os.path.join(CHECKPOINT, "D_fix.pth")


# 判斷模型檔案是否存在
if os.path.exists(checkpoint_G):
    G.load_state_dict(torch.load(checkpoint_G))
if os.path.exists(checkpoint_G):
    D.load_state_dict(torch.load(checkpoint_D))


# 用於判別器損失
BCE_loss = nn.BCELoss()
# 用於特徵圖損失
MSE_loss = nn.MSELoss()
writer = SummaryWriter("log")
for n, (num_epoch, lr) in enumerate(EPOCH_LR):
    G_optimizer = optim.Adam(G.parameters(), lr=lr, betas=(0.5, 0.999))
    D_optimizer = optim.Adam(D.parameters(), lr=lr, betas=(0.5, 0.999))
```

```
for epoch in range(num_epoch):
    D.train()
    G.train()
    for i, (img_src, img_tgt) in tqdm(
        enumerate(train_loader), total=len(train_loader)
    ):
        # 訓練判別器
        D_optimizer.zero_grad()
        mini_batch = img_src.size()[0]
        # 建立標籤
        y_real = torch.ones(mini_batch)
        y_fake = torch.zeros(mini_batch)
        # 計算真圖片誤差
        img_src, img_tgt, y_real, y_fake = (
            img_src.to(device),
            img_tgt.to(device),
            y_real.to(device),
            y_fake.to(device),
        )
        D_result = torch.sigmoid(D(img_tgt)).squeeze()
        D_real_loss = BCE_loss(D_result, y_real)
        # 計算假圖片誤差
        img_fake = G(img_src)
        D_result = torch.sigmoid(D(img_fake)).squeeze()
        D_fake_loss = BCE_loss(D_result, y_fake)
        # 反向傳播
        D_train_loss = D_real_loss + D_fake_loss
        D_train_loss.backward()
        D_optimizer.step()

        # 訓練 AutoEncoder
        G_optimizer.zero_grad()
        img_fake = G(img_src)
        AE_train_loss = MSE_loss(img_fake, img_tgt)
```

```
    # 訓練生成器
    # G_optimizer.zero_grad()
    img_fake = G(img_src)
    D_result = torch.sigmoid(D(img_fake)).squeeze()
    G_train_loss = AE_train_loss + feature_map_loss(
        D, img_fake, img_tgt
    )
    G_train_loss.backward()
    G_optimizer.step()

print(
    "D train loss : {} , G train loss : {}, AE train Loss : {}".format(
        D_train_loss, G_train_loss, AE_train_loss
    )
)
# 將幾種損失分別加入 TensorBoard
writer.add_scalar(
    "D_train_loss",
    D_train_loss / len(train_loader),
    sum([e[0] for e in EPOCH_LR[:n]]) + epoch,
)
writer.add_scalar(
    "G_train_loss",
    G_train_loss / len(train_loader),
    sum([e[0] for e in EPOCH_LR[:n]]) + epoch,
)
writer.add_scalar(
    "AE_train_loss",
    AE_train_loss / len(train_loader),
    sum([e[0] for e in EPOCH_LR[:n]]) + epoch,
)
with torch.no_grad():
    D.eval()
    G.eval()
    for i, (img_src, img_tgt) in tqdm(
```

```
            enumerate(val_loader), total=len(val_loader)
    ):
        mini_batch = img_src.size()[0]
        # 真假標籤
        y_real = torch.ones(mini_batch)
        y_fake = torch.zeros(mini_batch)
        # 傳入 GPU
        img_src, img_tgt, y_real, y_fake = (
            img_src.to(device),
            img_tgt.to(device),
            y_real.to(device),
            y_fake.to(device),
        )
        # 真圖片損失
        D_result = torch.sigmoid(D(img_tgt)).squeeze()
        D_real_loss = BCE_loss(D_result, y_real)
        # 生成假圖片
        img_fake = G(img_src)
        # 假圖片損失
        D_result = torch.sigmoid(D(img_fake)).squeeze()
        D_fake_loss = BCE_loss(D_result, y_fake)

        D_val_loss = D_real_loss + D_fake_loss
        # 生成器損失
        AE_val_loss = MSE_loss(img_fake, img_tgt)
        img_fake = G(img_src)
        D_result = torch.sigmoid(D(img_fake)).squeeze()
        G_val_loss = BCE_loss(D_result, y_real)

print(
    "D val loss : {} , G val loss : {} , AE val loss : {} ".format(
        D_val_loss, G_val_loss, AE_val_loss
    )
)
# 將各種損失加入 TensorBoard
```

```
        writer.add_scalar(
            "D_val_loss",
            D_val_loss / len(val_loader),
            sum([e[0] for e in EPOCH_LR[:n]]) + epoch,
        )
        writer.add_scalar(
            "G_val_loss",
            G_val_loss / len(val_loader),
            sum([e[0] for e in EPOCH_LR[:n]]) + epoch,
        )
        writer.add_scalar(
            "AE_val_loss",
            AE_val_loss / len(val_loader),
            sum([e[0] for e in EPOCH_LR[:n]]) + epoch,
        )
        torch.save(G.state_dict(), checkpoint_G)
        torch.save(D.state_dict(), checkpoint_D)
writer.close()
```

在上述程式中，定義了一個 feature_map_loss 函數，用於計算真圖片和生成圖片分別輸入分類網路時得到的各層特徵圖之間的差異，將特徵圖損失加入生成器損失，能夠讓生成器學習到除像素值之外的資訊（如圖片的輪廓、紋理等），從而得到優秀的生成結果。

在 GAN 的訓練過程中，D 和 G 的損失都可能會有很大波動，何時停止訓練還是要根據圖形生成結果來判斷。

訓練完成之後，生成的圖片如圖 8-7 所示。

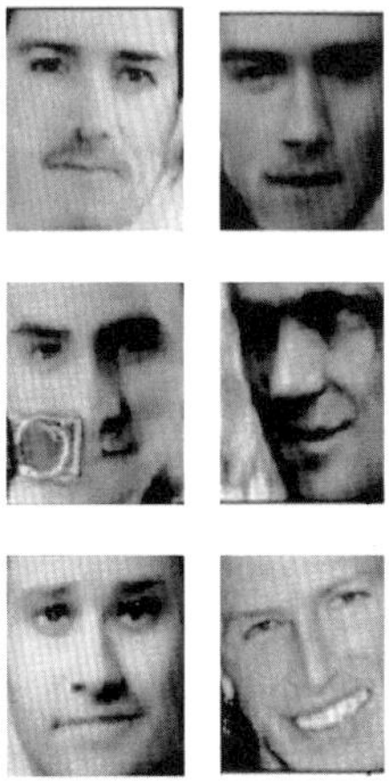

圖 8-7　AutoEncoder-
GAN 預測效果

顯然，雖然 AutoEncoder 的結構沒有做任何修改，但是經過 GAN 加持之後，AutoEncoder 的生成圖片的輪廓、線條相對更加完善，跟真圖片相差無幾。

8.2.5 圖型修復

AutoEncoder-GAN 模型和圖型分割用到的 UNet 模型雖然在結構上差異較大，但都是圖片到圖片的模型，所以 AutoEncoder-GAN 也可以完成一些影像處理類別的任務。同樣地，超解析度重建模型也可以用於圖型壓縮，感興趣的讀者可以自己去實現。

舉例來說，AutoEncoder-GAN 模型還可以用於圖型修復，只需要修改一下 Dataset 即可。在這個 Dataset 中，我們會生成一個隨機的馬賽克，覆蓋在人臉上一個隨機的正方形區域，然後將覆蓋之後的圖片與原圖片組成圖片對，分別作為 img_src 和 img_tgt 輸入前面的 AutoEncoder-GAN 模型訓練程式中。下面是圖型修復任務的資料載入程式：

```
from torch.utils.data import DataLoader, Dataset
from torchvision.datasets import ImageFolder
from sklearn.model_selection import train_test_split
from config import DATA_FOLDER, BATCH_SIZE, SIZE
from glob import glob
import os.path as osp
from PIL import Image
from torchvision import transforms
import random
import torch

class FixData(Dataset):
    def __init__(self, folder=DATA_FOLDER, subset="train", transform=None):
        img_paths = glob(osp.join(DATA_FOLDER, "*/*.jpg"))
```

```python
    # 劃分訓練集和測試集
    train_paths, test_paths = train_test_split(
        img_paths, test_size=0.2, random_state=10
    )
    # 訓練集
    if subset == "train":
        self.img_paths = train_paths
    # 測試集
    else:
        self.img_paths = test_paths
    # 資料增強
    if transform is None:
        self.transform = transforms.Compose(
            [transforms.Resize((SIZE, SIZE)), transforms.ToTensor()]
        )
    else:
        self.transform = transform

def __getitem__(self, index):
    img = Image.open(self.img_paths[index]).convert("L")
    img = self.transform(img)
    # 隨機選擇頂點
    w = int(SIZE / 3)
    xmin, ymin = (
        int(random.random() * (SIZE - w)),
        int(random.random() * (SIZE - w)),
    )
    img_src = img.clone()
    # 增加馬賽克
    img_src[:, ymin : ymin + w, xmin : xmin + w] = torch.rand((1, w, w))
    return img_src, img

def __len__(self):
    return len(self.img_paths)
```

```
# 資料增強
transform = transforms.Compose(
    [
        transforms.RandomRotation(15),
        transforms.Resize((SIZE, SIZE)),
        transforms.ToTensor(),
    ]
)

# 資料載入
train_data = FixData(subset="train", transform=transform)
val_data = FixData(subset="test")
train_loader = DataLoader(train_data, batch_size=BATCH_SIZE, shuffle=True)
val_loader = DataLoader(val_data, batch_size=BATCH_SIZE * 2, shuffle=True)

if __name__ == "__main__":
    img_src, img_tgt = train_data[0]
    topil = transforms.ToPILImage()
    img_src = topil(img_src)
    img_tgt = topil(img_tgt)
    import matplotlib.pyplot as plt
    plt.subplot(121)
    plt.imshow(img_src, cmap="gray")
    plt.subplot(122)
    plt.imshow(img_tgt, cmap="gray")
    plt.show()
```

上述程式建構了一個用於圖型修復任務的資料集，在 __getitem 方法中，我們生成了一個邊長是圖片邊長的 1/3 大小的馬賽克方塊，然後在圖片中選擇了一個隨機的位置進行貼上，這樣就實現了圖片的遮擋，而圖片修復的任務就是要將被遮擋的區域還原出來。

在對圖片進行了遮蓋之後，模型訓練難度會變大，程式中的 FixData 可以直接輸入 8.2.4 節的訓練程式中進行訓練，訓練之後的結果如圖 8-8 所示。

圖 8-8　圖型修復結果 1

上面的圖片還有明顯的遮擋印跡，繼續迭代更多次數之後，效果有所改善，如圖 8-9 所示。

圖 8-9　圖型修復結果 2

從圖 8-9 中可以看到，除部分圖片仍然有明顯遮擋印跡外，其餘圖片中的遮擋部分已經被極佳地修復了。

≫ 8.3 小結

本章以圖型壓縮為題，介紹了在深度學習領域應用廣泛的 AutoEncoder 和 GAN，希望讀者在學習了本章內容後，可以了解到以下基礎知識：

- AutoEncoder 的原理；
- GAN 模型的建構邏輯；
- AutoEncoder 和 GAN 的結合訓練想法。

不定長文字辨識

本書在第 4 章介紹了如何使用神經網路完成驗證碼辨識任務，當時採取的是多標籤分類的方法。這種方法對定長驗證碼的辨識效果尚可，但是如果驗證碼中包含的字元數量不確定，也就是標籤數量不確定時，就無法使用多標籤分類的方法來解決了。

本章我們將介紹圖型辨識領域的一種分類任務：不定長文字辨識。在這類任務中，辨識的目標是類似於序列的長橫條圖片，我們將使用到自然語言處理和時間序列預測任務中常用的循環神經網路演算法。

本章專案的目錄如下：

```
.
├── config.py              ----      參數設定檔
├── data.py                ----      資料載入
├── sin_series.py          ----      擬合正弦曲線
├── time_rnn.py            ----      時間序列模型
```

≫ 9.1 循環神經網路概述

在使用循環神經網路前,我們先簡單地介紹一下循環神經網路的三種常見結構。因為循環神經網路的計算方式與卷積網路差異較大,了解原理可以減少讀者架設模型時的疑惑。

1. RNN

RNN 最早在 1990 年由 Elman 提出,最初的模型結構非常簡單。如圖 9-1 所示,左邊是 RNN 的基本單元結構,右邊是把基本單元結構展開之後的結果,能更清晰地展示計算過程。

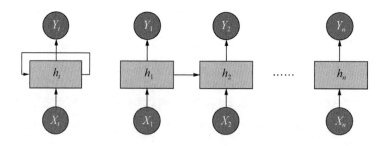

圖 9-1   Elman RNN 示意圖

其中的隱藏層 h_t 定義了整個系統的狀態空間,這個狀態會從第一次循環一直傳遞到最後一次循環,計算公式為:

$$h_t = f_H(o_t)$$

其中 $o_t = w_{ih}x_t + w_{hh}h_{t-1} + b_h$,而 $y_t = f_o(w_{ho}h_t + b_o)$ 。

這種從前往後一次次循環的計算方式使得越靠前的輸入對最終結果的影響越小，越靠後的輸入對最終結果影響越大。在文字長度很長的時候，比較靠前的句子資訊很難傳遞到最終結果，因此這個性質限制了 RNN 的發展。

2. LSTM

LSTM（long short-term memory） 由 Hochreiter 和 Schmidhuber 在 1997 年提出，旨在解決上面提到的 RNN 長期依賴的問題，使循環神經網路能夠記住更長時間的資訊。

LSTM 也是重複的鏈條結構，但其內部有 4 個隱藏層，並且透過門控機制進行互動，使得 LSTM 單元可以選擇性地讓資訊透過，從而減少長時間序列的資訊損失。

3. GRU

GRU 是 2014 年 Cho 在提出用於機器翻譯的 Sequence2Sequence 模型時提出的，是 LSTM 的變形，也是目前比較流行的 RNN 結構。

在上述 3 個網路結構中，LSTM 的擬合能力最強，也最為常用。RNN 在實際專案中已經很少見了，為了兼顧性能和訓練速度，本章的實例都將以 GRU 為例進行展示。

≫ 9.2 時間序列預測

在介紹不定長文字辨識之前，我們先透過一個簡單的例子看一下 RNN 對序列類型資料建模的正常方法。這裡介紹的是 RNN 的時間序列預測，是一個回歸問題，與 CNN 一樣，RNN 也可以解決回歸問題，而從分類問題轉換成回歸問題，只需修改輸出節點數量和損失函數即可（另外注意回歸問題通常要對資料進行歸一化）。RNN 中最典型的回歸問題就是時間序列預測。

9.2.1 建立模型

我們選擇一個簡單的正弦波曲線作為時間序列預測的訓練資料，訓練一個能夠複習正弦波規律的模型。

首先需要建立一個用於時間序列預測的循環神經網路模型，相關程式如下：

```python
# time_rnn.py
from torch import nn

class TimeRNN(nn.Module):
    def __init__(
        self, input_size, hidden_size=32, num_classes=1, num_layers=2, pad_idx=0
    ):
        super(TimeRNN, self).__init__()
        # 此處也可選擇 nn.rnn 作為基礎模型
        self.rnn = nn.GRU(input_size, hidden_size, num_layers)
        self.fc = nn.Linear(hidden_size, num_classes)

    def forward(self, x):
        out, _ = self.rnn(x)
        out = self.fc(out[-1])
        return out
```

上述程式以 GRU 為網路的基本單元，模型會取循環神經網路的最後一個輸出值，經過線性層轉換得到最終的輸出結果。

因為正弦波的單時刻點只有一個值，所以 input_size 為 1。hidden_size 可以自己定，一般來說，hidden_size 越大，模型的表達能力越強，但是也更容易發生過擬合，在這個模型中，32 已經足夠用了。

9.2.2 生成資料

建立完模型之後，還需要生成資料，生成資料程式如下：

```python
# sin_series.py
import numpy as np
import matplotlib.pyplot as plt
from tqdm import tqdm
from torch.utils.data import Dataset, DataLoader
from time_rnn import TimeRNN
from torch import nn
import torch

# 生成樣本
sample_num = 1000
window_size = 50
data_x = np.linspace(0, sample_num, 1000) / 2
data_y = np.sin(data_x)

# 整理樣本資料
class SinData(Dataset):
    def __init__(self, data, window_size=window_size):
        self.data = data
        self.window_size = window_size

    # 透過滑窗的方式提取資料
    def __getitem__(self, index):
        x = self.data[index : index + self.window_size].reshape(-1, 1)
        y = self.data[index + self.window_size].reshape(-1, 1)
        return x, y
```

```
    def __len__(self):
        return len(self.data) - self.window_size

d = SinData(data_y)
dl = DataLoader(d, batch_size=4, shuffle=True)

# 展示圖片
def show_data():
    plt.figure()
    for x, y in dl:
        # 以線型繪製 x
        for arr in x.cpu().data.numpy():
            plt.plot(arr)
        # 以散點繪製 y
        plt.scatter(
            [x.shape[1] for i in range(x.shape[0])],
            y.data.numpy(),
            color="black",
        )
        break
    plt.show()
```

上述程式建立了正弦資料集，可以透過取索引的方式取出其中長度為 windows_size 的一段資料。在 show_data 函數中，取出了第一個批次的資料進行展示，結果如圖 9-2 所示，顯示的是生成的資料集中的 x 和 y 之間的關係。

我們共繪製了 4 對 x 和 y，左邊的曲線是 x 右邊的黑點是 y，這個模型的目的就是透過左邊的 x 值預測下一個時間點的 y 值。

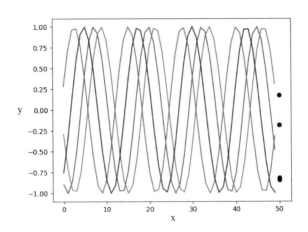

圖 9-2　正弦曲線資料展示

9.2.3　模型訓練

下面就可以開始訓練模型了，以下是正弦時間序列模型的預測程式：

```
# sin_seris.py
def train():
    net = TimeRNN(1).cuda()
    criteron = nn.MSELoss()
    optimizer = torch.optim.Adam(net.parameters(), lr=0.01)
    dl = DataLoader(d, batch_size=100, shuffle=False)
    loss_curve = []
    # 這個模型擬合非常容易，所以這裡刻意少訓練幾個 epoch，方便查看預測效果
    for i in range(5):
        epoch_loss = 0.0
        for x, y in tqdm(dl):
            x = x.cuda()
            y = y.cuda()
            # 維度轉換
            x = x.permute(1, 0, 2).float()
            y = y.float()
            optimizer.zero_grad()
```

```
        out = net(x)
        loss = criteron(out, y.squeeze(2))
        loss.backward()
        optimizer.step()
        epoch_loss += loss.item()
    print("epoch_loss", epoch_loss / len(dl))
    loss_curve.append(epoch_loss / len(dl))
plt.plot(loss_curve)
plt.show()
return net
```

上述程式實現了一個正弦時間序列模型的訓練過程，需要注意的是，在輸入模型之前，需要對 x 的維度進行轉換，以適應 RNN 模型的輸入要求。在訓練過程中記錄下了損失的變化過程，並進行了曲線繪製，結果如圖 9-3 所示。

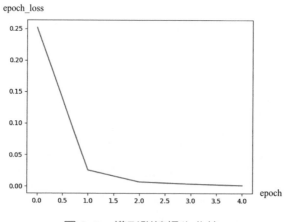

圖 9-3　模型訓練損失曲線

從圖 9-3 中可以看到，模型收斂很快，僅 5 個 epoch 之後，就獲得了較低的損失。在這裡模型還可以繼續最佳化，但是繼續訓練下去模型的預測值會與真實值完全重合，為了展示預測值與真實值之間的差距，這裡刻意地沒有把模型訓練合格。

9.2.4 模型預測

訓練之後，可以對模型的預測結果進行展示，模型預測程式如下：

```python
# sin_series.py
# 展示預測結果
def show_result(net, data):
    window_size = 50
    init_input = (
        torch.from_numpy(data_y[:window_size]).view(-1, 1, 1).float().cuda()
    )
    outputs = []
    # 逐步以預測值代替輸入值
    for i in range(len(data) - window_size - 800):
        output = net(init_input)
        outputs.append(output)
        init_input[0 : window_size - 1, :, :] = init_input[1:window_size, :, :]
        init_input[window_size - 1, :, :] = output
    plt.figure(figsize=(24, 8))
    plt.plot(outputs, color="g")
    plt.plot(data[: len(data) - window_size - 800], color="r")

    plt.show()


if __name__ == "__main__":
    # show_data()
    net = train()
    show_result(net, data_y)
```

上述程式逐步使用預測值替代了原有的真實值，也就是每次輸入 50 個數值，得到一個預測值，然後把這個預測值加到輸入資料的尾端，並刪除輸入資料的第一個值，按這樣的預測流程得到的預測結果如圖 9-4 所示。

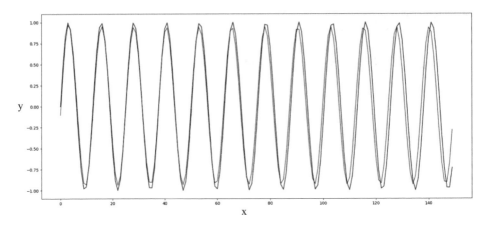

圖 9-4　正弦曲線預測曲線

從圖 9-4 中可以看出，模型預測出來的正弦曲線已經非常接近真的正弦曲線了。

9.3 CRNN 模型

本節來介紹一下 CRNN 模型。

9.3.1 CRNN 演算法簡介

與一般的時間序列預測不同，CRNN 中的循環神經網路取整數個輸出序列作為結果，而非取最後一個輸出值，其計算流程如圖 9-5 所示。

CRNN 演算法的訓練流程如下。

■ 輸入圖片為文字序列，一般是長橫條圖片，經過卷積層計算之後得到序列特徵。

- 將序列特徵輸入 RNN 模型進行計算,得到輸出序列。
- 計算輸出序列與圖片標籤之間的 CTCLoss 值,再進行反向傳播,更新參數。

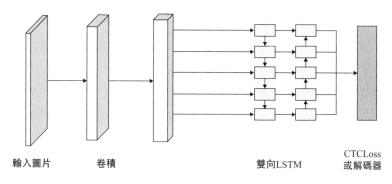

輸入圖片　　　卷積　　　　　　　　　雙向LSTM　　CTCLoss 或解碼器

圖 9-5　CRNN 結構示意圖

CRNN 的預測流程與訓練過程稍有不同,需要經過解碼器處理才能得到辨識結果。解碼器的規則是:相鄰結果如果是同一個字元則合併,如果是空格則略過。

9.3.2 CTCLoss 函數

CTCLoss 函數是 CRNN 中實現不定長序列預測的關鍵,CTCLoss 擴充了標籤集,在標籤集中增加了一個 blank 標籤,CTCLoss 可以透過映射函數將原始預測序列轉為真實序列的預測序列,這個映射過程是多對一的映射,即一個預測序列可能對應著多個原始預測序列。

在訓練過程中,CTCLoss 會最大化所有的正確原始序列的機率和,整個過程無須進行標籤對齊。

本專案中使用的 CTCLoss 來自 PyTorch 的 CTCLoss 函數,其輸入格式較為複雜,下面將對模型的輸入做簡單介紹。

CTCLoss 的輸入參數主要有 4 個：log_probs、targets、input_lengths 和 target_lengths。它們的作用如下。

- log_probs：模型預測結果，尺寸為 (T, N, C) 其中 T 為輸入的序列長度，N 為樣本數量（batch_size），C 為類別數量（包含 blank）。注意 log_probs 是經過 torch.nn.functional.log_softmax 計算得到的結果。
- targets：樣本標籤，尺寸為 (N, S) 或 sum，如果尺寸是 (N, S)，則其中 N 為樣本數量（batch_size），S 為每個樣本對應的標籤序列的長度（需要補齊到相同長度）。如果尺寸是 sum，則 sum 代表樣本標籤的總長度，這種情況下 targets 由所有樣本的標籤首尾順序拼接而成。
- input_lengths：預測序列長度，尺寸為 N（N 為樣本數量 batch_size）。
- target_lengths：每個樣本的標籤長度，尺寸為 N（N 為樣本數量 batch_size）。

了解了以上內容後就要開始建構 CRNN 模型了，在建構和訓練模型之前，需要先設定模型的相關參數，參數如下：

```
import torch
# 運算裝置
device = torch.device("cuda:0") if torch.cuda.is_available() else torch.
device("cpu")
# 圖片中可能出現的字母串列
char_list = ["0", "1", "2", "3", "4", "5", "6", "7", "8", "9", "a", "b",
             "c", "d", "e", "f", "g", "h", "i", "j", "k", "l", "m", "n",
             "o", "p", "q", "r", "s", "t", "u", "v", "w", "x", "y", "z"]

# 偵錯模型時可以使用更短的 char_list
# char_list = ["0","1"]

# 模型保存位址
ckpt = "models/crnn.pth"
# 批次處理數量
batch_size = 64
```

9.3.3 模型結構

CNN 部分是由「卷積 +BatchNorm+ReLU」組合架設的序列網路。輸入為高度是 32 像素的長橫條圖片，輸出為高度是 1 像素的特徵圖。

RNN 部分採用雙層雙向 LSTM 拼接而成。

模型架設程式如下：

```python
# model.py
from torch import nn
import torch.nn.functional as F

# 雙向的 GRU 模型，如果想提高精度可以換成 LSTM
class BidirectGRU(nn.Module):
    def __init__(self,input_size,hidden_size,output_size):
        super(BidirectGRU,self).__init__()
        self.rnn = nn.GRU(input_size,hidden_size,bidirectional=True)
        self.fc = nn.Linear(hidden_size*2,output_size)

    def forward(self, x):
        r,_ = self.rnn(x)
        t,b,h = r.size()
        x = r.view(t * b,h)
        out = self.fc(x)
        return out.view(t,b,-1)

# 兩層 GRU
class R(nn.Sequential):
    def __init__(self,input_size,hidden_size,output_size):
        super(R, self).__init__(
            BidirectGRU(input_size,hidden_size,hidden_size),
            BidirectGRU(hidden_size,hidden_size,output_size)
        )
```

```
# 卷積 +BatchNorm+ReLU 是常見的組合，將其定義為基本單元可以簡化模型架設過程
# 透過 bn 參數可以切換有 BatchNorm 和無 BatchNorm 兩種模式
class ConvBNReLU(nn.Sequential):
    def __init__(self,in_channels,out_channels,kernel_size=3,stride=1,
                padding=1,bn = False):
        if bn:
            super(ConvBNReLU,self).__init__(
                nn.Conv2d(in_channels,out_channels,kernel_size, stride,
padding),
                nn.BatchNorm2d(out_channels),
                nn.ReLU(inplace=True)
            )
        else:
            super(ConvBNReLU,self).__init__(
                nn.Conv2d(in_channels,out_channels,kernel_size, stride,
padding),
                nn.ReLU(inplace=True)
            )

# CRNN 的 CNN 部分，目的是將長橫條圖片的高度壓縮為 1
class C(nn.Sequential):
    def __init__(self,height,in_channels):
        super(C,self).__init__()
        cs = [1,64,128,256,256,512,512,512]
        ps = [1,1,1,1,1,1,0]
        ks = [3,3,3,3,3,3,2]
        cnn = nn.Sequential()
        for i in range(7):
            if i in [0,1,2,3,6]:
                cnn.add_module("conv{}".format(i),
                        ConvBNReLU(cs[i],cs[i+1],ks[i],1,ps[i]))
            if i in [4,5]:
                cnn.add_module("conv{}".format(i),
                    ConvBNReLU(cs[i],cs[i+1],ks[i],1,ps[i],bn = True))
            if i in [0, 1]:
```

```
            cnn.add_module("pool{}".format(i), nn.MaxPool2d(2, 2))
        if i in [3, 5]:
            cnn.add_module("pool{}".format(i), nn.MaxPool2d(2, (2,1),(0,1)))
    self.cnn = cnn

def forward(self, x):
    return self.cnn(x)
```

```
# CRNN 主題結構，CNN 和 RNN 中間需要進行形狀變換
class CRNN(nn.Module):
    def __init__(self,height,in_channels,input_size,hidden_size,output_
size):
        super(CRNN,self).__init__()
        self.cnn = C(height,in_channels)
        self.rnn = R(input_size,hidden_size,output_size)

    def forward(self, x):
        conv = self.cnn(x)
        conv = conv.squeeze(2)
        conv = conv.permute(2,0,1)
        output = self.rnn(conv)
        return F.log_softmax(output,dim = 2)

if __name__ == "__main__":
    import torch
    net = CRNN(32,1,512,256,36)
    print(net)
    x = torch.randn(1,1,32,100)
    out = net(x)
    print(out.shape)
```

上述程式架設了 CRNN 網路並進行了簡單的測試，CRNN 網路由 CNN 和 RNN 組成，分別定義為 C 類別和 R 類別，其中：

- C 類別由多個 ConvBNReLU 模組和最大池化層堆疊而成,因為 CTCLoss 中的原始預測序列長度不能低於標籤長度,所以上述程式中對 CRNN 原始論文中的最大池化層的步進值做了修改;
- R 類別使用了兩層的雙向 GRU,在對精度要求較高或字元種類較多 (如中文辨識)的場景下,可以使用 LSTM 替代 GRU。

9.3.4 資料前置處理

顏色並不會影響文字的含義,一般在訓練和推理時,要輸入灰階圖片。但是,不同顏色灰階處理後顏色的深淺不同,因此訓練時可以在訓練資料中增加比較度、飽和度之類的顏色處理,推理時需要提高圖片的比較度。

由於 EAST 模型的預測結果為傾斜矩形,而長文字行對傾斜矩形的角度要求較高,所以為了避免角度預測不夠準確帶來的辨識誤差,在訓練辨識模型時,也需要對訓練資料做一定的旋轉處理。

資料處理程式如下:

```python
# data.py
from captcha.image import ImageCaptcha,WheezyCaptcha
from torch.utils.data import Dataset,DataLoader
from torchvision import transforms
import torch
from PIL import Image
import numpy as np
from config import char_list,batch_size


class CaptchaData(Dataset):
    def __init__(self, char_list, num=100):
```

```
        self.char_list = char_list
        self.char2index = {
            self.char_list[i]: i for i in range(len(self.char_list))
        }

    def __getitem__(self, index):
        # 生成隨機長度的字串
        chars = ""
        for i in range(np.random.randint(1,10)):
            chars+= self.char_list[np.random.randint(len(char_list))]
        # 把字串轉換成圖片
        image = ImageCaptcha(width = 40 * len(chars),height = 60).generate_
image(chars)
#        image = WheezyCaptcha(width = 60 * len(chars),height = 60).
generate_image(chars)
        # 把圖片和標籤轉成 Tensor
        chars_tensor = self._numerical(chars)
#        image_tensor = self._totensor(image)
        return image, chars_tensor

    def _numerical(self, chars):
        # 標籤字元轉 ID
        chars_tensor = torch.zeros(len(chars))
        for i in range(len(chars)):
            chars_tensor[i] = self.char2index[chars[i]] + 1
        return chars_tensor

    def _totensor(self, image):
        # 圖片轉 Tensor
        return transforms.ToTensor()(image)

    def __len__(self):
        # 必須指定 Dataset 的長度
        return 10000
```

```python
class resizeNormalize(object):

    def __init__(self, size, interpolation=Image.BILINEAR):
        self.size = size
        self.interpolation = interpolation
        # 圖型增強方式
        self.transform = transforms.Compose([
            transforms.ColorJitter(),
            transforms.RandomRotation(degrees=(0,5)),
            transforms.ToTensor()
        ])

    def __call__(self, img):
        img = img.resize(self.size, self.interpolation)
        img = self.transform(img)
        # 圖片歸一化
        img.sub_(0.5).div_(0.5)
        return img


class alignCollate(object):
    def __init__(self, imgH=32, imgW=100, keep_ratio=False, min_ratio=1):
        self.imgH = imgH
        self.imgW = imgW
        self.keep_ratio = keep_ratio
        self.min_ratio = min_ratio

    def __call__(self, batch):
        images = [b[0].convert("L") for b in batch]
        labels = [b[1] for b in batch]

        imgH = self.imgH
        imgW = self.imgW
        # 是否保持比例
        if self.keep_ratio:
            # 如果設定 keep_ratio=True，那麼會將所有圖片縮放到同一尺寸
```

```
        ratios = []
        for image in images:
            w, h = image.size
            ratios.append(w / float(h))
        ratios.sort()
        max_ratio = ratios[-1]
        imgW = int(np.floor(max_ratio * imgH))
        imgW = max(imgH * self.min_ratio, imgW)
    # 圖型增強
    transform = resizeNormalize((imgW, imgH))
    images = [transform(image) for image in images]
    images = torch.cat([t.unsqueeze(0) for t in images], 0)

    return images, labels

# 建立 Dataset 和 DataLoader
data = CaptchaData(char_list)
c = alignCollate()
train_dl = DataLoader(data,batch_size = batch_size,collate_fn = c,num_workers=4)
test_dl = DataLoader(data,batch_size=batch_size * 2,collate_fn=c,num_workers=4)
```

上述程式實現了以下 4 個功能。

(1) 在 CaptchaData 中使用 captcha 隨機生成不定長的驗證碼圖片。

(2) 在 resizeNormalize 中對圖片進行資料增強。

(3) 在 alignCollate 中對每個批次的資料進行整理，便於批次訓練。

(4) 將資料整合成 DataLoader。

注意，由於每筆資料都是隨機生成的，幾乎不會重複，所以在這個專案中，無須顯性地定義訓練集和驗證集，train_dl 和 test_dl 可以共用一個 data 實例。

9.3.5 模型訓練

在訓練和預測過程中，CRNN 演算法還有一個特殊的步驟：解碼。一般分類模型解碼只需使用 torch.argmax 求出最大值的 index 即可，而在 CRNN 中，輸出序列中有很多 blank 和重複值，這些都要刪掉。因此需要有一個解碼器對輸出序列進行處理。

> 💡 **注意**
>
> 在 GPU 計算模式下，targets 只能使用首尾相接的拼接方式，input_lengths 中的所有樣本長度必須為 T，blank 必須為 0，target_lengths 必須小於 256，其中的整數參數必須使用 torch.int32 類型。

blank 為 0 的規定使得我們必須在計算 CTCLoss 之前對樣本標籤值進行移位。例如 a、b、c 原本對應的標籤分別為 0、1、2，但是因為 blank 必須為 0，所以我們需要把 a、b、c 的標籤修改為 1、2、3，才能計算 CTCLoss。在模型推理過程中，需要把預測結果的 index 值減 1，方可映射到正確的字元。

模型訓練程式如下：

```
# train.py
from model import CRNN
from data import train_dl,test_dl,char_list
import torch
from torch import nn,optim
from tqdm import tqdm
from config import device,ckpt
import os.path as osp

# 初始化模型
```

```python
net = CRNN(32,1,512,256,len(char_list)+1)

class strLabelConverter(object):

    def __init__(self, alphabet):
        self.alphabet = alphabet + 'ç'

    def encode(self, labels):
        length = []
        result=[]
        # 記錄每筆標籤的長度
        for label in labels:
            length.append(len(label))
            for index in label:
                result.append(index.item()) # 0 代表 blank
        text = result
        return (torch.IntTensor(text), torch.IntTensor(length))

    def decode(self, t, length):
        # 解碼，去除 blank 和重複字元
        char_list = []
        for i in range(length):
            if t[i] != 0 and (not (i > 0 and t[i - 1] == t[i])):
                char_list.append(self.alphabet[t[i] - 1])
        return ''.join(char_list)

# 初始化轉換器
converter = strLabelConverter("".join(char_list))

def train():
    net.to(device)
    optimizer = optim.Adam(net.parameters(),lr = 1e-3)
    criterion = nn.CTCLoss(reduction='sum') # ,zero_infinity=True)
    # 檢查是否有預訓練模型
    # 如果有的話，載入模型以及預訓練模型的損失
```

```python
if osp.exists(ckpt):
    c = torch.load(ckpt)
    net.load_state_dict(c['state_dict'])
    best_loss = c['best_loss']
else:
    best_loss = 1e9

# 開始訓練
for m in range(100):
    epoch_loss = 0.0
    # 訓練
    for n,(image,label) in tqdm(enumerate(train_dl),total=len(train_dl)):
        optimizer.zero_grad()
        image = image.to(device)
        out = net(image)
        text,lengths = converter.encode(label)
        pred_lengths = torch.IntTensor([out.size(0)] * out.shape[1])
        loss = criterion(out,text,pred_lengths,lengths)
        loss.backward()
        optimizer.step()
        epoch_loss += loss.item()
    epoch_loss /= len(train_dl.dataset)
    print(epoch_loss)
    val_loss = 0.0
    # 在無梯度模式下驗證模型
    with torch.no_grad():
        for m,(image,label) in tqdm(enumerate(test_dl),total=len(test_dl)):
            image = image.to(device)
            out = net(image)
            text, lengths = converter.encode(label)
            pred_lengths = torch.IntTensor([out.size(0)] * out.shape[1])
            loss = criterion(out, text, pred_lengths, lengths)
            val_loss += loss.item()
    val_loss /= len(test_dl.dataset)
    print(val_loss)
    # 如果模型獲得更優的效果則保存下來
```

```
        if val_loss < best_loss:
            best_loss = val_loss
            torch.save({"state_dict":net.state_dict(),
                       "best_loss":best_loss},ckpt)

if __name__ == "__main__":
    train()
```

上述程式首先定義了 strLabelConverter 類別，類中包含了 encode 和
decode 方法：在 encode 中對標籤進行了處理，使之符合 CTCLoss 的輸入
格式；decode 的作用是將原始預測標籤序列轉化為標籤序列。

訓練過程與正常模型相似，需要注意的是，pred_lengths 需要根據模型輸
出結果進行手動建構。

9.3.6 模型預測

在模型訓練完成之後，就可以載入模型進行驗證碼辨識了，模型預測程
式如下：

```
# demo.py
from torchvision import transforms
import torch
import numpy as np

from data import test_dl
import matplotlib.pyplot as plt
from config import device,ckpt,char_list
from train import converter,net

if __name__ == "__main__":
    # 載入模型參數
    params = torch.load(ckpt)
```

```
net.load_state_dict(params['state_dict'])
print("current loss: {}".format(params['best_loss']))


net.to(device)

# 用於繪製九宮格的參數
col = 0
row = 1
# 使用測試集中的資料進行測試
for d in test_dl.dataset:
    img = d[0].convert("L")
    h,w = img.size
    img = img.resize((int(h*(32/w)),32))
    img_tensor = transforms.ToTensor()(img).unsqueeze(0)
    label = d[1].int()
    label = [char_list[i - 1] for i in label]
    # 模型預測
    preds = net(img_tensor.to(device))
    # 處理輸出結果
    _, preds = preds.max(2)
    preds = preds.transpose(1, 0).contiguous().view(-1)
    preds_size = torch.IntTensor([preds.size(0)])
    # 解碼
    sim_pred = converter.decode(preds.data, preds_size.data)
    # 繪圖
    plt.subplot(330 + col + 1)
    plt.title("".join(sim_pred))
    plt.imshow(np.array(img))
    col += 1
    if col == 9:
        break
plt.show()
```

上述程式載入預訓練模型之後進行了預測，並將結果繪製成了九宮格，結果如圖 9-6 所示。

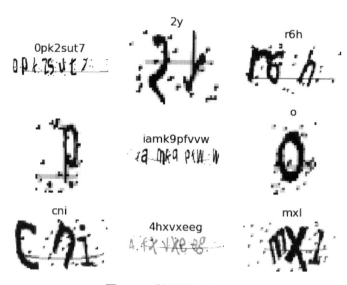

圖 9-6　驗證碼辨識結果

上述圖片對應的損失為 1.7，就驗證碼辨識任務來說，精度已經可以接受了，因為本專案的資料集足夠大（隨機生成的資料集幾乎不會重複），繼續訓練可以得到更好的效果。

≫ 9.4 小結

本章以不定長文字辨識為例，介紹了循環神經網路在圖型辨識領域的應用，希望讀者在學習了本章內容後，可以了解到以下基礎知識：

- 循環神經網路的工作原理；
- 循環神經網路的訓練方法；
- 卷積神經網路和循環神經網路搭配使用的技巧。

▶ 9.4 小結

神經網路壓縮與部署

隨著深度學習的發展，演算法變得越來越複雜，模型參數越來越多，對硬體的性能要求也越來越高。GPU 的價格也在逐年攀升，模型使用的成本隨之增加。

在這種情況下，模型壓縮技術變得越來越熱門。模型壓縮主要是為了提高推理速度，降低參數量和運算量。主要重點有兩個，一個是尺寸，一個是速度。

現行主流的模型壓縮方法有兩大類：剪枝和量化。剪枝的目的是減少參數量和運算量，量化的目的是壓縮每個資料的資源佔用量。

下面以 CIFAR-10 作為範例，展示如何進行剪枝和量化工作。本章專案的目錄如下：

```
.
├── api.py              ----    服務介面
├── api_request.py      ----    存取範例
├── base_train.py       ----    訓練基礎模型
├── config.py           ----    設定檔
├── data.py             ----    資料載入
├── model.py            ----    模型定義
├── prune.py            ----    模型剪枝
├── retrain.py          ----    重新訓練
├── sparsify_train.py   ----    稀疏化訓練
└── weight_quantize.py  ----    權重量化
```

》 10.1 剪枝

剪枝即剪去神經網路模型中不重要的網路連接，本章使用的剪枝方式為通道剪枝，即在訓練過程中逐步將權重較小的參數置零，然後將全為 0 的通道剪除。

剪枝有一個大前提：模型結構和參數容錯。對 MobileNet 這種已經簡化過的輕量級網路來說，剪枝的效果不算大。

下面介紹一下如何對 CIFAR 分類的 VGG-11 網路進行剪枝，剪枝過程可以參考 Han 在 2015 年發表的論文。

剪枝之前先要進行多輪稀疏化訓練，稀疏化訓練的流程如圖 10-1 所示。

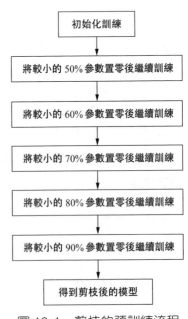

圖 10-1 剪枝的預訓練流程

10.1.1 模型設計

模型結構選擇與第 3 章中 VGG 比較接近的結構，但是需要做一點點修改，以便在壓縮模型之後修改通道。使用 VGG 的原因是 VGG 中沒有 shortcut 結構，剪枝過程比較直觀。

開始前需要設定一些與剪枝相關的參數：

```python
# config.py
import torch


# 訓練初始模型時的學習率
init_epoch_lr = [(10, 0.01), (20, 0.001), (20, 0.0001)]
# 每次稀疏化的參數佔比
SPARISITY_LIST = [50, 60, 70, 80, 90]


# 稀疏化之後，微調模型的分階段 epoch 數量和對應的學習率
finetune_epoch_lr = [
    # 50
    [(3, 0.01),(3, 0.001), (3, 0.0001)],
    # 60
    [(6, 0.01),(6, 0.001), (6, 0.0001)],
    # 70
    [(9, 0.01),(9, 0.001), (9, 0.0001)],
    # 80
    [(12, 0.01),(12, 0.001), (12, 0.0001)],
    # 90
    [(20, 0.01),(20, 0.001), (20, 0.0001)],
]
# 模型保存目錄
CHECKPOINT = "/data/chapter_seven"
# 批次數量
BATCH_SIZE = 128

device = torch.device("cuda:0") if torch.cuda.is_available() else torch.
device("cpu")
```

參數設定好之後，便可以參照 CIFAR-10 分類任務來建構模型，下面是
VGG 網路模型的建構程式：

```python
# model.py
from torch import nn

class VGG_prunable(nn.Module):
    def __init__(self, cfg):
        super(VGG_prunable, self).__init__()
        self.features = self._make_layers(cfg)
        # 便於使用 cfg 設定線性層的通道數量
        self.classifier = nn.Linear(cfg[-2], 10)

    def _make_layers(self, cfg):
        layers = []
        in_channels = 3
        for x in cfg:
            if x == "M":
                layers += [nn.MaxPool2d(kernel_size=2, stride=2)]
            else:
                layers += [
                    Conv2D(True, in_channels=in_channels, out_channels=x,
kernel_size=3, padding=1),
                    nn.BatchNorm2d(x),
                    nn.ReLU(inplace=True),
                ]
                in_channels = x
        layers += [nn.AvgPool2d(kernel_size=1, stride=1)]
        return nn.Sequential(*layers)

    def forward(self, x):
        out = self.features(x)
        out = out.view(out.size(0), -1)
        out = self.classifier(out)
        return out
```

```
def VGG_11_prune(cfg=None):
    if cfg is None:
        cfg = [64, "M", 128, "M", 256, 256, "M", 512, 512, "M", 512, 512, "M"]
    return VGG_prunable(cfg)
```

這裡利用 VGG_11_prune 函數調整通道清單，可以建構不同的 VGG 模型。與第 3 章架設 VGG 模型的程式不同，本章 VGG 的 classifier（包含一個線性層）的輸入通道數量會根據 cfg 清單變動，方便後續在剪枝的過程中修改通道數量。

10.1.2 訓練基礎模型

在資料載入部分，我們直接使用 PyTorch 提供的 CIFAR-10 資料載入介面。資料載入程式如下：

```
# data.py
import torchvision
from torchvision import transforms
import torch
from config import BATCH_SIZE

# 訓練集的資料增強方式
transform_train = transforms.Compose(
    [
        transforms.RandomCrop(32, padding=4),
        transforms.RandomHorizontalFlip(),
        transforms.ToTensor(),
        transforms.Normalize((0.4914, 0.4822, 0.4465), (0.2023, 0.1994,
0.2010)),
    ]
)
# 驗證集的資料增強方式
```

```
transform_test = transforms.Compose(
    [transforms.ToTensor(), transforms.Normalize((0.4914, 0.4822, 0.4465),
(0.2023, 0.1994, 0.2010))]
)
# 載入資料
trainset = torchvision.datasets.CIFAR10(root="/data/cifar10", train=True,
download=True, transform=transform_train)
trainloader = torch.utils.data.DataLoader(trainset, batch_size=BATCH_SIZE,
shuffle=True, num_workers=2)

testset = torchvision.datasets.CIFAR10(root="/data/cifar10", train=False,
download=True, transform=transform_test)
testloader = torch.utils.data.DataLoader(testset, batch_size=BATCH_SIZE,
shuffle=False, num_workers=2)
```

上述程式直接使用了 PyTorch 中的 torchvision.datasets.CIFAR10 函數載入 CIFAR-10 資料集，並在載入資料的過程中使用了隨機裁剪（transforms. RandomCrop）和隨機翻轉（transforms.RandomHorizontalFlip）兩種資料 增強手段。

在進行剪枝之前，需要有一個訓練好的模型，訓練程式如下：

```
# base_train.py
from config import device, CHECKPOINT, init_epoch_lr
from data import trainloader, trainset, testloader, testset
from model import VGG_11_prune

import torch
from torch import optim
# PyTorch 1.1.0 以上版本才有附帶的 TensorBoard，較低版本可以使用單獨安裝的
TensorBoard
from torch.utils.tensorboard import SummaryWriter
import os

# 訓練一個 epoch
```

```python
def train_epoch(net, optimizer, criteron):
    epoch_loss = 0.0
    epoch_acc = 0.0
    for j, (img, label) in enumerate(trainloader):
        img, label = img.to(device), label.to(device)
        out = net(img)
        optimizer.zero_grad()
        loss = criteron(out, label)
        loss.backward()
        optimizer.step()
        pred = torch.argmax(out, dim=1)
        acc = torch.sum(pred == label)
        epoch_loss += loss.item()
        epoch_acc += acc.item()

    epoch_acc /= len(trainset)
    epoch_loss /= len(trainloader)
    print("Epoch loss : {:8f}  Epoch accuracy : {:8f}".format(epoch_loss,
epoch_acc))
    return epoch_acc, epoch_loss, net

# 驗證一個 epoch
def validation(net, criteron):
    with torch.no_grad():
        test_loss = 0.0
        test_acc = 0.0
        for k, (img, label) in enumerate(testloader):
            img, label = img.to(device), label.to(device)
            out = net(img)
            loss = criteron(out, label)
            pred = torch.argmax(out, dim=1)
            acc = torch.sum(pred == label)
            test_loss += loss.item()
            test_acc += acc.item()
        test_acc /= len(testset)
        test_loss /= len(testloader)
```

```
        print("Test loss : {:8f}  Test accuracy : {:8f}".format(test_loss,
test_acc))
    return test_acc, test_loss


# 訓練初始模型
def init_train(net):
    if os.path.exists(os.path.join(CHECKPOINT, "best_model.pth")):
        saved_model = torch.load(os.path.join(CHECKPOINT, "best_model.pth"))
        net.load_state_dict(torch.load(os.path.join(CHECKPOINT, "best_
model.pth"))["net"])
        # 如果已有的模型準確率大於 0.9，則不再訓練
        if saved_model["best_accuracy"] > 0.9:
            print(" break init train ... ")
            return
        best_accuracy = saved_model["best_accuracy"]
        best_loss = saved_model["best_loss"]
    else:
        best_accuracy = 0.0
        best_loss = 10.0
    writer = SummaryWriter("logs/")
    criteron = torch.nn.CrossEntropyLoss()

    for i, (num_epoch, lr) in enumerate(init_epoch_lr):
        optimizer = optim.SGD(net.parameters(), lr=lr, weight_decay=0.0001,
momentum=0.9)
        for epoch in range(num_epoch):
            epoch_acc, epoch_loss, net = train_epoch(net, optimizer, criteron)
            # 將損失和準確率加入 TensorBoard
            writer.add_scalar("epoch_acc", epoch_acc, sum([e[0] for e in
init_epoch_lr[:i]]) + epoch)
            writer.add_scalar("epoch_loss", epoch_loss, sum([e[0] for e in
init_epoch_lr[:i]]) + epoch)
            # 驗證模型
            test_acc, test_loss = validation(net, criteron)
            if test_loss <= best_loss:
```

```
            if test_acc >= best_accuracy:
                best_accuracy = test_acc
            best_loss = test_loss
            best_model_weights = net.state_dict().copy()
            best_optimizer_params = optimizer.state_dict().copy()
            # 保存模型、最佳化器、準確率和損失資訊
            torch.save(
                {
                    "net": best_model_weights,
                    "optimizer": best_optimizer_params,
                    "best_accuracy": best_accuracy,
                    "best_loss": best_loss,
                },
                os.path.join(CHECKPOINT, "best_model.pth"),
            )
        # 將損失和準確率加入 TensorBoard
        writer.add_scalar("test_acc", test_acc, sum([e[0] for e in
init_epoch_lr[:i]]) + epoch)
        writer.add_scalar("test_loss", test_loss, sum([e[0] for e in
init_epoch_lr[:i]]) + epoch)

    writer.close()
    return net


if __name__ == "__main__":
    net = VGG_11_prune().to(device)
    init_train(net)
```

上述程式完成了 CIFAR-10 資料集的分類模型訓練，因為後續任務中還
要反覆用到其中的訓練和驗證功能，所以建立了 train_epoch 和 validation
兩個函數，以便呼叫。各部分程式的功能可以參考第 3 章。經過上述的
基礎訓練，模型在驗證集上的準確度可以很快達到 86% 以上。我們將這
個模型保存下來，後續模型剪枝將在這個模型的基礎上進行。

10.1.3 模型稀疏化

為了使模型效果儘量接近原模型，可以在訓練過程中逐步將每一層中絕對值較小的參數置零，從而在增加模型稀疏度的同時，避免模型效果產生過大波動。

置零的設定值透過當前 weight 或 bias 的百分位數字來確定，低於設定值的參數全部設定為 0，高於設定值的參數維持不變。

下面是稀疏化訓練的程式：

```python
# sparsify_train.py
import torch
from torch import optim, nn
from torch.utils.tensorboard import SummaryWriter
import numpy as np
import os

from base_train import validation, train_epoch
from config import finetune_epoch_lr, CHECKPOINT, device
from model import VGG_11_prune

# 稀疏化之後微調模型
def fine_tune(net, sparisity, epoch_lr):
    writer = SummaryWriter("logs/")
    criteron = nn.CrossEntropyLoss()

    best_accuracy = 0.0
    best_loss = 10.0

    for i, (num_epoch, lr) in enumerate(epoch_lr):
        optimizer = optim.SGD(net.parameters(), lr=lr, weight_decay=0.0001,
momentum=0.9)
        for epoch in range(num_epoch):
            epoch_acc, epoch_loss, net = train_epoch(net, optimizer, criteron)
```

```
            writer.add_scalar("fine_acc", epoch_acc, sum([e[0] for e in
epoch_lr[:i]]) + epoch)
            writer.add_scalar("fine_loss", epoch_loss, sum([e[0] for e in
epoch_lr[:i]]) + epoch)

            test_acc, test_loss = validation(net, criteron)
            # 檢測模型的精度是否值得保存
            if test_loss <= best_loss:
                if test_acc >= best_accuracy:
                    best_accuracy = test_acc
                best_loss = test_loss
                best_model_weights = net.state_dict().copy()
                best_optimizer_params = optimizer.state_dict().copy()
                # 保存模型及相關參數
                torch.save(
                    {
                        "net": best_model_weights,
                        "optimizer": best_optimizer_params,
                        "best_accuracy": best_accuracy,
                        "best_loss": best_loss,
                    },
                    os.path.join(CHECKPOINT, "fine_tune_sparse_{}.pth".
format(sparisity)),
                )

            writer.add_scalar("fine_test_acc", test_acc, sum([e[0] for e in
epoch_lr[:i]]) + epoch)
            writer.add_scalar("fine_test_loss", test_loss, sum([e[0] for e
in epoch_lr[:i]]) + epoch)

    writer.close()
    return net

def sparsify(net, sparsity_level=50.0):
    # 將一部分較小的 weight 值修改為 0
    for name, param in net.named_parameters():
```

```
        # weight 和 bias 都要修剪
        # 因為在修剪通道時要參考 weight 和 bias 才能保證剪枝後的精度
        if "weight" in name:
            threshold = np.percentile(torch.abs(param.data).cpu().numpy(),
sparsity_level)
            mask = torch.gt(torch.abs(param.data), threshold).float()
            param.data *= mask
        # 對 bias 進行同樣的操作
        if "bias" in name:
            threshold = np.percentile(torch.abs(param.data).cpu().numpy(),
sparsity_level)
            mask = torch.gt(torch.abs(param.data),threshold).float()
            param.data *= mask
    return net


def sparsify_train(net):
    sparse_model = VGG_11_prune().to(device)
    sparse_model.load_state_dict(net.state_dict())
    # 依次使用不同的稀疏度訓練
    for i, sparsity_level in enumerate([50.0, 60.0, 70.0, 80.0, 90.0]):
        print("pruning ...")
        # 微調的預設參數
        epoch_lr = finetune_epoch_lr[i]
        # 稀疏化
        sparse_model = sparsify(sparse_model, sparsity_level)
        # 微調
        net = fine_tune(sparse_model, sparsity_level, epoch_lr)
    return net


if __name__ == "__main__":

    net = VGG_11_prune()
    net.load_state_dict(torch.load(os.path.join(CHECKPOINT, "best_model.
pth"))["net"])
    sparsify_train(net)
```

上述程式將模型每一層的權重矩陣中數值較小的元素直接設定為 0（在 sparsify 函數中實現），實現了模型權重的稀疏化。使用了 50%、60%、70%、80% 和 90% 五種不同的稀疏百分比，每次稀疏化之後繼續進行訓練。使用不同的百分位進行稀疏化後，模型的最終精度分別是：

```
稀疏度    精度
0         86.5
50        86.0
60        86.1
70        84.9
80        82.1
90        80.76
```

可見稀疏化程度越高，模型精度損失越嚴重。在實際應用的時候，我們要考慮到應用場景對模型精度和速度的要求，找到精度和速度之間的平衡點。

本章為了展現剪枝工作對模型壓縮的效果，會對稀疏度為 90% 的模型進行壓縮。

10.1.4 壓縮模型通道

對網路中間層的每一層網路來說，剪枝操作都由前剪枝和後剪枝（具體叫法在不同資料中可能會有差異）兩部分組成。

以網路層 Conv2d(64,128,3,padding = 1) 為例，其輸入通道原為 64 個通道。假設上一層網路被剪枝後，本層的輸入通道從 64 變成了 35，那麼本層原來的 64×3×3 的卷積核心就能保留與之對應的 35 個通道，卷積核心從 128 個 64×3×3 的卷積核心變成了 128 個 35×3×3 的卷積核心，這個過程就是前剪枝。

使用這 128 個 35×3×3 卷積核心對上一層傳來的 35 個通道的輸入矩陣
進行卷積之後,將計算結果中全為 0 的通道都剪除。假設剩餘 80 個通
道,那麼就只保留這 80 個通道對應的卷積核心,這樣卷積核心就從 128
個 35×3×3 的卷積核心變成了 80 個 35×3×3 的卷積核心,這個過程就
是後剪枝。

整個剪枝過程如圖 10-2 所示。

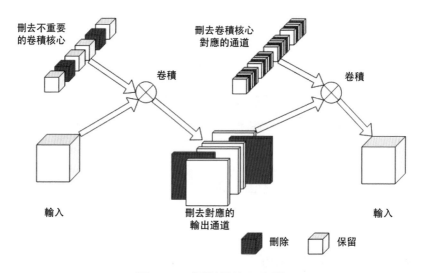

圖 10-2　通道剪枝示意圖

對神經網路的每一層依次進行前剪枝和後剪枝,便可以將模型中的無用
通道(全為 0 的通道)全部壓縮,得到一個簡化模型,壓縮步驟如下。

(1) 將模型按前後承接關係展開(VGG 是直筒結構,展開比較簡單,
ResNet 的展開過程會複雜一些)。
(2) 遍歷每一層網路,進行前後剪枝,並記錄每一層的通道數量,加入新
通道串列中。
(3) 使用新通道串列重新建立整個 VGG 網路。

模型壓縮的程式如下：

```python
# prune.py
import torch
from torch.nn import Conv2d, BatchNorm2d, Linear, Sequential, ReLU,
MaxPool2d, AvgPool2d
import numpy as np
import os
from torchsummary import summary
import time

from model import VGG_11_prune
from config import device, CHECKPOINT
from base_train import validation

# 將模型展開
def expand(model, layers=[]):
    for layer in model.children():
        if len(list(layer.children())) > 0:
            expand(layer, layers)
        else:
            if not isinstance(layer, ReLU) and not isinstance(layer,
MaxPool2d) and not isinstance(layer, AvgPool2d):
                layers.append(layer)
    return layers

def zero_indices(layer):
    weight = layer.weight.data
    bias = layer.bias.data
    indices = []
    for idx, w in enumerate(weight.data):
        # 可以剪去全為 0 的通道，這樣幾乎不會有精度損失
        if torch.sum(w) != 0 and torch.sum(bias[idx]) != 0:
        # 為了追求更大的壓縮比，可以考慮剪去數值較小的層，而非只剪去 0 值層
        # if torch.sum(torch.abs(w)) > 3:
```

```python
            indices.append(idx)
    return indices


def compress_conv(model):
    layers = expand(model, [])
    channels = []
    for l1, l2 in zip(layers, layers[1:]):
        # 如果 l1 是卷積層
        if isinstance(l1, torch.nn.Conv2d):
            indices = zero_indices(l1)
            channels.append(len(indices))
            channel_size = l1.kernel_size[0] * l1.kernel_size[1]
            # 剪貼輸出通道
            prune_conv(indices, l1, conv_input=False)
            # 如果 l2 是卷積層
            if isinstance(l2, torch.nn.Conv2d):
                # 剪貼輸入通道
                prune_conv(indices, l2, conv_input=True)
            # 剪貼線性層
            elif isinstance(l2, torch.nn.Linear):
                prune_fc(indices, channel_size, l2)
        # 剪貼 BatchNorm
        elif isinstance(l1, torch.nn.BatchNorm2d):
            prune_bn(indices, l1)
            if isinstance(l2, torch.nn.Conv2d):
                prune_conv(indices, l2, conv_input=True)
            elif isinstance(l2, torch.nn.Linear):
                prune_fc(indices, channel_size, l2)
        else:
            pass
    return layers, channels


# 剪貼卷積
def prune_conv(indices, layer, conv_input=False):
    # 剪貼輸入
    if conv_input:
```

```
        layer._parameters["weight"].data = layer._parameters["weight"].
data[:, indices]
    # 剪貼輸出
    else:
        layer._parameters["weight"].data = layer._parameters["weight"].
data[indices]
        if layer._parameters["bias"] is not None:
            layer._parameters["bias"].data = layer._parameters["bias"].
data[indices]

# 剪貼線性層
def prune_fc(indices, channel_size, layer):
    layer.weight.data = torch.from_numpy(layer.weight.data.cpu().numpy()[:,
indices])

# 剪貼 BatchNorm 層
def prune_bn(indices, layer):
    layer.weight.data = torch.from_numpy(layer.weight.data.cpu().numpy()
[indices])
    layer.bias.data = torch.from_numpy(layer.bias.data.cpu().numpy()
[indices])

    layer.running_mean = torch.from_numpy(layer.running_mean.cpu().numpy()
[indices])
    layer.running_var = torch.from_numpy(layer.running_var.cpu().numpy()
[indices])

# 壓縮模型
def compress_model(net):
    # 對每一層進行壓縮，並記錄下壓縮後的通道
    layers, channels = compress_conv(net)
    for i in [1, 3, 6, 9, 12]:
        channels.insert(i, "M")
    print("channels:", channels)
    compressed_net = VGG_11_prune(channels)
    # 展開壓縮後的模型
```

```
    compressed_layers = expand(compressed_net, [])
    # 將參數設定值到壓縮後的模型中
    for origin, compressed in zip(layers, compressed_layers):
        if hasattr(origin, "weight"):
            if origin.weight is not None:
                compressed.weight.data = origin.weight.data
            if origin.bias is not None:
                compressed.bias.data = origin.bias.data
    return compressed_net


if __name__ == "__main__":
    # 載入並驗證模型
    net = VGG_11_prune()
    net.load_state_dict(torch.load(os.path.join(CHECKPOINT, "fine_tune_
sparse_90.0.pth"))["net"])
    net.eval()
    net.to(device)
    s1 = time.time()
    validation(net, torch.nn.CrossEntropyLoss())
    print("壓縮前計算耗時：{:.4f}".format(time.time() - s1))
    print(summary(net.to(device), (3, 32, 32)))

    compressed_net = compress_model(net)
    compressed_net.to(device)
    s2 = time.time()
    validation(compressed_net, torch.nn.CrossEntropyLoss())
    print("壓縮後計算耗時：{:.4f}".format(time.time() - s2))
    print(summary(compressed_net.to(device), (3, 32, 32)))
```

上述程式對網路中所有帶有參數的層進行了剪枝，並根據剪枝後每層的通道數量重構了模型。對不同的網路層，剪枝的方式也不同。

■ 卷積層需要根據上一層的輸出特徵圖的通道數字對本層的卷積核心通道進行剪枝，並將本層卷積核心中全為 0 的通道減去。

- BatchNorm 層需要根據上一層卷積的輸出通道進行剪枝。
- 線性層剪枝也需要考慮上一層的輸出通道和本層權重，不過因為本例中的模型只有最後一層是線性層，而線性層的輸出節點是不能剪枝的（剪枝後分類數量會不夠），所以只是根據上一層的輸出通道進行了剪枝。

壓縮後的結果可以使用 torchsummary 查看，結果如下，幾乎每一層通道都被壓縮了：

```
Test loss : 0.561584  Test accuracy : 0.807600
壓縮前計算耗時：2.4391
----------------------------------------------------------------
        Layer (type)            Output Shape         Param #
================================================================
            Conv2d-1          [-1, 64, 32, 32]           1,792
       BatchNorm2d-2          [-1, 64, 32, 32]             128
              ReLU-3          [-1, 64, 32, 32]               0
         MaxPool2d-4          [-1, 64, 16, 16]               0
            Conv2d-5         [-1, 128, 16, 16]          73,856
       BatchNorm2d-6         [-1, 128, 16, 16]             256
              ReLU-7         [-1, 128, 16, 16]               0
         MaxPool2d-8           [-1, 128, 8, 8]               0
            Conv2d-9           [-1, 256, 8, 8]         295,168
      BatchNorm2d-10           [-1, 256, 8, 8]             512
             ReLU-11           [-1, 256, 8, 8]               0
           Conv2d-12           [-1, 256, 8, 8]         590,080
      BatchNorm2d-13           [-1, 256, 8, 8]             512
             ReLU-14           [-1, 256, 8, 8]               0
        MaxPool2d-15           [-1, 256, 4, 4]               0
           Conv2d-16           [-1, 512, 4, 4]       1,180,160
      BatchNorm2d-17           [-1, 512, 4, 4]           1,024
             ReLU-18           [-1, 512, 4, 4]               0
           Conv2d-19           [-1, 512, 4, 4]       2,359,808
      BatchNorm2d-20           [-1, 512, 4, 4]           1,024
```

ReLU-21	[-1, 512, 4, 4]	0
MaxPool2d-22	[-1, 512, 2, 2]	0
Conv2d-23	[-1, 512, 2, 2]	2,359,808
BatchNorm2d-24	[-1, 512, 2, 2]	1,024
ReLU-25	[-1, 512, 2, 2]	0
Conv2d-26	[-1, 512, 2, 2]	2,359,808
BatchNorm2d-27	[-1, 512, 2, 2]	1,024
ReLU-28	[-1, 512, 2, 2]	0
MaxPool2d-29	[-1, 512, 1, 1]	0
AvgPool2d-30	[-1, 512, 1, 1]	0
Linear-31	[-1, 10]	5,130

==

Total params: 9,231,114
Trainable params: 9,231,114
Non-trainable params: 0

Input size (MB): 0.01
Forward/backward pass size (MB): 3.71
Params size (MB): 35.21
Estimated Total Size (MB): 38.94

None
channels: [14, 'M', 26, 'M', 46, 45, 'M', 101, 98, 'M', 99, 99, 'M']
Test loss : 0.581674 Test accuracy : 0.801500
壓縮後計算耗時：1.3162

Layer (type)	Output Shape	Param #
Conv2d-1	[-1, 14, 32, 32]	392
BatchNorm2d-2	[-1, 14, 32, 32]	28
ReLU-3	[-1, 14, 32, 32]	0
MaxPool2d-4	[-1, 14, 16, 16]	0
Conv2d-5	[-1, 26, 16, 16]	3,302
BatchNorm2d-6	[-1, 26, 16, 16]	52
ReLU-7	[-1, 26, 16, 16]	0

```
        MaxPool2d-8              [-1, 26, 8, 8]                      0
          Conv2d-9              [-1, 46, 8, 8]                 10,810
   BatchNorm2d-10              [-1, 46, 8, 8]                     92
         ReLU-11              [-1, 46, 8, 8]                      0
        Conv2d-12              [-1, 45, 8, 8]                 18,675
   BatchNorm2d-13              [-1, 45, 8, 8]                     90
         ReLU-14              [-1, 45, 8, 8]                      0
     MaxPool2d-15              [-1, 45, 4, 4]                      0
        Conv2d-16             [-1, 101, 4, 4]                 41,006
   BatchNorm2d-17             [-1, 101, 4, 4]                    202
         ReLU-18             [-1, 101, 4, 4]                      0
        Conv2d-19              [-1, 98, 4, 4]                 89,180
   BatchNorm2d-20              [-1, 98, 4, 4]                    196
         ReLU-21              [-1, 98, 4, 4]                      0
     MaxPool2d-22              [-1, 98, 2, 2]                      0
        Conv2d-23              [-1, 99, 2, 2]                 87,417
   BatchNorm2d-24              [-1, 99, 2, 2]                    198
         ReLU-25              [-1, 99, 2, 2]                      0
        Conv2d-26              [-1, 99, 2, 2]                 88,308
   BatchNorm2d-27              [-1, 99, 2, 2]                    198
         ReLU-28              [-1, 99, 2, 2]                      0
     MaxPool2d-29              [-1, 99, 1, 1]                      0
     AvgPool2d-30              [-1, 99, 1, 1]                      0
        Linear-31                    [-1, 10]                  1,000
================================================================
Total params: 341,146
Trainable params: 341,146
Non-trainable params: 0
----------------------------------------------------------------
Input size (MB): 0.01
Forward/backward pass size (MB): 0.75
Params size (MB): 1.30
Estimated Total Size (MB): 2.07
----------------------------------------------------------------
```

從上面的 torchsummary 資訊可知，對稀疏度 90% 的模型進行壓縮之後，模型參數量從九百多萬壓縮到了三十多萬，模型大小從 35.21MB 降低到了驚人的 1.3MB，壓縮後的通道串列為：

```
[14, 'M', 26, 'M', 46, 45, 'M', 101, 98, 'M', 99, 99, 'M']
```

而原本的通道串列為：

```
[64, "M", 128, "M", 256, 256, "M", 512, 512, "M", 512, 512, "M"]
```

可見絕大部分參數都在剪枝過程中被刪去了。然而準確度卻未見下降，這說明將模型中參數全為 0 的通道去除是可行的。

我們還可以看到，模型壓縮後，推理時間也從 2.43s 降低到了 1.32s，在某些特定場景下（比如行動端和嵌入式裝置），這種壓縮手段是非常實用的。

💡 注意

> 這裡壓縮的是 VGG 模型，如果對 MobileNet 這種結構精簡的模型進行壓縮，是無法達到這麼高的壓縮比的。

壓縮後的精度有所下降（完整模型的精度為 86%，壓縮後的精度為 80%），如果覺得剪枝造成的精度下降有點多，可以再嘗試一下重新訓練剪枝後的模型。重新訓練模型的程式如下：

```
# retrain.py
import torch
from torch import optim
import os
from torch.utils.tensorboard import SummaryWriter

from prune import compress_model
from model import VGG_11_prune
```

```python
from config import CHECKPOINT, device, init_epoch_lr
from base_train import train_epoch, validation

def retrain():

    net = VGG_11_prune()
    net.load_state_dict(torch.load(os.path.join(CHECKPOINT, "fine_tune_
sparse_90.0.pth"))["net"])
    # 定義壓縮後的模型
    compressed_net = compress_model(net)
    compressed_net.to(device)
    # 載入預訓練模型
    if os.path.exists(os.path.join(CHECKPOINT, "best_retrain_model.pth")):
        saved_model = torch.load(os.path.join(CHECKPOINT, "best_retrain_
model.pth"))
        compressed_net.load_state_dict(torch.load(os.path.join(CHECKPOINT,
"best_retrain_model.pth"))["compressed_net"])
        if saved_model["best_accuracy"] > 0.9:
            print(" break init train ... ")
            return
        best_accuracy = saved_model["best_accuracy"]
        best_loss = saved_model["best_loss"]
    else:
        best_accuracy = 0.0
        best_loss = 10.0
    writer = SummaryWriter("logs/")
    criteron = torch.nn.CrossEntropyLoss()

    # 按照訓練基礎模型的方法進行訓練
    for i, (num_epoch, lr) in enumerate(init_epoch_lr):
        optimizer = optim.SGD(compressed_net.parameters(), lr=lr, weight_
decay=0.0001, momentum=0.9)
        for epoch in range(num_epoch):
            epoch_acc, epoch_loss, compressed_net = train_epoch(compressed_
net, optimizer, criteron)
```

```
            # 將損失加入 TensorBoard
            writer.add_scalar("epoch_acc", epoch_acc, sum([e[0] for e in
init_epoch_lr[:i]]) + epoch)
            writer.add_scalar("epoch_loss", epoch_loss, sum([e[0] for e in
init_epoch_lr[:i]]) + epoch)

            test_acc, test_loss = validation(compressed_net, criteron)
            if test_loss <= best_loss:
                if test_acc >= best_accuracy:
                    best_accuracy = test_acc
                best_loss = test_loss
                best_model_weights = compressed_net.state_dict().copy()
                best_optimizer_params = optimizer.state_dict().copy()
                # 保存模型及相關參數
                torch.save(
                    {
                        "compressed_net": best_model_weights,
                        "optimizer": best_optimizer_params,
                        "best_accuracy": best_accuracy,
                        "best_loss": best_loss,
                    },
                    os.path.join(CHECKPOINT, "best_retrain_model.pth"),
                )
            # 將損失加入 TensorBoard
            writer.add_scalar("test_acc", test_acc, sum([e[0] for e in
init_epoch_lr[:i]]) + epoch)
            writer.add_scalar("test_loss", test_loss, sum([e[0] for e in
init_epoch_lr[:i]]) + epoch)

    writer.close()
    return compressed_net


if __name__ == "__main__":
    retrain()
```

上述程式先載入了稀疏度為 90% 的模型參數，然後根據參數值進行了通道剪枝，獲得了剪枝壓縮後的模型。接著對模型進行了再一次訓練，訓練過後，模型準確度升到了 82%，這和原始模型精度還是有所差距。因此，對模型尺寸要求不太高的時候可以考慮取稀疏化程度較低的網路進行壓縮，以便獲得更高的精度。

》 10.2 量化

量化比剪枝更為流行，因為量化的流程相比剪枝而言，更容易推廣到不同的網路結構，Caffe 和 TensorFlow 中都有非常成熟的量化工具。在 PyTorch 框架（1.2 版本及以前）中，暫時沒有官方支持的量化工具，雖然有第三方開發的量化工具，如 Intel 開發的 Distiller，但是因為使用者和資料較少，所以遇到問題時很難透過搜尋引擎解決。

本章將介紹如何手動透過 PyTorch 進行量化操作。量化也有多種方式，有需要訓練的方式、需要驗證集調整參數的方式和無須資料直接量化的方式，等等。

本節中使用的是最簡單的無須量化的方式，下文將介紹如何進一步壓縮已剪枝的 VGG-11 模型。

首先，我們採用直接將參數縮放到 int8 範圍內（-128~127）的方法。

(1) 計算參數矩陣的最大絕對值 max_abs_val。
(2) 透過絕對值 max_abs_val，計算縮放比例 scale = max_abs_val / 127。
(3) 使用縮放比例 scale 將整個資料縮放到 -128~127 內。
(4) 對資料取整數。

對參數進行量化的程式如下：

```
import torch
import os
from copy import deepcopy
from collections import OrderedDict
import matplotlib.pyplot as plt

from model import VGG_11_prune
from base_train import validation

from config import CHECKPOINT, device

# 量化權重
def signed_quantize(x, bits, bias=None):
    min_val, max_val = x.min(), x.max()
    n = 2.0 ** (bits - 1)
    scale = max(abs(min_val), abs(max_val)) / n
    qx = torch.floor(x / scale)
    if bias is not None:
        qb = torch.floor(bias / scale)
        return qx, qb
    else:
        return qx

# 對模型整體進行量化
def scale_quant_model(model, bits):
    net = deepcopy(model)
    params_quant = OrderedDict()
    # 用於保存
    params_save = OrderedDict()
    for k, v in model.state_dict().items():
        if "classifier" not in k and "num_batches" not in k and "running" not in k:
            if "weight" in k:
                weight = v
```

```
                        # 尋找同一層的bias
                        bias_name = k.replace("weight", "bias")
                        try:
                            bias = model.state_dict()[bias_name]
                            w, b = signed_quantize(weight, bits, bias)
                            params_quant[k] = w
                            params_quant[bias_name] = b
                            # 對各參數進行量化
                            if bits > 8 and bits <= 16:
                                params_save[k] = w.short()
                                params_save[bias_name] = b.short()
                            elif bits > 1 and bits <= 8:
                                params_save[k] = w.char()
                                params_save[bias_name] = b.char()
                            elif bits == 1:
                                params_save[k] = w.bool()
                                params_save[bias_name] = b.bool()

                        except:
                            w = signed_quantize(w, bits)
                            params_quant[k] = w
                            params_save[k] = w.char()
                else:
                    params_quant[k] = v
                    params_save[k] = v
        # 載入量化之後的模型
        net.load_state_dict(params_quant)
        return net, params_save


if __name__ == "__main__":

    pruned = False
    # 量化剪枝之後的模型
    if pruned:
        channels = [17, "M", 77, "M", 165, 182, "M", 338, 337, "M", 360,
373, "M"]
```

```
        net = VGG_11_prune(channels).to(device)
        net.load_state_dict(torch.load(os.path.join(CHECKPOINT, "best_
retrain_model.pth"))["compressed_net"])
    else:
        net = VGG_11_prune().to(device)
        net.load_state_dict(torch.load(os.path.join(CHECKPOINT, "best_
model.pth"))["net"])
    # 驗證模型
    validation(net, torch.nn.CrossEntropyLoss())
    # 準確率曲線
    accuracy_list = []
    bit_list = [16, 12, 8, 6, 4, 3, 2, 1]
    # 使用不同的量化位數進行量化
    for bit in bit_list:
        print("{} bit".format(bit))
        scale_quantized_model, params = scale_quant_model(net, bit)
        print("validation: ", end="\t")
        accuracy, _ = validation(scale_quantized_model, torch.nn.
CrossEntropyLoss())
        accuracy_list.append(accuracy)
        torch.save(params, os.path.join(CHECKPOINT, "pruned_{}_{}_bits.
pth".format(pruned, bit)))
    # 繪製量化後的準確率曲線
    plt.plot(bit_list, accuracy_list)
    plt.savefig("img/quantize_pruned:{}.jpg".format(pruned))
    plt.show()
```

上述程式在 signed_quantize 函數中對模型參數進行了縮放取整數，使參
數設定值落在 int8 範圍內；在 scale_quant_model 函數中對卷積層的參數
進行了縮放取整數；最後將整數參數以浮點數形式載入到模型中，進行
了模型效果的驗證。

對未剪枝的模型進行量化，得到以下結果：

```
Test loss : 0.414302  Test accuracy : 0.861100
```

```
16 bit
validation:    Test loss : 9661.487614   Test accuracy : 0.861700
12 bit
validation:    Test loss : 606.059162   Test accuracy : 0.861700
8 bit
validation:    Test loss : 47.286420   Test accuracy : 0.837400
6 bit
validation:    Test loss : 41.713058   Test accuracy : 0.206000
4 bit
validation:    Test loss : 4.001117   Test accuracy : 0.103100
3 bit
validation:    Test loss : 2.419863   Test accuracy : 0.106800
2 bit
validation:    Test loss : 2.316969   Test accuracy : 0.102200
1 bit
validation:    Test loss : 2.303233   Test accuracy : 0.100000
```

量化後的模型準確率曲線如圖 10-3 所示。可以看到，將參數量化到 int8 並不會對模型精度產生太大影響，如果進一步壓縮參數，模型精度會出現大幅下降。

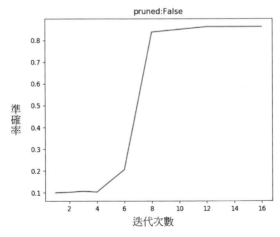

圖 10-3　未剪枝模型量化準確率曲線

透過查看模型檔案大小（透過 torchsummary 也可查看）可知，將原模型量化到 16 bit 之後，模型大小變為原來的四分之一，準確度絲毫沒有下降；量化到 8 bit 之後，模型大小變為原來的約八分之一，準確度有輕微下降。

對剪枝過的模型進行量化，會得到以下結果：

```
Test loss : 0.573298   Test accuracy : 0.803600
16 bit
validation:       Test loss : 12071.533636  Test accuracy : 0.802400
12 bit
validation:       Test loss : 755.961985  Test accuracy : 0.802500
8 bit
validation:       Test loss : 51.386750  Test accuracy : 0.790300
6 bit
validation:       Test loss : 31.025351  Test accuracy : 0.617700
4 bit
validation:       Test loss : 4.630167  Test accuracy : 0.110000
3 bit
validation:       Test loss : 3.014476  Test accuracy : 0.100000
2 bit
validation:       Test loss : 2.517100  Test accuracy : 0.101000
1 bit
validation:       Test loss : 2.306019  Test accuracy : 0.100000
```

量化後的模型準確率曲線如圖 10-4 所示，與未剪枝模型相似，在將模型量化到 8 bit 之後，模型精度有所下降，模型大小卻降到了 357Kb，效果非常顯著。可見，剪枝和量化這兩種手段可以在少量精度損失的情況下（對精度要求極高的場景可能不適合），極大地壓縮模型所消耗的資源。

透過上述方法，可以將模型的大部分參數都壓縮到 int8，但是所有的運算仍然是在 float64 下進行的，並沒有實現真正的 int8 推理運算。

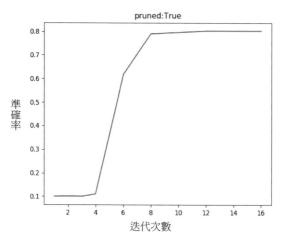

圖 10-4　剪枝模型量化準確率

因為截至 2021 年 3 月，PyTorch 暫時不支持 GPU 上的 int8 卷積，所以本節也只是介紹一下量化的原理，無法繼續深入到量化模型的部署。如需在 GPU 上部署量化模型，還需要借助 ONNX 將 PyTorch 轉成其他框架（如 TensorFlow、Caffe、TensorRT 等）。

10.3　混合精度訓練

混合精度訓練的基本步驟如下。

(1) 使用 float16 進行前向傳播。

(2) 使用 float16 進行反向傳播得到 float16 的梯度。

(3) 在 float32 的參數備份上更新參數。

(4) 將 float32 參數轉成 float16 繼續進行第 (1) 步，如此循環往復得到最終模型。

NVIDIA 的 RTX 系列顯示卡針對 float16 進行了計算加速，而且 NVIDIA
還給 PyTorch 寫了一個混合精度訓練庫：Apex。因此混合精度訓練變成
了一個門檻很低、又非常實用的技能。

這麼操作的最直接原因就是深度學習網路中的很多參數值非常小，若直
接從 float32 轉到 float16，很多參數會被直接置為零，會出現精度不足問
題，這會導致連接故障，進而使精度出現較嚴重的下滑，而透過訓練得
到的 float16 模型精度幾乎不會下降。

在實現混合精度訓練時，有兩點需要注意。

- 為了避免反向傳播過程中一些參數因為 float16 的精度問題而變成 0，
  可以給 loss 乘以 scale 進行比例放大，使這些梯度值能夠落在 float16
  的範圍內，等到參數更新之前再除以 scale 進行還原。這個值也可以根
  據實際資料動態設定。
- 使用 float16 計算 BatchNorm 層會導致精度不夠，所以需要使用
  float32 計算。

使用 Apex 函數庫進行混合精度訓練時，只需要在原來的訓練程式上修改
幾行就可以了，這裡有兩種方式可供選擇。

第一種方式為包裝 PyTorch 裡面的 optimizer，程式如下：

```
from apex.fp16_utils import FP16_Optimizer
model = VGG11()
optimizer = torch.optim.SGD(model.parameters(),lr = 0.1)
# 縮放的 scale 可以設定成固定的
optimizer = FP16_Optimizer(optimizer,static_loss_scale = 128.0)
# 縮放的 scale 也可以設定成動態的
# optimizer = FP16_Optimizer(optimizer, dynamic_loss_scale=True)
```

第二種方式為使用 amp 對原模型和 optimizer 進行初始化，並在縮放狀態

下進行梯度計算，程式如下：

```
model = torch.nn.Linear(D_in, D_out).cuda()
optimizer = torch.optim.SGD(model.parameters(), lr=1e-3)

# 在 opt_level 中，O1 和 O2 都是混合精度訓練模式，具體哪種好，需要自己實驗
model, optimizer = amp.initialize(model, optimizer, opt_level="O1")
# 把 loss.backward() 修改成以下形式
with amp.scale_loss(loss, optimizer) as scaled_loss:
    scaled_loss.backward()
```

上述程式可以實現混合精度訓練，但如果直接保存參數的話，得到的仍是單精度參數（float32），如果需要進行混合精度推理，還需要手動調整模型，把卷積層、全連接層等網路層的參數手動轉化為半精度參數（float16）。

10.4 深度學習模型的服務端部署

針對不同的應用場景，深度學習模型有很多種部署方式，其中比較簡單僅使用 Python 語言就能實現的是服務端部署。服務端部署，顧名思義，就是在服務端啟動深度學習模型，提供給使用者一個存取介面，使用者可以透過提交存取請求的方式向這個介面提供資料並發送需求，待服務端的模型計算出結果之後再返回給使用者。

利用這種網路介面的形式，可以輕鬆地將 Python 語言下的深度學習模型與其他語言的專案進行融合。下面就讓我們花幾分鐘的時間，了解一下如何使用 Python 在服務端部署深度學習模型吧。

這裡使用了輕量級的 Web 框架：Flask。

10.4.1 建立介面

介面部分的程式主要是處理接收到的請求。首先透過 @app.route 定義了
一個路由，指定這個深度學習模型的造訪網址，並規定了需要以 Post 方
式請求。在接收到 Post 請求後，會先檢查 Post 請求中發送的圖片尾碼是
否正確，如果圖片無誤，則按照 Post 請求中的要求呼叫分類模型，計算
結束之後直接返回計算結果。

使用 Flask 架設服務介面的程式如下：

```python
# 使用 Flask 為深度學習模型建立存取介面，以實現與不同語言專案的對接

from flask import Flask, jsonify, request
import logging
from werkzeug.utils import secure_filename
from torchvision.models import resnet18
from torchvision import transforms
from PIL import Image
import torch
import os
from time import ctime


app = Flask(__name__)

# 上傳的圖片保存位置
app.config["UPLOAD_FOLDER"] = "tmp/img"
# 可接受的副檔名
app.config["ALLOWED_EXTENSIONS"] = set(["png", "jpg", "jpeg", "gif"])

# 增加必要的圖片轉 Tensor 的方法
transform = transforms.Compose(
    [transforms.Resize((224, 224)), transforms.ToTensor()]
)
# 定義模型
```

```python
net = resnet18()

# 辨識函數
def recognition(img_path):
    img = Image.open(img_path)
    img_tensor = transform(img).unsqueeze(0)
    result = net(img_tensor)
    label = torch.argmax(result, dim=1)
    return label

# 檢查副檔名
def allowed_file(filename):
    # 判斷圖片名稱是否符合要求
    return (
        "." in filename
        and filename.rsplit(".", 1)[1] in app.config["ALLOWED_EXTENSIONS"]
    )

# 介面的主函數
@app.route("/image_classification", methods=["POST"])
def run(delete_file=True):
    img = request.files["image"]
    if img and allowed_file(img.filename):
        # 保存上傳來的圖片
        filename = secure_filename(img.filename)
        folder = os.path.join(app.root_path, app.config["UPLOAD_FOLDER"])
        img_path = os.path.join(folder, filename)
        # 如果路徑不存在，先建立
        if not os.path.exists(folder):
            os.makedirs(folder)
        img.save(img_path)
    else:
        # 如果圖片有問題，在日誌裡記錄錯誤
        app.logger.error("Image not available .")
    label = recognition(img_path)
```

```
    # 在日誌中記錄辨識結果
    app.logger.info("Result : {}".format(str(label)))
    # 辨識結束之後,可以選擇刪除臨時儲存的圖片
    if delete_file:
        os.remove(img_path)
    return str(label)


# 這個函數在每次接收到請求之前呼叫,會在記錄檔中記錄使用者 IP 和時間
@app.before_request
def before_request():
    ip = request.remote_addr
    app.logger.info("Time : {} Remote ip : {}".format(ctime(), ip))


if __name__ == "__main__":
    # debug 模式下修改程式,服務會自動重新啟動
    # app.debug = True
    # 建立日誌
    handler = logging.FileHandler("flask.log")
    app.logger.addHandler(handler)
    # logger 預設只在 debug 模式下記錄,但是部署不可能用 debug 模式
    # 所以要記錄日誌的話,要先把日誌等級設定為 debug 等級
    app.logger.setLevel(logging.DEBUG)
    # 執行服務
    app.run(host="127.0.0.1", port=5000)
```

上述程式實現了一個基於深度學習的圖型分類服務,模型的執行程式寫在 run 函數中,其中設定了服務的造訪網址和服務日誌的記錄方式,每次向 127.0.0.1:5000/image_classification 位址發送 Post 請求都會呼叫 run 函數,before_request 函數會在執行 run 函數前被呼叫,將存取時間和存取人的 IP 位址記錄下來。

這樣這個服務就正式啟動了,隨時可以接受來自使用者的圖片分類請求。

10.4.2 存取介面

定義好介面後，使用者只需向這個介面提交一個帶有參數的 Post 請求即可輕鬆呼叫模型。Post 請求需要包括造訪網址、圖片和參數這 3 個要素。介面存取碼如下：

```
import requests as req

# 向伺服器發送請求
def demo(url, files, data=None):
    result = req.Post(url, data=data, files=files).text
    return result

if __name__ == "__main__":
    url = "http://127.0.0.1:5000/image_classification"
    # 使用二進位形式打開圖片
    files = {"image": open("img/workflow.jpg", "rb")}
    data = {"delete_file": True}
    # 將圖片和參數一併上傳
    r = demo(url, files, data)
    print(r)
```

上述程式透過 files 參數將圖片以二進位的形式傳給了服務介面，而 data 參數中包含了控制介面行為的參數 delete_file，當 delete_file 為 True 時，服務會在辨識完圖片之後將伺服器上暫存的圖片刪除。

執行上述程式，即可獲得模型分類結果。

≫ 10.5 小結

本章主要介紹了 PyTorch 中與神經網路部署相關的知識，是 PyTorch 模型從研究走向應用的關鍵一步。在未來，PyTorch 可能會對剪枝、量化及服務介面封裝等功能提供更完整的支援，但了解其背後的原理和實現方式也非常有必要。我希望讀者能夠從本章中了解到以下基礎知識。

- 模型剪枝的原理和實現方式。
- 模型量化的原理。
- 混合精度訓練的原理。
- 深度學習伺服器端部署的方法。